U0629373

气候变化影响农田生态系统模拟实验研究

张　强　肖国举　胡延斌 等　编著

科 学 出 版 社

北 京

内 容 简 介

本书从全球气候变化的基本事实以及我国西北地区气候变化的基本特征入手，面对保障粮食与生态安全的国家需求，系统总结了近20年来合作者的主要研究成果。全书主要围绕我国西北干旱半干旱地区农田生态系统，介绍了大气CO_2浓度升高模拟实验；气候变暖及高温胁迫影响的模拟实验；降水量变化及干旱胁迫的模拟实验；气候变化多要素协同变化影响模拟实验及气候变化模拟实验的科学认知等。

本书可供大气科学、地理学、生态学、作物学、土壤学、环境学等相关领域的科研人员及高校师生参考。

图书在版编目（CIP）数据

气候变化影响农田生态系统模拟实验研究／张强等编著 . —北京：科学出版社，2024.6

ISBN 978-7-03-078577-0

Ⅰ.①气… Ⅱ.①张… Ⅲ.①气候变化–影响–农业生态系统–试验–研究 Ⅳ.①S181.6

中国国家版本馆 CIP 数据核字（2024）第 104282 号

责任编辑：张 菊／责任校对：樊雅琼
责任印制：徐晓晨／封面设计：无极书装

科 学 出 版 社 出版
北京东黄城根北街 16 号
邮政编码：100717
http://www.sciencep.com
北京建宏印刷有限公司印刷
科学出版社发行 各地新华书店经销
*
2024 年 6 月第 一 版 开本：720×1000 1/16
2024 年 6 月第一次印刷 印张：17 1/4
字数：350 000
定价：208.00 元
（如有印装质量问题，我社负责调换）

张强（1965—），男，甘肃靖远人。现任甘肃省气象局总工程师、一级巡视员、二级研究员，第十届甘肃省政协委员，兼任兰州大学、复旦大学、中国气象科学研究院和南京信息工程大学博士生导师及有关机构的博士后合作导师，中国气象局干旱气候变化与减灾重点开放实验室、甘肃省干旱气候变化与减灾重点实验室和兰州国际环境蠕变研究中心主任。

主要从事干旱气象、陆–气相互作用和区域气候变化等方面研究。已先后主持完成国家"973"（国家重点基础研究发展计划）、国家科技支撑计划、国家科技攻关计划和国家自然科学基金重点项目等13项国家级项目及课题；以第一作者出版专著12部，在国内外学术期刊发表论文近600篇（以第一或通讯作者发表240多篇），其中被SCI收录158篇；发表论著被引用近万次，其中被SCI收录刊物引用数千次，在我国气象领域名列前茅；成果获国家科技进步奖二等奖1项，省部级科技进步奖一等奖、二等奖20余项及2022年中国生态环境十大科技进展。在媒体发表科普文章36篇，促进气象科学知识传播；发表科技管理类论文6篇，积极探索科技创新机制，促进气象科技战略发展；形成多份重要科学决策咨询报告，为政府科学决策建言献策，努力发挥气象科技对国家重大战略的支撑作用。

荣获首届全国创新争先奖、第五届"杰出工程师奖"、第六届全国优秀科技工作者、全国气象科技先进工作者、甘肃省首届优秀科技工作者及首届邹竞蒙气象科技人才奖和赵九章优秀中青年科学家工作奖等，享受国务院政府特殊津贴专家，荣获中华人民共和国成立七十周年荣誉纪念章，入选国家级新世纪百千万人才、首届全国"双百"座谈会专家、科学中国2016年年度人物、甘肃省第一层次领军人才、甘肃省第五批优秀专家、中国科协科学家精神第一批宣讲专家和甘肃省第一批科普专家等。

兼任中国气象学会常务理事、中国气象学会干旱气象专业委员会主任、甘肃省气象学会理事长及中国气象局野外科学试验基地暨大气本底站科学指导委员会副主任、中国气象科学研究院学位委员会委员、中国气候数据集专家指导组成员、西部资源环境与区域发展智库理事会副理事长、新疆塔克拉玛干沙漠气象野外科学试验基地等野外科学试验站及国内多个重点实验室或学术团体的学术委员会委员，被聘任山东省气象局等单位科学顾问和中国气象局热带海洋气象研究所暨粤港澳大湾区气象研究院科学咨询委员会委员。担任《干旱气象》主编、《高原气象》副主编、《气象学报》和《气候变化研究进展》等学术期刊编委。

编 写 人 员

主　　笔：张　强　肖国举　胡延斌
副主笔：张峰举　岳　平　李　裕　王润元　王鹤龄　张　凯　王　彬
编写人员：
马　飞　宁夏大学生态环境学院
齐　月　中国气象局兰州干旱气象研究所
王小平　中国气象局兰州干旱气象研究所
岳　平　中国气象局兰州干旱气象研究所
朱　林　宁夏大学生态环境学院
王　彬　宁夏大学农学院
张　凯　中国气象局兰州干旱气象研究所
李永平　宁夏农林科学院固原分院
王　静　中国气象局兰州干旱气象研究所
王　静　宁夏大学生态环境学院
李　裕　西北民族大学化工学院
张　强　甘肃省气象局
赵　鸿　中国气象局兰州干旱气象研究所
何宪平　宁夏固原市农产品质量安全监管中心
雷　俊　甘肃省定西市气象局
仇正跻　宁夏固原市隆德县农业技术推广服务中心
肖国举　宁夏大学生态环境学院
张峰举　宁夏大学生态环境学院
胡延斌　兰州大学大气科学学院
李秀静　宁夏大学地理与规划学院
赵福年　中国气象局兰州干旱气象研究所
苏晶晶　宁夏大学生态环境学院
郭继富　甘肃农业大学信息科学技术学院
姚玉璧　兰州资源环境职业技术大学气象学院

前　言

　　气候变化对陆地生态系统有着广泛而深刻的影响，关于气候变化对陆地生态系统影响的研究已经进行了很多年。由于陆地生态系统的适应能力有限，强烈的气候变化和不断增强的人类活动，威胁到生态系统的稳定性，甚至会引起生态功能丧失及影响人类的可持续发展。农田生态系统是对气候变化响应最为敏感的生态系统之一，气候变化影响农田生态系统的结构、功能、稳定性，进而影响我国的"双碳计划"以及国家粮食安全。为了科学应对气候变化对农田生态系统的影响，保障粮食安全和助力"碳中和"，国内外许多学者正在依据气候变化的基本规律和影响特点开展持续深入、多时间尺度的综合模拟实验，以了解大气 CO_2 含量增加、气温升高、降水变化以及多要素协同变化对农田生态系统的综合影响。因此，目前迫切需要在以往研究工作经验的基础上，归纳总结和梳理凝练有关气候变化对农田生态系统影响模拟实验的科学方法，以科学指导和规范未来更广泛的气候变化对农田生态系统影响模拟实验研究工作。

　　本书以保障粮食安全与生态安全的国家需求为出发点，从全球气候变化的基本规律以及我国西北地区气候变化的主要特征入手，系统归纳总结 2000 年以来作者团队关于气候变化对农田生态系统的影响模拟实验研究的主要成果。本书主要聚焦我国西北干旱半干旱区及东部湿润半湿润区等易受干旱影响地区的农田生态系统，介绍大气 CO_2 浓度升高的模拟实验；气候变暖及高温胁迫模拟实验；降水量变化及干旱胁迫模拟实验；气候变化多因素组合模拟实验方法及其主要科学原则。

　　本书是干旱气象及其交叉科学的主要研究成果，得到国家气象行业科研专项、国家重点研发计划、国家科技支撑计划、干旱气象科学研究基金等项目的资助。全书由张强提出书稿整体构架、统领全稿、审阅并定稿，肖国举提出撰写提纲和部分内容，胡延斌执笔整理材料及撰写内容，张峰举补充完善增温模拟实验部分内容，李裕补充日光温室模拟实验部分内容，其他作者分别对部分章节进行完善和补充。真诚感谢所有合作者多年来的鼎力支持和大力帮助。

　　干旱气象科学研究基金（IAM202209）、国家自然科学基金（32060410 和 42230611）、国家重点研发计划（2021YFD1900603）资助出版费用。感谢中国气象局、宁夏回族自治区科学技术厅、甘肃省科学技术厅、中国气象科学研究院、南京信息工程大学、兰州大学等项目主管及合作部门的支持。

　　由于时间及编写团队能力所限，书中难免出现不足之处，敬请读者批评指正。

作　者

2023 年 9 月 3 日

目　　录

第1章 大气 CO_2 浓度升高模拟实验

目前，大气中 CO_2 浓度已超过 410μmol/mol（Tans and Keeling，2018），预计还会进一步增加，导致全球温度和降水模式发生重大变化。气候变化对生态系统产生了广泛而深远的影响（Novick et al.，2016）。世界气象组织 *United in Science 2021* 报告指出，全球气温上升正推动世界各地发生毁灭性极端天气。根据目前的预测，当大气 CO_2 浓度达到 670μmol/mol 时，全球气温将上升 1.4 ~ 3.1℃。作物长期暴露在高温缺水以及高浓度 CO_2 环境中，将对全球生态系统过程平衡产生重要影响。工业革命以来全球地表增温超过 1.5℃。未来，全球气候还将持续变暖，预计到 21 世纪末最高可增温 4℃（IPCC，2013）。这种前所未有的增温甚至引起生态功能丧失，威胁到生态系统的稳定以及人类的可持续发展（Zhang et al.，2022）。本章主要介绍常见的大气 CO_2 浓度升高模拟实验及装置，主要包括培养箱模拟实验、气候箱模拟实验、气候室模拟实验、开顶式气室（open-top chamber，OTC）和自由大气 CO_2 富集（free air CO_2 enrichment，FACE）系统（Dusenge et al.，2019）。

1.1 大气 CO_2 浓度升高模拟实验方法

1.1.1 培养箱模拟实验

近年来气候变化的加剧以及生态安全技术的快速发展，促使生态系统研究的实验设备不断更新。CO_2 培养箱一直是实验室的主要设备，可以维持和促使作物更好地生长和繁殖。随着技术的进步，作物培养箱的精度越来越高、操作更加方便。

CO_2 培养箱有四个基本功能。第一，通过控制加热的方式，达到对箱体内温度的控制。第二，通过调节箱体内 CO_2 浓度的方式，来控制酸碱度。第三，通过自然蒸发的方式，提供饱和的湿度环境。第四，通过高温高湿的方式，定期消毒降低污染，以保护研究成果，防止样品损失。根据顾子华与李敬华（2007）的研究，CO_2 培养箱主要包括温度控制模块、CO_2 浓度控制模块、高温消毒模块和加湿模块四个功能模块。

CO_2 培养箱是通过在培养箱内模拟形成一个类似高浓度 CO_2 的生长环境,用来对作物进行高 CO_2 浓度培养的一种装置。CO_2 培养箱比普通的电热恒温培养箱多了 CO_2 浓度控制系统,并对箱内环境的温度和湿度进行了严格控制,如稳定的 CO_2 水平(5%)、稳定的温度(37℃)、较高的相对湿度(95%)、恒定的酸碱度(pH 为 7.2 ~ 7.4)。因此使生物细胞以及作物的培养成功率、效率都得到改善,是普通的电热恒温培养箱无法替代的新型培养箱。

1.1.1.1 温度控制

保持培养箱内恒定的温度是维持作物及细胞健康生长的重要因素。常规的培养箱采用两种加热方式:气套式加热和水套式加热。虽然这两种加热系统都是精确和可靠的,但是它们都有着各自的优点和缺点(顾子华和李敬华,2007;张丽芸等,2005)。

水套式加热培养箱是通过一个独立的热水间隔包围内部的箱体来维持温度恒定的。热水通过自然对流在箱体内循环流动,热量传递到箱体内部,从而保持温度的恒定。水套式加热方式的优点:水是一种很好的绝热物质,遇到断电时,水套式系统就能更可靠地长久保持培养箱内温度的准确性和稳定性(维持温度恒定的时间是气套式系统的 4 ~ 5 倍)。当实验环境不太稳定(如有用电限制,或者经常停电)并需要保持长时间稳定的培养条件时,水套式加热培养箱就显得优点突出。

气套式加热培养箱是通过箱体内的加热器直接对箱内气体进行加热的。气套式加热培养箱在箱门频繁开关引起的温度经常性改变的情况下,能够迅速恢复箱体内的温度稳定。培养箱内部有一个风扇,以保证箱内空气的流通和循环,还有助于箱内各种参数值的迅速恢复。

因此,气套式加热培养箱与水套式加热培养箱相比,具有加热快、温度恢复迅速的特点,特别有利于短期培养以及需要箱门频繁开关的培养实验。此外,对于使用者来说,气套式加热培养箱比水套式加热培养箱更简单化(水套式加热培养箱需要对水箱进行加水、清空和清洗,并要经常监控水箱运作的情况)。此外,有些类型的培养箱还具备外门及辅助加热系统,这个系统能加热内门,提供良好的湿度环境,保证培养物渗透压维持平衡,且可有效防止形成冷凝水,以保持培养箱内的湿度和温度(表 1-1)。配备这种系统的培养箱,适用于培养环境需要精确控制的实验。

表 1-1　气套式加热培养箱和水套式加热培养箱对比

类型	加热方式	加热速度	保温性能	环境影响	开门恢复	结构特点	成本	维护
气套式	直接加热内箱体	快	一般	一般	快	简单	一般	简单
水套式	加热水间接加热内箱体	慢	很好	很好	慢	复杂	高	定期补水

1.1.1.2　相对湿度控制

培养箱内相对湿度的控制是非常重要的，维持足够的湿度水平才能保证不会由于过度干燥而培养失败。大型的常规培养箱是用蒸汽发生器或喷雾器来控制相对湿度水平的，而大多数中、小型培养箱则是通过湿度控制面板的蒸发作用产生湿气的，其产生的相对湿度水平可达 95%～98%。一些培养箱有一个能在加热的控制面板上保持水分的湿度蓄水池，这样可以增强蒸发作用，此蓄水池能增加相对湿度水平达 97%～98%。

1.1.1.3　CO_2 浓度控制

钢瓶中的 CO_2 高压气体，首先通过减压阀将压力降低到 0.2MPa 左右，其次通过过滤器进行过滤，最后在电磁阀的控制下进入箱体。CO_2 培养浓度的实时控制是通过 CO_2 传感器测试箱内 CO_2 浓度，通过测试传递控制电路，控制电路对比设置值与测试值的差值。如果 CO_2 浓度传感器的测试值小于设置值，控制电路给电磁阀打开的命令，电磁阀打开让 CO_2 进入箱体内部。CO_2 浓度控制有如下三个阶段（表 1-2）。

表 1-2　CO_2 控制的三个阶段

阶段	浓度差值	电磁阀工作状态	箱体内浓度状态
第一阶段	大	一直开启	上升比较快
第二阶段	小	在开启和关闭之间切换	上升缓慢
第三阶段	接近零	开启时段	在设置值左右波动

第一阶段是快速进气阶段。这时箱体内的测试值与设置值相差比较大，电磁阀一直处于开启状态，CO_2 浓度上升比较快。第二阶段是慢速进气阶段。这时箱体内的测试值与设置值相差比较小，电磁阀断断续续地工作，开启时间和关闭时间在不断调整。CO_2 浓度上升缓慢。当测试值接近设置值时，电磁阀关闭的时间变长，开启时间变短。第三阶段是保气阶段。这一阶段箱体内的测试值已经达到设置值，电磁阀开启时间变短，关闭的时间变长，箱体内的 CO_2 浓度在设置值左

右波动。

相比 C_3 植物，C_4 植物在光合效率、抗旱耐逆和水分养分高效利用方面有巨大优势。中国农业科学院作物科学研究所利用 C_4 植物的低 CO_2 补偿点特点，控制突变体生长在低 CO_2 浓度环境，期望筛选出可能与 C_4 光合作用相关的突变体材料，为深入理解 C_4 光合作用结构的分子基础和 C_4 光合作用的进化历程研究提供原始研究材料和方法基础。

供试材料包括突变体和野生型'豫谷 1 号'谷子，突变体来源于'豫谷 1 号'的甲基磺酸乙酯（EMS）诱变库，经多代自交至 M4 代以上，表型稳定遗传。选择其中 54 份光合作用可能发生突变的材料，包括叶片异常表型或生长发育迟滞表型的突变体，作为供试材料。

供试材料种植在 7cm×7cm 的黑色盆钵中，营养土选用疏松吸水好的育苗专用土。对照和突变体每个材料分别种植 4 盆，于温室条件中生长。隔 1 周浇水 1 次，每个托盘一次浇水量约 500mL。出苗后每盆留 10 ~ 12 株长势一致的幼苗，待 3 ~4 叶期随机选择其中 3 盆放入低 CO_2 浓度培养箱，位置随机排列，每隔 3 天按顺时针方向移动培养箱内的幼苗位置，以排除位置对材料生长的影响。相同的处理材料另安排 1 盆放在培养箱外正常空气的 CO_2 浓度条件下培养，用于生长对照，以培养箱内 3 盆植株幼苗死亡总数作为评价标准。

1.1.1.4 低 CO_2 浓度控制

低 CO_2 浓度培养箱，其光照、温度、光周期和 CO_2 浓度均可控，培养箱内环境数据即时通过互联网传输，可随时在网上登录指定账号查看。经多次实验，培养箱 CO_2 浓度稳定可控，且光照、温度等培养条件与人工气候箱一致，均人工控制。

设定培养箱 CO_2 浓度为 40mg/L、温度为 30℃、光照强度为 2000lx、光周期为光照 16h/黑暗 8h，试验材料在正常环境下生长 3 周左右（3 叶期之后，一般生长 20 ~ 24 天不等），将生长正常的幼苗放入培养箱培养。幼苗放入培养箱 6 天后有突变体开始死亡，14 天后统计死苗株数，根据幼苗的死亡数将突变体分为 4 个等级。幼苗死亡数少于 5 株定为 I 级，5 ~ 15 株为 II 级，16 ~ 25 株为 III 级，25 株以上为 IV 级。

1.1.2 气候箱模拟实验

1.1.2.1 研究区概况

实验点位于西南大学国家紫色土肥力与肥料效益监测站（106°26′E，30°26′N）。

该地区位于重庆市北碚区，属亚热带湿润季风气候，海拔为 266.3m，年均气温为 18.3℃，年均降水量为 1115.3mm，年均日照时数为 1620h。供试土壤为紫色土，在西南大学实验站耕地耕层（0~30cm）采集典型土，风干后过 5mm 筛。土壤基本理化性质为 pH 7.84（土水比 1∶2.5），有机质 12.92g/kg，全氮 0.58g/kg，全磷 0.57g/kg，全钾 22.51g/kg，碱解氮 57.13mg/kg，速效磷 11.56mg/kg 和速效钾 94.97mg/kg。

1.1.2.2 实验条件控制

使用仿野外环境全自动 CO_2 发生器和智能检测控制系统（图1-1），在实现精确控制 CO_2 浓度的同时，维持培养条件（温度、湿度）与大气一致，确保了模拟条件准确可靠。植物生长气候箱尺寸为 1.5m（长）×1.0m（宽）×2.5m（高）。通过 MCAC10 远红外 CO_2 传感器模块和 CO_2 发生器的供气系统连接，控制气室箱内 CO_2 浓度，使 CO_2 浓度保持在设定范围内，通过液晶显示屏显示时间和即时检测到的 CO_2 浓度，分辨率为 $1\mu mol/mol$，存储芯片每隔 10min 存储 1 个数据。湿度控制范围（%）：±5% 气候室内外环境湿度差；温度控制范围（℃）：±0.5℃ 气候室内外环境温差。

图1-1 全自动 CO_2 发生器和智能检测控制系统

1.1.2.3 实验设计

实验采用随机区组设计的盆栽实验方法，在仿野生植物生长室内进行，模拟大气 CO_2 浓度升高环境。供试材料为冬小麦，品种为'川麦58'。设 4 个施肥水平（表1-3）和 2 个 CO_2 浓度处理（表1-4），两者完全组合共 8 个处理，每个

CO_2浓度设置 3 次重复，每个施肥处理 3 次重复，共 72 盆。实验盆钵用聚氯乙烯（PVC）管制成，高 21cm，直径 17cm，每盆装土 3.4kg。基施氮、磷、钾肥与风干土混匀装盆。于 2017 年 11 月 27 日播种，每盆种 10 株，三叶一心期间苗每盆 5 株，2018 年 5 月 1 日收获。播种 10 天出苗后将盆栽小麦移入模拟 CO_2 生长室，每个生长室 12 盆，开始控制 CO_2 浓度实验，直至收获。分别在冬小麦抽穗期、开花期和成熟期对相应的植物组织和土壤进行破坏性取样。

表 1-3　不同施肥水平养分投入量　　　　（单位：g/kg）

施肥处理	N	P_2O_5	K_2O
CK	0	0	0
F1	0.128	0.064	0.096
F2	0.16	0.08	0.12
F3	0.192	0.096	0.144

表 1-4　不同 CO_2 处理水平　　　　（单位：μmol/mol）

CO_2 处理	白天 CO_2 浓度	夜间 CO_2 浓度
ACO_2	55	450±30
ECO_2	400±30	600±30

4 个施肥水平：不施肥处理（CK），在常规施肥水平基础上减量 20%（F1），常规施肥水平（F2），在常规施肥水平基础上加量 20%（F3），施肥比例 N：P_2O_5：K_2O = 1：0.5：0.75；氮肥为尿素（含氮 47%），磷肥为过磷酸钙（含 P_2O_5 61%，其中 80%~95% 溶于水），钾肥为硫酸钾（含 K_2O 54%）；磷、钾肥和基施氮肥均于播种前施入，追施氮肥均于拔节期施入；氮肥基施：追施 = 1：1，适时浇水，保持土壤湿润。

F1：每盆施用全氮 0.4352g、P_2O_5 0.2176g、K_2O 0.3264g，相当于大田每公顷施用纯氮 180kg、P_2O_5 88kg、K_2O 132kg；

F2：每盆施用全氮 0.544g、P_2O_5 0.272g、K_2O 0.408g，相当于大田每公顷施用纯氮 225kg、P_2O_5 110kg、K_2O 165kg；

F3：每盆施用全氮 0.6528g、P_2O_5 0.3264g、K_2O 0.4896g，相当于大田每公顷施用纯氮 270kg、P_2O_5 132kg、K_2O 198kg。

2 个 CO_2 浓度处理：ACO_2 为当前大气 CO_2 浓度；ECO_2 为模拟 2050 年 CO_2 浓度。考虑到夜间土壤、生物以及微生物的呼吸作用，设置 2 个 CO_2 浓度处理下夜间 CO_2 浓度均比白天 CO_2 浓度高 50μmol/mol。参照重庆日出日落时间，白天 CO_2 浓度时段为 7：30~18：30，夜间时段为 18：30~7：30。

1.1.3　气候室模拟实验

封闭式气候室是国内外学者早期研究中常采用的方法，此类实验装置的外部框架结构一般采用金属或木材搭建而成，框架外部覆盖透明玻璃或者薄膜包裹，使箱体与外界环境隔离，处于完全封闭的状态。通过气室内部安装的 CO_2 传感器、CO_2 流量控制器来调节 CO_2 浓度升高水平。这种方法重复性较好、造价和运行成本也相对较低，研究者可以根据自己的实验需求，较好地控制气候室内部的 CO_2 浓度、温度和湿度等环境因子（房世波等，2010）。但是，由于此类装置处于完全封闭状态，其模拟控制的环境条件与田间的实际状况存在较大差别。例如，气候室内部温度较外部增加、昼夜温差范围缩小、光照降低、光温变化不能同步，且水分状况与外界环境也存在显著差异（Cheng et al.，2006）。

人工气候室可以通过一系列设备精确实时控制完全封闭空间内的空气 CO_2 浓度、大气温度和湿度、光照强度、土壤含水量等环境因素（Cheng et al.，2006）。其优点在于人工气候室能够同时实现温度与 CO_2 浓度的协同升高实验需求，可做到精准控制包括实验因素在内的其他环境因素，且相对而言经济简便，能够较容易且精准地控制植物生长的环境，还能够大幅度减少 CO_2 的消耗量，节约资源。然而，这种在人工气候室内人为控制的植物生长环境与田间植物的正常生长环境存在较大差异，难以模拟出植物在气候变化条件下生长的真实环境，此外，还要大量耗能用于人工模拟光源（Cheng et al.，2006；白莉萍等，2005）。

1.1.3.1　研究区概况

模拟研究在甘肃省定西市市郊的中国气象局兰州干旱气象研究所定西干旱气象与生态环境试验基地进行，该基地是中国气象局在国内较早筹建的规模较大的综合性试验基地之一，也是全国半干旱地区唯一的一处干旱气象野外综合观测基地，拥有较为齐全、先进的各类观测设备和实验仪器。目前，可开展包括气象、生态、农业等多个领域、多种形式的科学观测及实验。基地的海拔为 1897m，地理坐标为 33°33′N、104°35′E。该基地气候特征主要为夏季暖湿、冬季干冷，年平均降水量为 350~600mm，年内各月份降水量分布差异较大，有超过 60% 集中在 7~9 月，属于典型的半干旱地区气候环境。基地年平均温度为 5.5~7.7℃，昼夜温差较大，白天光照强烈。无霜期较长，一般在 150 天左右。

1.1.3.2　人工气候室系统组成

人工气候室如图 1-2 所示，总长度为 28.8m，宽为 20m，高为 4.85m，室内有效实验面积为594m²，整个气候室被分成3个相互独立的小气候室，各小气候室的面积基本相同。每个气候室均配有智能控制系统、加温增温系统、强制降温系统、CO_2补气系统、自然（强制）通风系统、遮阳系统、补光系统、固定微喷系统和滴灌系统等。具体各系统组成如下：①智能控制系统，由服务器、室外气象站、温室控制器、CO_2浓度传感器和光照强度传感器、温湿度感应器等组成。智能控制系统是整个气候室的"中枢"和"大脑"，在运行过程中，智能控制系统通过对各子系统的远程调控操作，使各气候室内温度、湿度、光照强度和CO_2浓度等气候因子维持在实验设计的水平。②加热增温系统，该系统主要由CL（W）DR0.12整体式常压电热锅炉和直径为75mm的圆翼型散热器组成。③强制降温系统，主要由水循环系统、湿帘墙及通风机组成。每个气候室内配有全长27m、高1.5m、厚0.10m的湿帘墙和两台9FJ-1250型大流量轴流风机。④CO_2补气系统，采用CO_2发生器，可实现连续电子打火，与整套控制系统连接，通过CO_2浓度感应，实现自动开启。⑤自然（强制）通风系统，采用屋脊开窗通风与强制风机通风相结合，顶窗最大开启角度为300°，平时仅需要打开屋脊开窗和强制风机的外护遮窗进行自然通风即可，如实验需要也可打开强制风机进行强制通风。⑥遮阳系统，该系统由内遮阳与外遮阳两个系统组成，可根据实验需要，由控制系统控制启、闭过减速机及齿轮齿条传动，实现开启与关闭，进行气候室内光照强度调节及辅助降温和保温。⑦补光系统，采用园艺专用的飞利浦农用钠灯，它可提供最理想的与植物生长需要相吻合的光谱分布。⑧固定微喷系统，每个小气候室配备4排聚乙烯（PE）管，PE管间距为3m，倒挂喷头间距为3.5m。⑨滴灌系统，每个小气候室配备9排滴灌管，滴灌管间距为1m，滴灌管滴头间距为0.3m。

图1-2 人工气候室

以上各系统均通过线缆与智能控制系统相连接，智能控制系统可根据提前设定好的实验条件，通过对气候室内布设的温度控制系统、CO_2 补气系统、补光系统等子系统的远程启、闭控制，实现包括温度、CO_2 浓度在内的各环境参数的实时调控。在智能控制系统的调控下，可使室内温度比室外温度增加 $0 \sim 3.5℃$，或者比室外温度降低 $0 \sim 7℃$，CO_2 浓度水平可以比室外增加 $0 \sim 1000\mu mol/mol$。自该系统于 2007 年开始运行以来，已有多项研究在该人工气候室完成并取得一定成果。

1.1.4　OTC 模拟实验

OTC 是研究环境变化对农业生产影响的重要技术手段，在模拟气候污染生态（Riikonen et al.，2008；赵天宏等，2008）和气候变化（谭凯炎等，2013；张绪成等，2011）等方面有广泛的应用前景。OTC 模拟实验整体结构与封闭式气室基本相似，是采用开顶式的透明材料（塑料、纤维板、玻璃等），其外部框架结构一般为六边形、正八边形或直筒圆柱形，利用鼓风机将 CO_2 气体经过气室四周排气管的开孔输送进气室的内部。与封闭式气室相比，其最大的区别就是气室顶部呈平口或锥形口敞开，顶部开口以保证气室内外空气流通，减小气室内外大气环境的差异性，使气室内部的空气与外界环境相通，人为提高 CO_2 浓度，降低了气室内外环境的差异性，从而使植物生长环境更加接近外界的自然大田环境，采用自然光源，利用 CO_2 供给系统实时向气室内补充 CO_2。将地面释放的长波辐射部分返回表层土壤和植物，从而研究 CO_2 浓度变化情况及其对生态系统的影响。OTC 系统可以在自然条件下研究气候变化对作物的影响，通过开顶设计使试验材料接受自然雨水和光照，一定程度上满足大田实验条件下对大气 CO_2 浓度升高环境的模拟，且运行成本低，但实验环境总体上与自然条件仍然存在差异（万运帆等，2014）。

1.1.4.1　南京信息工程大学农业气象与生态试验站

（1）研究区概况

田间原位观测实验于 $2018 \sim 2021$ 年南京信息工程大学农业气象与生态试验站（$32.16°N$、$118.71°E$，海拔约为 18m）水稻生长季开展。实验观测站位于江苏省南京市浦口区，属于亚热带湿润气候区，季节交替表现较为显著，夏季炎热多雨，冬季温和少雨。平均日照时数超过 1900h，无霜期为 237 天。该地多年平均气温为 $15.6℃$，年平均最低温度为 $0℃$，一般出现在 1 月；年平均降水量约为 1100mm，丰水年高达 1778mm，其中 $60\% \sim 70\%$ 的降水出现在 $6 \sim 8$ 月。水稻-

冬小麦轮作是该区域的主要农业种植制度。

试验基地耕层土壤的基础理化性质为：砂粒 31.5%、黏粒 26.1%、粉粒 35.5%、土壤容重 1.57g/cm³、pH6.3、全氮 1.24g/kg、碳氮比 19：1、有机碳 11.66g/kg、速效磷 6.89g/kg 和速效钾 62.8g/kg。

2018~2021 年不同年份水稻生长季的日平均气温和降水量均呈现出明显的季节性变化特征（图 1-3）。总体而言，水稻生长季的日平均气温 6~7 月开始逐渐上升，在 7 月底和 8 月中旬达到最高值，在 9~10 月又呈现逐渐降低的趋势。2018~2021 年水稻生长季，日平均气温和总降水量分别为 27.03℃和 618.1mm、23.03℃和 391.5mm、25.84℃和 662.1mm、25.53℃和 803.9mm。

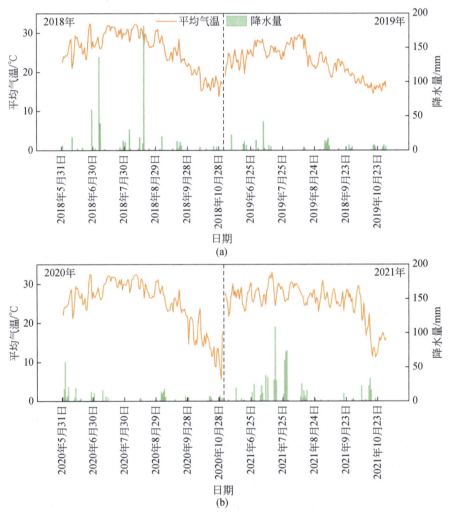

图 1-3　2018~2021 年水稻生长季逐日平均气温和降水量

（2）实验设计

用 OTC 模拟大气 CO_2 浓度升高环境，开展连续 4 年水稻生长季（2018 年 6～10 月、2019 年 6～10 月、2020 年 6～10 月和 2021 年 6～10 月）控制实验。实验设置 2 个 CO_2 浓度处理水平：以背景大气 CO_2 浓度为对照（CK），在背景大气 CO_2 浓度的基础上增加 200μmol/mol（CK+200），每种处理共计 4 个重复。

供试水稻品种为'南粳 9108'，全生育期为 149～153 天，属于晚熟中粳类，是由江苏省农业科学院培育的杂交水稻新品种。采用大田旱育秧，稻种播前首先要进行晒种 1～2 天，用清水浸泡约 48h，以提高种子质量。随后将种子播撒在育秧床上，在自然条件下生长 30 天左右，并人工移栽到每个 OTC 的内部。每穴 3 株主茎苗，插秧密度为 27.5 穴/m²。在水稻生长季，施肥共计 3 次，总施肥量为 176kg N/hm²。氮肥施用比例分别为移栽（基肥）：分蘖肥：穗肥=40%：30%：30%。基肥采用的是复合肥（N：P_2O_5：K_2O=15%：15%：5%），分蘖肥和孕穗肥均施用尿素（N 含量约为 46.7%）。田间水分管理采用典型的间歇灌溉（淹水—烤田—淹水—湿润灌溉，F—D—F—M），即水稻前期连续灌水，中期排水烤田，随后田间复水持续至收获前一周停止灌溉并进行排水晾田。其他的田间管理措施包括耕作、治虫和除草等均与当地常规方法保持一致。

（3）实验装置

OTC 外部框架呈正八边形棱柱体，对边直径为 3.75m，高为 3m，底面积约为 10m²（图 1-4）。框架采用铝合金材质，外层覆盖高透光性的普通玻璃（厚度为 3mm，透光率>90%）。为了减缓 OTC 内部 CO_2 气体的散失速度以及保持气室内部的空气温度和湿度更加接近外部的自然环境，OTC 的顶部垂直梁向内弯曲呈 45°，长度为 0.9m，呈锥形开口敞开（对边开口直径为 2.4m）。为了方便实验人

(a)俯视图

(b)主视图

图 1-4　实验场地 OTC 平台实景图

员进出气室，每个 OTC 均开有一扇门（长和高分别为 0.8m 和 1.8m）。除了采样期间，气室门始终保持关闭状态。此外，每两周均会对 OTC 外表面覆盖的玻璃进行人工清洗，保持外部覆盖玻璃的高透光率，尽可能减少光合有效辐射的损失。

CO_2 浓度自动控制系统主要是由 OTC、计算机自动控制程序和供气装置三部分组成的（图1-5）。OTC 内部安装环形聚氯乙烯软管（直径为 15mm）作为供气管路，悬挂于距离地面约 1.4m 处，且环形管线每间隔 20cm 均开有 CO_2 气体的释放位孔。同时，该软管与 CO_2 自动控制系统相连，并配有压力调节器、电磁阀和流量计。利用 CO_2 储罐作为气体供应源（工业高压液态 CO_2，纯度>99.9%），液态 CO_2 经过加热器汽化后（出口供气压力设置为 0.3～0.5MPa），利用鼓风机每天连续 24h 将 CO_2 气体通过供气管道 CO_2 释放位孔均匀地喷入 OTC 内部。此外，每个 OTC 内部离地面 1.2m 处还安装有 2 台风扇，用于增加气体扰动，保证 OTC 内部的 CO_2 气体充分混匀。每个 OTC 内部配置 CO_2 传感器（型号 GMM222，Vaisala Inc.，Helsinki，Finland），量程为 0～2000μmol/mol，精度标定为（1000±20）μmol/mol，悬挂在距离地面约 1.5m 处。CO_2 传感器每 2s 向自动控制系统反馈当前 OTC 内部的 CO_2 浓度。当 OTC 内部 CO_2 浓度低于设定的目标浓度时，自动控制模块将会打开电磁阀，实时向 OTC 内部补充 CO_2 气体；反之，电磁阀将会保持关闭状态，停止气源供应，以确保 OTC 内部的 CO_2 浓度长期维持在相对稳定的目标浓度范围。为了保证 CO_2 传感器的精度，防止在水稻生长季传感器的量程发生偏移，从而影响目标 CO_2 浓度的实际控制水平，每月均会人工采用基准传感

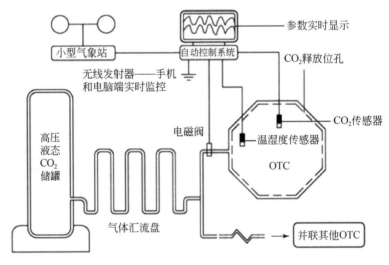

图 1-5　CO_2 浓度自动控制系统组成示意图

器对 OTC 内部的 CO_2 传感器进行校准。在每年水稻生长季结束，将 CO_2 传感器拆卸寄送至芬兰进行重新标定。此外，每个 OTC 内部还安装有空气温度、相对湿度以及自动定时拍照（每天 9：00 和 14：00）监测模块，实时向控制系统传递相关数据。实验场地 CO_2 浓度升高自动控制系统由北京天航华创科技股份有限公司负责技术支撑服务，以保证系统常年稳定运行。

CO_2 气体熏蒸从水稻移栽开始一直持续到成熟期结束。在 2018～2021 年水稻生长季，分别于 2018 年 6 月 20 日～10 月 11 日、2019 年 6 月 21 日～10 月 20 日、2020 年 6 月 20 日～10 月 16 日、2021 年 6 月 21 日～10 月 18 日开始进行 CO_2 气体熏蒸处理。不同处理下 CO_2 浓度动态变化如图 1-6 所示。可以看出，在 2018～

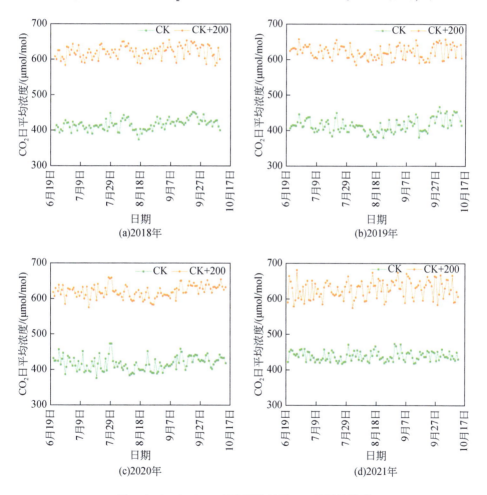

图 1-6　2018～2021 年水稻生长季 CO_2 日平均浓度

2021 年水稻生长季，CO_2 自动控制系统整体上运行较为稳定；尽管 CK+200 处理波动范围相对较大，但是总体上均达到了实验预期的目标 CO_2 浓度。在 2018 年水稻生长季，CK 和 CK+200 处理下 CO_2 日平均浓度分别为（412±8）μmol/mol 和（618±22）μmol/mol；在 2019 年水稻生长季，CK 和 CK+200 处理下 CO_2 日平均浓度分别为（435±18）μmol/mol 和（615±24）μmol/mol；在 2020 年水稻生长季，CK 和 CK+200 处理下 CO_2 日平均浓度分别为（427±25）μmol/mol 和（633±26）μmol/mol；在 2021 年水稻生长季，CK 和 CK+200 处理下 CO_2 日平均浓度分别为（421±19）μmol/mol 和（642±33）μmol/mol。

（4）气体样品的采集与分析

实验观测前一周在每个 OTC 内部安装无底圆形陶瓷底座（盆钵高为 20cm，内径为 18cm），底座上方口有 1.5cm 深的凹槽（宽度为 2.5cm），将陶瓷底座埋于土壤中，上边缘部分高出周围土壤约 4cm（图 1-7）。同时要夯实采样底座周围的土壤，防止在气体采集过程中发生漏气，并且要确保在整个水稻生长季气体采集期间陶瓷底座的位置始终不发生改变。气体采集使用的是由聚碳酸酯材料制成的圆柱形静态箱体（高为 1m、内径为 20cm、厚度为 0.1mm、透光率>90%），且箱体的直径与陶瓷底座凹槽完全吻合。在采样箱体顶部留有 3 个直径为 0.6cm 的圆形开孔用于安装进出口采气管线和温度计。此外，为减少采样过程中对水稻植株的破坏以及土壤等环境因子的扰动，在待测样方的周围均铺设了栈桥。

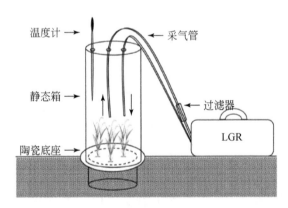

图 1-7 静态箱 LGR 超便携式温室气体分析仪测量装置示意图

气体分析采用的是国际上较为先进的 LGR 超便携式温室气体分析仪（型号 915-0011，Los Gatos Research，USA），该仪器可以同步测定 CO_2、CH_4 和 H_2O 浓度。LGR 超便携式温室气体分析仪原理是利用 2 个高反射镜面形成一个光腔，激光在 2 个镜面内大量反射，从而增加对气体的吸收强度，进而可以测得含量较低的物质浓度。此外，LGR 超便携式温室气体分析仪不仅能够报告并存储所有测量的吸收光谱，也可以快速对水汽稀释效应和吸收谱线增宽效应进行准确校正。因此，LGR超便携式温室气体分析仪能够直接获取所测目标气体的干摩尔分数，而无须在测量前进行气体干燥或者测量后数据的后处理工作。LGR超便携式温室气体分析仪连接特氟龙管（内径为6.35mm）作为采气管，将采气管与静态箱的进出口连接，并用水密封静态箱与采样底座的凹槽接口。利用内置泵（设置流速为1.5L/min）对箱体内部进行抽气，气体从进气管线进入LGR超便携式温室气体分析仪之前，首先需要通过一个 $7\mu m$ 的空气过滤器（型号SS-4FW-7，Swagelok，USA）进行过滤，以去除气体中的杂质。气体在经过LGR超便携式温室气体分析仪的内部光腔后再通过出气管线返回静态箱内，以保持采样箱内压力的稳定。此外，为了尽可能降低观测数据误差，每个水稻生长季观测前均会采用高纯 N_2 和 CO_2 标准气体对LGR分析仪进行2次零值和标准值的校准。

采用静态-透明箱法测定稻田 CO_2 通量，考虑光照因素的影响，是植物光合作用吸收 CO_2 与呼吸作用排放 CO_2 之间相互作用的综合结果，即生态系统净交换（net ecosystem exchange，NEE）。当植物通过光合作用固定的 CO_2 超过植被和土壤的呼吸作用排放时（NEE为负值），即稻田生态系统从大气中吸收 CO_2；反之，表示稻田生态系统向大气中排放 CO_2（Luan et al.，2016）。在对NEE测定结束之后，采用静态-暗箱（紧贴箱体外面包裹一层3cm厚的海绵，最外侧用铝箔纸包裹）法测定稻田生态系统呼吸（ecosystem respiration，RE），测定的操作流程与静态-透明箱法保持一致。在气样测量时，采用土壤水分温度电导率速测仪（型号WET-2，Delta-T Devices Ltd，Cambridge，UK）同步测量离地表5cm的土壤温度（soil temperature，T_s）和土壤含水量（soil water content，SWC）。此外，2018~2021年水稻生长季 CH_4 通量观测数据与 CO_2 通量测定数据同步获取，而稻田 N_2O 的采集与分析采用静态暗箱-气相色谱法。在静态暗箱密闭后的0min、10min、20min和30min，使用50mL针筒采集箱体内部气体（注意要避光保存），并在12h内完成气体样品的测定。

2018~2021年水稻生长季，气体采集均从移栽后开始，直至成熟期结束。气体采集的频率为每周1~2次，且测量当天以晴朗天气为主，采样时间为8：00~11：00，在施用肥料和排水烤田期适当增加采样频率。此外，2021年水稻生长季，在水稻关键生育期（分蘖期、拔节—孕穗期、抽穗—灌浆期和乳熟—成熟期），对不同 CO_2 浓度处理下稻田碳通量的日变化动态进行观测，测定时间分别为7：00、9：00、11：00、13：00、15：00、17：00、19：00、21：00、23：00、1：00、3：00、5：00，共计12个测量时段。

1）气体通量计算。设置LGR超便携式温室气体分析仪的气体采集频率为1Hz，每个待测样方的观测时间约为10min，可以得到约600个目标气体浓度值。

为了保证测量数据结果的准确性和可靠性，将数据采集的开始和结束期间波动较大的数据剔除，选取测量中间时段气体浓度变化较为平稳的数据进行分析。气体通量可以通过单位时间内浓度值的线性回归和大气压、气体温度、普适气体常数、采样箱的有效高度和目标气体摩尔质量进行校准，并通过目标气体干混比在单位时间内的变化斜率进行计算，以消除由箱体内部水汽增加导致的测量偏差（线性变化用于数据质量评估，接受标准为 $R^2>0.90$ 和 $P<0.001$）。气体通量计算公式如下：

$$F=H\frac{MP}{R(273.15+T)}\frac{dC}{dt} \tag{1-1}$$

式中，F 为气体通量，$mg/(m^2 \cdot h)$；M 为气体摩尔质量，g/mol；R 为普适气体常数 $[8.314Pa/(m^3 \cdot mol \cdot K)]$；$T$ 为采样期间箱内平均气温，℃；P 为标准状况下的气压（101.3kPa）；dC/dt 为经过水汽校正后的目标气体交换速率，$ppmv^{①}/s$；t 为时间，s；H 为静态箱的有效高度，m。此外，采用线性内插法对气体累积量进行计算，即从相邻两个测量间隔之间的气体净吸收/排放量顺序累积，计算公式如下：

$$CE=\sum_{i=1}^{n}\left(\frac{F_i+F_{i+1}}{2}\right)\times(D_{i+1}-D_i)\times24 \tag{1-2}$$

式中，CE 为气体累积量，mg/m^2；F 为气体通量，$mg/(m^2 \cdot d)$；i 为第 i 次采样；$D_{i+1}-D_i$ 为两个测定日期之间的时间间隔，天；n 为全生育期测定的总次数。

生态系统碳交换主要包括两个过程：碳固定和碳排放。碳固定即植物通过光合作用吸收大气中 CO_2 制造有机物；而碳排放为植物自养呼吸和微生物异养呼吸所排放的 CO_2（Kumar et al., 2021）。生态系统的碳交换包括 3 个组分：NEE、RE 和 GPP。此外，净生态系统生产力（net ecosystem production，NEP）是生态系统净碳积累速率，通常用来表征生态系统碳汇/源的状态。各个参数之间的定量关系（Bhattacharyya et al., 2013）如下：

$$GPP=RE-NEE \tag{1-3}$$

$$NEP=-NEE \tag{1-4}$$

式中，GPP 为总初级生产力，$mg/(m^2 \cdot h)$；RE 为生态系统呼吸，$mg/(m^2 \cdot h)$；NEE 为生态系统净交换，$mg/(m^2 \cdot h)$。当 NEE<0 或 NEP>0 时，则表示生态系统吸收 CO_2。

2）生物与环境要素获取。2018～2021 年水稻生长季，按作物主要生育期测定水稻平均株高（自地表面至最长叶片顶端的长度）、分蘖数、叶面积指数

_____

① $1ppm=10^{-6}$。

(leaf area index，LAI）和相对叶绿素含量（SPAD）、CO_2 累积量（cumulative amount of CO_2，CAC）。

水稻 LAI 采用 LAI-2000 植物冠层分析仪（LI-COR Inc.，Lincoln，NE，USA）进行测定，该仪器是基于"鱼眼"光学传感器对辐射量进行测量（垂直和水平视野范围分别为 148°和 360°），通过所测的植被冠层的辐射转移模型计算出 LAI。为了减少测量误差，测定期间需要保持仪器探头水平且采用一个 45°角的盖子遮蔽"鱼眼"镜头避免阳光直射。对于每个 OTC，选择 5 片水稻长势较为均匀的区域进行测量，并将 5 次测量的平均值作为 LAI 值。

SPAD 值与植物叶绿素含量高度相关，通常用来指示植物叶片的相对叶绿素含量（Bannari et al.，2007）。本研究采用 SPAD-502 Plus 便携式叶绿素仪（Konica Minolta Optics Inc.，Osaka，Japan）对水稻叶片的叶绿素含量进行测量。首先选择完全展开、长势一致的健康叶片（分蘖期、拔节期选择倒一叶；抽穗后选择剑叶），每张叶片在主叶脉两侧各选择 3 个点，且测定时要避开叶脉、叶根和叶尖部分。每个 OTC 内部选取 5 张叶片，取测量结果的平均值作为 SPAD 值。

生物量测定，在水稻成熟后，根据《农业气象观测规范——作物分册》指导方法，采集每个 OTC 内部盆体中水稻样品，将叶片、茎鞘、穗等分开，置于干燥箱中 105℃ 杀青 30min 使植物组织酶失活，随后在 65℃ 温度条件下烘干 48h 至恒重，用天平称取不同水稻组织的干物质质量（精确到 0.01g）。产量测定：在水稻成熟后，采集水稻样本并装入网袋中带回实验室进行产量指标测定。水稻的产量结构包括穗粒数、实粒数、瘪粒数、空瘪率、千粒重（thousand grain weight，TGW）。千粒重测定：从烘干后的水稻样品中，使用数粒板随机选取 2 组 1000 粒籽粒样本，分别称重（精确到 0.01g）。若 2 份 TGW 的差值与 2 份数据平均值的商≤3%，则取这 2 组数据的平均值即为 TGW。如果上述值≥3%，则需要再称取第 3 份籽粒样本，最后选取 3 份样本中最为接近的 2 组数据的平均值作为水稻 TGW。

2018～2021 年，在水稻关键生育时期（分蘖期、拔节—孕穗期、抽穗—灌浆期和乳熟—成熟期）采集根际土壤（0～15cm）收集到自封袋带回实验室进行处理，水稻根际土壤样品的采集日期如表 1-5 所示。采集的土壤样品在测定相关指标前，首先需要将土壤中的石头、植物残体以及杂质等清除。随后将土壤样品分成两部分：一部分土壤样品存放于冰箱保鲜层（4℃），用于测定土壤中可溶性有机碳（dissolved organic carbon，DOC）等理化性质；另一部分土壤样品在自然条件下风干，磨碎后过 2mm 目筛，用于测定土壤 pH 和酶活性。

表 1-5　2018～2021 年水稻生长季根际土壤样品采集日期

生育期	水稻生长季			
	2018 年	2019 年	2020 年	2021 年
分蘖	7 月 19 日	7 月 16 日	7 月 16 日	7 月 19 日
拔节—孕穗	8 月 1 日	8 月 9 日	8 月 12 日	9 月 9 日
抽穗—灌浆	9 月 5 日	9 月 6 日	9 月 5 日	9 月 6 日
乳熟—成熟	9 月 28 日	9 月 27 日	9 月 26 日	9 月 28 日

土壤 pH 采用电位法测定（水土比为 2.5∶1）（Chen et al.，2015）；土壤 DOC 采用焦磷酸钠比色法测定（占新华和周立祥，2002）。过氧化氢酶活性的测定采用高锰酸钾滴定法；土壤转化酶活性的测定采用二硝基水杨酸比色法（Gopal et al.，2007）；土壤脲酶活性的测定采用苯酚–次氯酸钠比色法。

水体指标测定，在气体采集期间，用直尺进行同步测量稻田的水层深度（water deep），每个 OTC 内部随机选取 5 个点进行测量，结果取 5 次测量的平均值。此外，使用 YSI 多参数探头（型号 YSI 650MDS，YSI Inc.，Yellow Springs，OH，USA）测定稻田水体温度、水中溶解氧（dissolve oxygen，DO）浓度和 pH，在测量前需要对仪器进行校准。

气象要素监测，实验点安装原位自动小型气象站（型号 ZMetpro，Campbell Scientific，Inc.，USA），用于收集实验期间的气象要素信息，如光合有效辐射、空气温度以及降水情况等。气象数据由 Loggernet 数据采集器（型号 CR3000，Campbell Scientific，Inc.，USA）记录并保存。

（5）综合增温潜势计算

全球增温潜势（global warming potential，GWP）通常用于定量衡量不同温室气体对全球温室效应的相对影响程度（张岳芳等，2012）。在 GWP 的估算中，以 CO_2 为参照，将 CH_4 和 N_2O 排放量转化为 CO_2 当量的综合温室效应。在 100 年时间尺度上，单位质量 CH_4 和 N_2O 的 GWP 分别为 CO_2 的 28 倍和 265 倍（IPCC，2014）。

农田生态系统净全球增温潜势（net global warming potential，NGWP）表征的是 CH_4 和 N_2O 排放的综合增温潜势与农田固碳减缓全球变暖的差值（Shang et al.，2011）。本研究基于连续 4 个水稻生长季 CO_2、CH_4 和 N_2O 净通量的观测结果，综合评估不同 CO_2 浓度处理下稻田 NGWP。在 100 年时间尺度上，稻田生态系统 NGWP 计算公式为

$$NGWP = N_2O \times 261 + CH_4 \times 28 - NEP \qquad (1-5)$$

式中，NGWP 为净全球增温潜势，$kg/(CO_2\ eq \cdot hm^2)$，若 NGWP>0，则表示稻田

生态系统为温室气体的源；若 NGWP<0，则表示稻田生态系统为温室气体的汇。

温室气体强度（greenhouse gas intensity，GHGI），即表征单位粮食生产对气候的潜在影响，是结合农田温室气体排放和作物产量的一个综合性评价指标（Mosier et al.，2006）。稻田生态系统 GHGI 计算公式如下：

$$GHGI = NGWP/Y \tag{1-6}$$

式中，GHGI 为温室气体强度；NGWP 为净全球增温潜势，kg/（CO$_2$ eq · hm^2）；Y 为水稻单位面积产量，kg/hm^2。

（6）DNDC 模型模拟

DNDC（denitrification-decomposition，反硝化–分解）模型运行所需要的数据主要包括气象要素、土壤指标、植被类型以及农田管理措施等相关信息。南京信息工程大学农业气象与生态试验站 DNDC 模型研究使用的 2021 年气象数据来自实验站点安装的小型气象站自动记录的逐日数据（日最高最低气温、降水和风速），将数据更改为文本格式输入 DNDC 模型。土壤指标包括土壤质地、土壤容重、pH、黏土比例以及起始土壤有机碳含量等来自田间实际采样测量的结果。田间管理措施，主要包括作物的种类、播种和收获日期、秸秆还田比例、农作物的生理和物候参数；耕作的次数、时间和方法；施肥种类、时间、方法以及施用量；淹灌的日期、方式及深度等，均来自日常实验的田间管理记录。

DNDC 模型点位模拟与验证，由于所有模型都是在某一特定研究区域的自然环境、农业生产条件以及农田管理措施的基础上构建而成的。实际上，不同的研究区域之间存在较大的差异。因此，需要根据研究地点的实际情况对模型加以验证和部分参数的修正。刘超（2023）2018～2021 年在南京信息工程大学农业气象与生态试验站开展的研究主要是利用田间实验所获取的不同 CO$_2$ 浓度处理下稻田土壤温度和温室气体排放数据进行模型验证。首先选择点位模式下，根据实验期间实际情况手动输入实验地点的气候要素、土壤指标以及农田管理措施等一系列相关参数，采用试错法对作物参数进行校准，以确保稻田土壤温度和温室气体排放的模拟结果与田间的实测值具有较好的一致性。校正后的作物参数：最大籽粒产量为 8000kg/（hm^2 · a）、C/N 比值（籽粒/叶/茎/根）为 49：80：80：30、生物量分配比（籽粒：叶：茎：根）为 0.49：0.26：0.19：0.06、生长积温为 2850℃、固氮系数为 1.15。本研究采用决定系数（coefficient of determination，R^2）和均方根误差（root mean square error，RMSE）来检验模型的模拟值与田间实测值的吻合程度。如果 RMSE 越小，则表明模型模拟的精度越高。RMSE 的计算公式如下：

$$RMSE = \sqrt{\sum_{i=1}^{n} \frac{(OBS_i - SIM_i)^2}{n}} \tag{1-7}$$

式中，OBS_i 为田间实测值；SIM_i 为模型模拟值；n 为观测样本数。

DNDC 模型敏感度分析是在保持其他影响因子的输入值不变情况下，通过在一定范围内改变某个特定因子的值并输入模型，探究模型输出结果的变化规律。本研究选取 2021 年水稻生长季大气 CO_2 浓度升高 200μmol/mol 为基准情景，并结合田间实际状况，通过调整气候要素、土壤指标和农田管理措施等相关待检验参数，分析大气 CO_2 浓度升高条件下影响稻田生态系统温室气体排放因子的敏感性差异。选用敏感度指数（sensitivity index，SI）进一步量化所研究的待测参数对稻田温室气体排放的影响程度。SI 的计算公式如下：

$$SI = \left| \frac{\left[(O_{max} - O_{min})/O_{avg} \right]}{\left[(I_{max} - I_{min})/I_{avg} \right]} \right| \quad (1-8)$$

式中，SI 为敏感度指数；I_{max} 和 I_{min} 分别为输入待检验参数的最大值和最小值；O_{max} 和 O_{min} 分别为输入待检验参数最大值 I_{max} 和最小值 I_{min} 所对应的模型输出结果；O_{avg} 和 I_{avg} 分别为输出结果和输入待检验参数的平均值。若 SI 的绝对值越大，则表示两者之间的相关性就越强，模拟结果对该参数响应的敏感度也就越高。

1.1.4.2 中国科学院长武黄土高原农业生态试验站

（1）研究区概况

2017 年和 2018 年在中国科学院长武黄土高原农业生态试验站（35°12′N，107°40′E）进行，该区位于黄土高原中南部陕甘交界处陕西省长武县洪家镇王东村，海拔为 1200m。该地区年均降水量为 584mm，年均气温为 9.1℃，5～9 月平均气温为 19.0℃，地下水埋深为 50～80m，无霜期为 171 天，年蒸发量高达 1565mm。该区域无灌溉条件，是典型的旱作农业区。地带性土壤为黑垆土，质地均匀疏松。播前耕层土壤基本理化性质见表 1-6。

表 1-6　土壤基本理化性质

pH	容重 /(g/cm³)	有机质 /(g/kg)	全氮 /(g/kg)	速效磷 /(mg/kg)	速效钾 /(mg/kg)	矿质氮 /(mg/kg)
8.0	1.28	12.46	0.98	22.2	181.9	16.9

（2）实验设计

中国科学院长武黄土高原农业生态试验站 OTC 系统建于 2015 年，采用田间定位实验，设置大田自然大气 CO_2 浓度处理（CK）、OTC 对照处理（OTC）及 OTC 系统自动控制 CO_2 浓度（700μmol/mol）处理（OTC+CO_2），其中设置 OTC 对照处理是指气室直接立于田间土壤上，无额外加热系统，不通入 CO_2 气体，为剥离 OTC 所带来的被动增温效应，同时这 3 种处理分别对应 4 种水肥管理措施：

不覆膜不施氮（RN0）、不覆膜且每公顷施纯氮 225kg（RN225）、覆膜且每公顷施纯氮 225kg（MN225）、覆膜且每公顷施纯氮 290kg（MN290）。每种处理设置 3 个田间重复，共 36 个小区，各小区面积为：自然大气条件下 6m×6.5 m＝39m²，气室内 2m×2m＝4m²。当前大气 CO_2 水平下采用完全随机区组设计，高 CO_2 水平下采用二裂区实验设计，CO_2 浓度为主区，施氮量为副区。以足量磷、钾肥为底肥，RN0 处理作为对照。具体实验设计如表 1-7 所示。

表 1-7　实验设计

编号	处理	施氮量 /（Kg N/hm²）	覆盖方式	CO_2 浓度 /（μmol/mol）
1	RN0	0	不覆膜雨养	当前自然大气（CK）
2	RN225	225	不覆膜雨养	当前自然大气（CK）
3	MN225	225	全膜覆盖	当前自然大气（CK）
4	MN290	290	全膜覆盖	当前自然大气（CK）
5	RN0	0	不覆膜雨养	当前自然大气（OTC）
6	RN225	225	不覆膜雨养	当前自然大气（OTC）
7	MN225	225	全膜覆盖	当前自然大气（OTC）
8	MN290	290	全膜覆盖	当前自然大气（OTC）
9	RN0	0	不覆膜雨养	700（OTC+CO_2）
10	RN225	225	不覆膜雨养	700（OTC+CO_2）
11	MN225	225	全膜覆盖	700（OTC+CO_2）
12	MN290	290	全膜覆盖	700（OTC+CO_2）

供试玉米品种为'郑单 958'，种植密度为每公顷 7 万株，种植方式采用宽窄行、双垄沟播法，行宽分别为 60cm 和 40cm，垄高分别为高垄 15cm、低垄 5cm。于 2017 年 4 月 23 日播种，9 月 15 日收获；2018 年 4 月 17 日播种，9 月 13 日收获。玉米整个生长期内的水源均来自天然降水，无任何灌溉；采用人工去除农田杂草。

养分管理：氮肥以含氮量为 46.7% 尿素为肥源，分三次施入，基肥与种肥 40%；喇叭口期（V10）追肥 30%；抽雄期（VT）追肥 30%。磷肥以含 P_2O_5 为 61% 过磷酸钙（其中 80%～95% 溶于水）为肥源，每公顷施纯磷 40kg，基肥与种肥一次施入。钾肥以含 K_2O 为 54% 硫酸钾为肥源，每公顷施纯钾 80kg，基肥与种肥一次施入。

（3）OTC 平台

改进的 OTC 系统为透明塑钢 PC 结构材料搭建而成的半封闭式气室，采用自然光源，并人为使气室内 CO_2 浓度控制在 $700\mu mol/mol$。改进的 OTC 系统主要表现在以下几个主要方面：①为更好地控制玉米种植的行距和株距，将 OTC 从传统的正八边形棱柱状改为正四边形棱柱状；②为了使 OTC 更适用于株高较高的玉米种植并削弱因空间小而造成的温室效应，将 OTC 尺寸放大为长、宽、高分别为 4m、4m 和 3m；③为了让作物在 OTC 内的生长环境与外部自然环境更加相似，将顶部收口改为全部敞开；④为避免气室内光照强度发生变化，更好地减弱气室壁吸收有效光辐射，选用透光性≥98%、防结露、耐用性强的聚碳酸酯耐力板材料；⑤优化控制内部 CO_2 浓度。自然大气条件下安装 1 个空气温湿度传感器，OTC+CO_2 条件下的气室内各安装一个 CO_2 传感器和空气温湿度传感器，OTC条件下的气室内各安装一个空气温湿度传感器，并在土壤 5cm 与 15cm 处安置温湿度传感器监测三个条件下每个处理的土壤温湿度。

1.1.5 FACE 模拟实验

FACE 系统是研究植物对大气 CO_2 浓度升高响应的理想手段之一（Hu et al.，2021）。实验通常在空气自由流动的田间进行，植物完全处于自然环境中生长，消除了其他环境因子（如光照、温度和降水等）的制约。该方法是由美国能源部 Brookhove 研究室的 Hendrey 等设计，由位于亚利桑那（Arizona）州菲尼克斯（Phoenix）市的美国农业部水分保持实验室最早应用。最早应用于棉花、小麦等农作物实验，目前有人对较大块的森林也进行 FACE 处理。

1.1.5.1 美国亚利桑那州马里科帕 FACE 平台

由美国农业部和能源部联合发起的 FACE 项目，有 3 个主要目标：第一个目标是保障未来粮食安全；第二个目标是预测全球气候变化速度；第三个目标是开发 FACE 实验的技术手段。前两个目标的核心都是研究人类使用化石能源资源带来的潜在生态环境的变化。FACE 是通过一组圆形垂直排气管来计量释放 CO_2（图 1-8）。根据风速和 CO_2 浓度，利用微机算法进行监测和控制，将 CO_2 从样地上方的布风管道中释放出来，并使 CO_2 保持固定浓度。

CO_2 浓度升高对作物轮作系统的影响研究，采用 FACE 实验方法。为了减少边缘效应给实验结论带来的影响，FACE 实验小区设计为八角形，有 8 根释放 CO_2 气体的塑料管。塑料管在向小区内的侧面有很多呈锯齿状分布的小孔，直径为 0.5~0.8mm。塑料管距作物冠层的高度可以随作物生长高度的变化而进行调整，一般保持在作物冠层上方 50cm 左右（图 1-9）。在每个 FACE 圈中心 2.5m高度安装一组测定风速和风向的传感器。根据大气中的 CO_2 浓度、风向、风速、

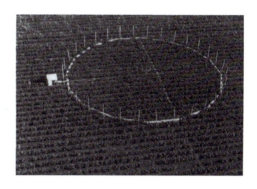

图 1-8　亚利桑那州马里科帕棉花田里直径 22m 的 FACE 阵列

作物冠层高度的 CO_2 浓度等因素的变化，自动调节 CO_2 气体释放速度及方向。CO_2 探头 GMP343 与计算机监控系统连接，进行 CO_2 浓度检测。在 $0 \sim 1000\mu mol/mol$ 范围内，其准确度为 $3\mu mol/mol \pm 1\%$。根据作者近三年的实验研究，能够达到 CO_2 浓度差异为 $50\mu mol/mol$ 实验设计的要求。

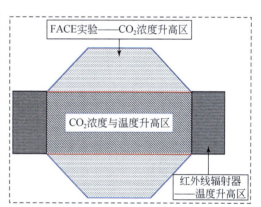

图 1-9　FACE 模拟实验

　　FACE 圈对边直径为 $1 \sim 20m$，安装高度往往高于作物冠层 $0.5 \sim 0.6m$，以保证作物冠层上方有足够的高 CO_2 浓度和气体扩散空间。在 FACE 圈的中心位置安装有风速仪和 CO_2 传感器，实时监测圈内的风向、风速以及 CO_2 浓度，然后将实时数据传输给自动控制系统，计算机根据传输的结果及时调整 FACE 圈四周 CO_2 的释放位点和数量，以保证 FACE 圈内 CO_2 浓度在 90% 的时间内均控制在目标浓度的误差范围内（±10%）。但是，FACE 装置常常安装在空旷的野外，受到风速和降雨等外界环境因素影响，对圈内 CO_2 浓度长期维持在一个相对稳定的范围有较大的影响。

由于实验装置没有外部框架结构，植物生长完全处于 21 世纪中期的真实的微气候和 CO_2 条件下。FACE 系统获得的数据可以用于验证正在开发的预测 CO_2 浓度增加和气候变化对植物、生态系统、农业生产力和水资源的影响模型。FACE 系统的安装成本与控制气室差不多。虽然每年的运行成本大约是控制气室的 3 倍，但 FACE 样地相对较大，同等面积下 FACE 系统是成本最低且最好用的田间实验方法。

1.1.5.2 江苏省无锡市安镇镇年余农场 FACE 平台

(1) 实验地点与设施

江苏省无锡市安镇镇年余农场（31°37′N，120°28′E）利用 FACE 平台开展水稻实验研究。研究区土壤类型为黄泥土，年平均降水量为 1150mm，年平均温度约为 16℃，年日照时间约 2000h，年无霜期日数约 230 天，耕作方式为水稻、冬小麦轮作，是典型的稻麦轮作农田生态系统。该技术平台 2004 年移至江苏省江都区小纪镇（32°35′N，119°42′E）。该地区年平均降水量为 918mm，同期实测年平均蒸发量为 1194.3mm，年平均气温为 15℃，无霜期为 220 天。6~9 月降水量较多，平均汛期降水量占年平均降水量的 60%。FACE 技术平台共有 3 个 FACE 圈和 5 个对照（CK）圈（FACE 实验重复 3 次，CK 重复 5 次）。FACE 圈与 FACE 圈之间、FACE 圈与 CK 圈之间间隔 90m 以上，以防止 CO_2 释放对其他圈 CO_2 浓度造成影响。FACE 圈设计为正八角形，直径为 12m，通过 FACE 圈周围的管道向 FACE 圈中心喷射纯 CO_2 气体，计算机控制 FACE 圈内 CO_2 浓度，使其全生育期 FACE 圈内的平均 CO_2 浓度保持在 $570\mu mol/mol$，控制误差在 10% 以内，其余环境条件与自然状态完全一致。CK 田块没有安装 FACE 管道。

(2) 实验设计

2001 年大气 CO_2 浓度设 CK（$370\mu mol/mol$）和比 CK 高 $200\mu mol/mol$ 的 FACE 处理（$570\mu mol/mol$）2 个水平，施 N 量设 $150kg/hm^2$（LN）、$250kg/hm^2$（MN）2 个水平，施 P 量设 $35kg/hm^2$（LP）、$70kg/hm^2$（NP）2 个水平，共 8 个处理组合。2002 年、2003 年大气 CO_2 浓度设 CK（$370\mu mol/mol$）和比 CK 高 $200\mu mol/mol$ 的 FACE 处理（$570\mu mol/mol$）2 个水平，施 N 量设 $150kg/hm^2$（LN）、$250kg/hm^2$（NN）、$350kg/hm^2$（HN）3 个水平，施 P 量均为 $70kg/hm^2$，共 6 个处理组合。2005 年大气 CO_2 浓度设 CK（$370\mu mol/mol$）和比 CK 高 $200\mu mol/mol$ 的 FACE 处理（$570\mu mol/mol$）2 个水平，施 N 量设 $125kg/hm^2$（LN）、$250kg/hm^2$（MN）2 个水平，施 P 量均设 $70kg/hm^2$，共 4 个处理组合。

(3) 供试材料

培育供试品种为高产粳稻新品种'武香粳 14 号'，均为大田旱育秧，5 月 18

日播种，6 月 13 日人工移栽，行距为 25cm，株距为 16.7cm，24 穴/m²，每穴栽 3 苗。自移栽期起，大气 CO_2 浓度设 CK 和 FACE 处理 2 个水平。2001 年施肥时间和施肥量：6 月 12 日施基肥（施 N 肥总量的 40%、P 肥总量的 65%），6 月 18 日施分蘖肥（施 N 肥总量的 20%、P 肥总量的 35%），8 月 5 日施穗肥（施 N 肥总量的 40%）。2002 年、2003 年施肥时间和施肥量：6 月 12 日施基肥（HN 施 N 肥总量的 25.7%、NN 施 N 肥总量的 36%、LN 施 N 肥总量的 60%），6 月 18 日施分蘖肥（HN 施 N 肥总量的 34.3%、NN 施 N 肥总量的 24%、LN 不施 N 肥），7 月 28 日施穗肥（HN、NN、LN 各占 N 肥总量的 40%）。基肥和分蘖肥占施 N 肥总量的 60%，穗肥占施肥总量的 40%。P 肥均作为基肥施用。2005 年施肥时间和施肥量：6 月 13 日施基肥，6 月 19 日施分蘖肥，7 月 30 日施穗肥。基肥和分蘖肥分别占施肥总量的 60% 和 40%。P 肥均作为基肥施用。水分管理为 6 月 13 日~7 月 10 日保持浅水层（约 5cm），7 月 11 日~8 月 4 日进行多次轻搁田，8 月 5 日~收割前 7 天进行间隙灌溉。适时进行病虫草害防治，水稻生长发育正常。

1.1.5.3 甘肃省定西干旱气象与生态环境试验基地 FACE 平台

FACE 平台位于甘肃省定西市的中国气象局兰州干旱气象研究所定西干旱气象与生态环境试验基地，是中国气象局在国内较早筹建的、规模较大的综合性试验基地之一，也是全国半干旱地区唯一的一处干旱气象野外综合观测基地。该基地地处黄土高原西部的甘肃省中部半干旱雨养农业区，坐落于全国首批国家农业科技园区——甘肃定西国家农业科技园区内，地理位置为 104°37′E、35°35′N，海拔为 1896.7m，下垫面属于典型的黄土高原丘陵沟壑，主要土地利用类型为农田。气候特点是光能较多，热量资源不足，雨热同季，降水少且变率大，气候干燥，气象灾害频繁。年日照时数为 2433h，其中日照时数在 200h 以上的月份有 4 月、5 月、6 月、7 月、8 月和 12 月，其余月份日照时数在 172~193h；年平均气温为 6.7℃，日平均气温≥0℃的积温为 2998.3℃，日平均气温≥10℃的积温为 2360.5℃；多年（1971~2022 年）年平均降水量为 386.6mm，降水集中在 5~10 月，占年降水量的 86.9%；平均无霜期为 140 天；土壤为黄绵土，碱性，肥力中等。黄土高原西部的生态环境、气候特征具有广泛的代表性。

FACE 系统实验平台由供气装置、控制系统、释放系统三大部分组成（图 1-10）。其中供气装置由容积为 10m³ 的 CO_2 液体储存罐、汽化装置、压力调节器和输气管道四部分组成；控制系统由计算机、电源箱、控制箱、CO_2 采样分析系统和风向风速传感器五部分组成；释放系统即 FACE 圈，本平台有 3 个 FACE 圈和 3 个对照圈。FACE 圈和对照圈设计为对边距为 4m 的正八角形，由 8 根长度为

1.7m 的不锈钢管围成，有效实验面积约为 11m^2，不锈钢管面向圈内一面每隔 100mm 有孔径约 0.5mm 的小孔，用以向 FACE 圈中心喷射纯 CO_2 气体，放气管的高度在作物冠层上方 30～40cm，以保证作物冠层上方有足够的高 CO_2 浓度及气体扩散空间。圈内有 1 个 CO_2 气体监测器，采集 CO_2 气样供控制系统分析圈内 CO_2 浓度分布。

图 1-10　定西干旱气象与生态环境试验基地 FACE 平台

　　利用该 FACE 实验平台，在半干旱雨养农业区开展田间模拟实验，以当地春小麦、马铃薯、玉米等典型农作物为研究对象，通过增加 FACE 圈内的 CO_2 浓度，进行 CO_2 浓度升高对农作物生长发育、生理生态特征、生物量、产量等的观测研究，揭示 CO_2 浓度增加对典型农作物的影响特征、规律及其生理生态机制。通过观测增加实验数据用于改进或验证模型模拟，以增加模拟结果的可信度。另外，作物对气候变化的适应是一个极其复杂的过程，因地区、作物及其品种而异，因此进行区域实验也是非常有必要的。通过实验研究，为该地区适应未来不同气候变化情景、科学地利用气候资源提供科学依据。

1.2　大气 CO_2 浓度升高模拟实验应用

　　CO_2 不仅是主要的温室气体，同时也是生物圈的重要碳源。大气中 CO_2 浓度的升高必然一定程度直接或间接对生态系统碳通量和温室气体的排放产生影响，进而对未来全球气候系统产生深刻的反馈效应。一方面，CO_2 浓度增加可以促进植物叶片尺度上的光合作用，提高植物生物量和产量以及土壤有机质的累积（Liu et al.，2020），将大气中的碳转移到陆地生态系统（Liu et al.，2018；Walker et al., 2021)。另一方面，大气 CO_2 浓度升高引起的土壤生物和非生物环境的变化也将导致农田生态系统温室气体（CH_4 和 N_2O）的排放发生改变（Yu et al., 2022)。

1.2.1 CO_2 浓度升高对土壤质量的影响

CO_2 浓度升高对作物的影响在一定程度上是由土壤养分状况决定的，肥料资源的利用与气候和土壤有关（Ahmad et al., 2019)，土壤 pH 是调控一系列土壤生物过程的主导因子。土壤酶影响土壤中的物质循环和能量流动，其活性变化可反映土壤中生物化学过程的强度和方向，而高浓度 CO_2 对酶的活性有直接或间接影响（施翠娥等，2016)。高 CO_2 浓度刺激微生物活性，从而使小分子有机碳组分分解酶——蔗糖酶活性显著提高。β-葡萄糖苷酶在自然界中广泛存在，是催化水解纤维二糖的关键酶且在有机碳的分解中发挥重要作用（Das et al., 2011)。

1.2.1.1 CO_2 浓度升高对土壤物理性质的影响

刘超（2023）2018～2021 年对南京信息工程大学农业气象与生态试验站水稻生长季土壤温湿度季节性动态变化的研究表明，不同水稻生长季土壤的温度和湿度一定程度上存在明显的季节性变化特征，土壤温度和湿度均随着水稻生育期的推进呈现先升高而后降低的变化趋势（图1-11)。此外，在不同水稻生长季，土壤温度和湿度的变化范围的差异性也较为显著。在 2018～2021 年水稻生长季，土壤温度的变化范围分别为 26～41℃、18～39℃、21～34℃和 22～38℃；土壤湿度的范围分别为 42%～67%、33%～69%、39%～69% 和 40%～68%。在2018 年水稻生长季，CK 和 CK+200 处理下平均土壤温度分别为 34.0℃ 和34.5℃，土壤湿度分别为 54.6% 和 57.8%。在 2019 年水稻生长季，CK 和 CK+200 处理下平均土壤温度分别为 29.5℃ 和 28.9℃，土壤湿度分别为 52.0% 和52.5%。在 2020 年水稻生长季，CK 和 CK+200 处理下平均土壤温度分别为30.2℃ 和 31.2℃，土壤湿度分别为 53.8% 和 54.6%。在 2021 年水稻生长季，CK和 CK+200 处理下平均土壤温度分别为 28.6℃ 和 28.8℃，土壤湿度分别为49.4% 和 51.2%。

整体来看，在 4 个水稻生长季，CK 和 CK+200 处理下平均土壤温度表现为：2018 年水稻生长季>2020 年水稻生长季>2021 年水稻生长季>2019 年水稻生长季，这与 2018～2021 年水稻生长季的空气温度变化趋势具有较好的一致性。总体上看，对于 2018～2021 年水稻生长季，土壤湿度的变化相对较小，CK 和 CK+200 处理下平均土壤湿度变化范围分别为 49.4%～54.6% 和 51.2%～57.8%。

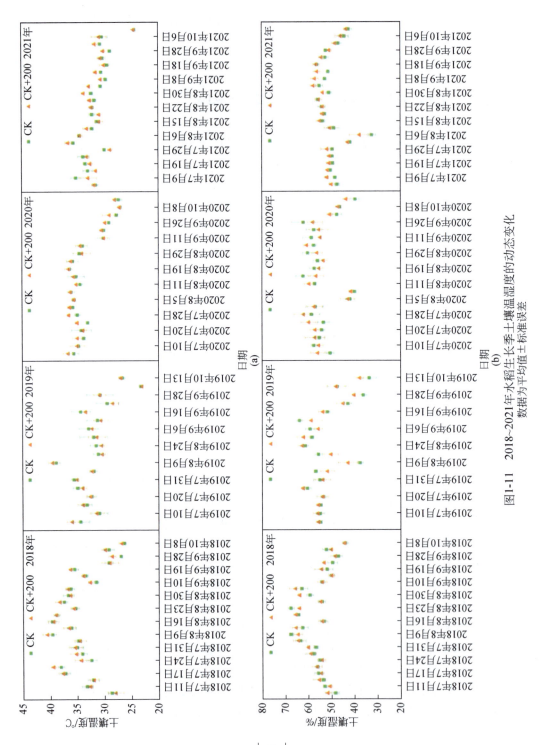

图1-11 2018~2021年水稻生长季土壤温湿度的动态变化
数据为平均值±标准误差

周娅（2019）于2017年和2018年在中国科学院长武黄土高原农业生态试验站开展的OTC对旱作玉米农田土壤的研究表明，与CK相比，OTC和OTC+CO_2处理下各生育期土壤含水量均有所降低（图1-12）。CK、OTC、OTC+CO_2处理下土壤含水量范围分别为12.37%～23.02%、8.91%～20.12%、8.38%～21.15%。不同处理土壤含水量随生育期的变化规律相似，呈现先降低后升高的趋势，在R3期最低。与CK相比，OTC及OTC+CO_2处理能够提高表层土壤温度。CK、OTC、OTC+CO_2处理下玉米全生育期土壤温度变化范围分别为19.29～24.15℃、20.23～25.77℃、20.31～26.00℃。

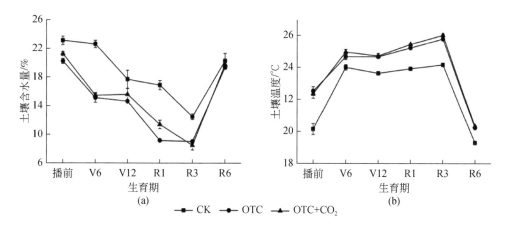

图1-12　春玉米各生育期土壤含水量和温度变化

V6，六叶期；V12，十二叶期；R1，吐丝期；R3，乳熟期；R6，完熟期。下同

DNDC模型能够较为准确地模拟出不同CO_2浓度处理下稻田土壤温度的季节性动态变化趋势和范围。在CK和CK+200处理下，刘超（2023）利用DNDC模型模拟的2018～2021年对南京信息工程大学农业气象与生态试验站水稻生长季土壤（5cm）温度变化范围分别为21.9～32.1℃［图1-13（a）］和22.1～32.7℃［图1-13（b）］，这与田间实测值具有较好的一致性（CK，20.2～33.60℃；CK+200，20.3～34.73℃）（图1-13）。通过将实测值与模拟值进行比较分析发现，不同CO_2浓度处理下稻田土壤温度实测值与模型模拟值之间吻合度相对较好，且CK和CK+200处理下稻田土壤温度实测值与模拟值拟合线的R^2分别为0.92和0.90，RMSE分别为1.55和1.64［图1-13（c）、（d）］。

1.2.1.2　CO_2浓度升高对土壤化学性质的影响

（1）CO_2浓度升高对土壤pH和有机质的影响

张璐（2020）利用植物生长气候箱增温，于2017～2018年在西南大学国家

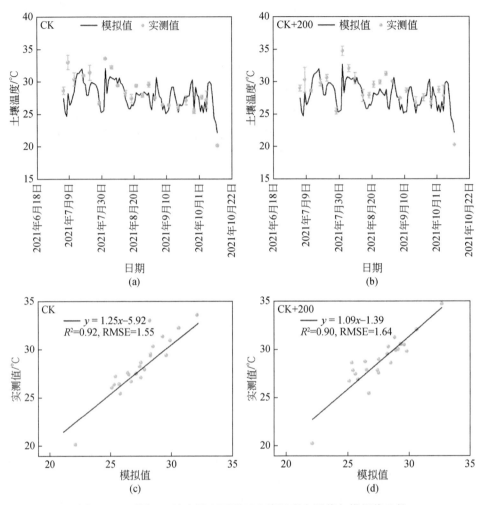

图 1-13　不同 CO_2 浓度处理下稻田土壤温度实测值与模拟值比较

紫色土肥力与肥料效益监测站开展区组设计的盆栽实验表明，在冬小麦抽穗期和开花期，对照 CO_2 浓度（ACO_2）和 CO_2 浓度升高（ECO_2）处理下 pH 均随施肥量增加呈下降趋势，其中开花期下降趋势最为明显。在开花期，ACO_2 和 ECO_2 处理下 F1、F2、F3 的土壤 pH 相较于不施肥处理 CK 分别下降了 6.43% 和 4.64%、7.17% 和 5.84%、6.93% 和 7.63%（图 1-14）。不考虑施肥的影响，ECO_2 处理下开花期土壤 pH 比 ACO_2 处理降低 4.37%（$P<0.05$），高 CO_2 浓度对抽穗期和成熟期土壤 pH 无显著影响。在冬小麦生长周期内，土壤 pH 呈先升后降的小幅波动趋势。不考虑 CO_2 浓度的影响，土壤 pH 在成熟期施肥处理间无显著差异（表 1-8）。CO_2 浓度和施肥水平对 3 个时期土壤 pH 均无显著的交互效应。

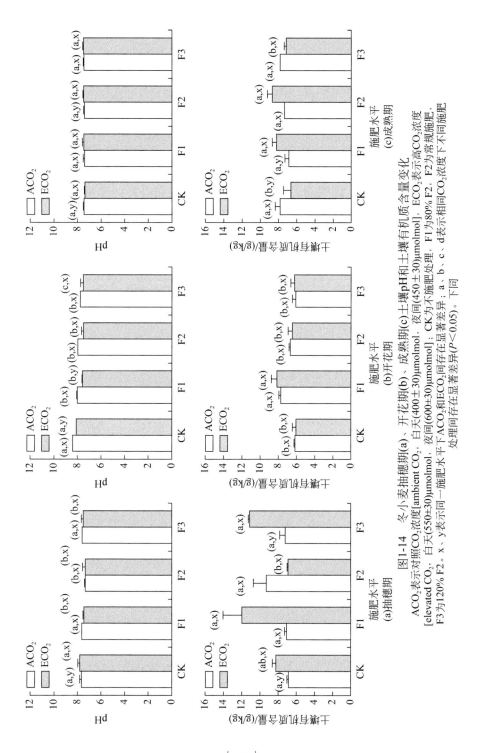

图1-14 冬小麦抽穗期(a)、开花期(b)、成熟期(c)土壤pH和土壤有机质含量变化

ACO₂表示对照CO₂浓度[ambient CO₂, 白天(400±30)μmolmol, 夜间(450±30)μmolmol], ECO₂表示高CO₂浓度 [elevated CO₂, 白天(550±30)μmolmol, 夜间(600±30)μmolmol]; CK为不施肥处理, F1为80% F2, F2为常规施肥, F3为120% F2。x、y表示同一施肥水平下ACO₂和ECO₂间存在显著差异; a、b、c、d表示相同CO₂浓度下不同施肥 处理间存在显著差异(P<0.05)。下同

张璐（2020）利用植物生长气候箱增温，于 2017～2018 年在西南大学国家紫色土肥力与肥料效益监测站开展区组设计的盆栽实验表明，在冬小麦开花期和成熟期，随着施肥量的增加，土壤有机质含量呈现先增加后降低的趋势，且在开花期 ACO_2 和 ECO_2 处理下峰值均出现在 F1，分别为 7.73g/kg 和 8.16g/kg。在冬小麦生长周期内，有机质含量呈先减少后小幅上升的趋势，开花期含量最少。不考虑 CO_2 浓度的影响，成熟期土壤有机质含量在各施肥处理间无显著差异。不考虑施肥的影响，ECO_2 处理土壤有机质含量在抽穗期、开花期和成熟期较 ACO_2 处理均增加。CO_2 浓度对抽穗期有机质含量有极显著影响，施肥水平对开花期土壤有机质含量影响显著，施肥和 CO_2 浓度对成熟期有机质含量均无显著影响，明显的交互效应仅出现在抽穗期（表 1-8）。

表 1-8　不同 CO_2 浓度和施肥水平对土壤 pH 和有机质含量的影响

处理		抽穗期		开花期		成熟期	
		pH	土壤有机质 /(g/kg)	pH	土壤有机质 /(g/kg)	pH	土壤有机质 /(g/kg)
施肥水平	CK	7.82[a]	9.58[ab]	8.29[a]	6.54[b]	7.44[a]	7.15[a]
	F1	7.60[b]	10.48[a]	7.92[b]	7.35[a]	7.46[a]	7.67[a]
	F2	7.47[b]	8.19[b]	7.81[bc]	6.61[ab]	7.43[a]	7.62[a]
	F3	7.49[b]	1011[a]	7.7[c]	6.34[b]	7.47[a]	7.32[a]
CO_2 浓度	ACO_2	7.56[a]	7.61[b]	8.01[a]	6.67[a]	7.39[a]	7.47[a]
	ECO_2	7.55[a]	9.59[a]	7.66[b]	6.74[a]	7.42[a]	7.67[a]
变异来源	肥料	**	ns	**	*	ns	ns
	CO_2	ns	**	**	ns	ns	Ns
	肥料×CO_2	ns	*	ns	**	ns	ns

注：同栏数据上角标不同字母表示在 5% 水平上差异显著。*、** 分别表示在 0.05 和 0.01 水平上差异显著，ns 表示无显著差异。ACO_2 表示对照 CO_2 浓度 [ambient CO_2，白天（400±30）μmol/mol，夜间（450±30）μmol/mol]，ECO_2 表示高 CO_2 浓度 [elevated CO_2，白天（550±30）μmol/mol，夜间（600±30）μmol/mol]；CK 为不施肥处理，F1 为 80% F2，F2 为常规施肥，F3 为 120% F2。下同。

（2）CO_2 浓度升高对土壤全氮和碱解氮的影响

张璐（2020）于 2017～2018 年在西南大学国家紫色土肥力与肥料效益监测站开展区组设计的盆栽实验表明，与 ACO_2 处理相比，ECO_2 处理下土壤全氮含量在抽穗期和开花期均显著下降，在成熟期呈增加趋势。随施肥量增加，ACO_2 和 ECO_2 处理下土壤全氮含量呈现先增后减的趋势。在抽穗期 ECO_2 处理下土壤全氮含量在各施肥处理间无显著差异；在开花期 ACO_2 和 ECO_2 处理下土壤全氮含量的峰值分别出现在 F2 和 F1，分别为 0.61g/kg 和 0.52g/kg；在成熟期均在 F2 处理达到峰值，分别为 0.53g/kg 和 0.63g/kg（图 1-15）。不考虑施肥的影响，

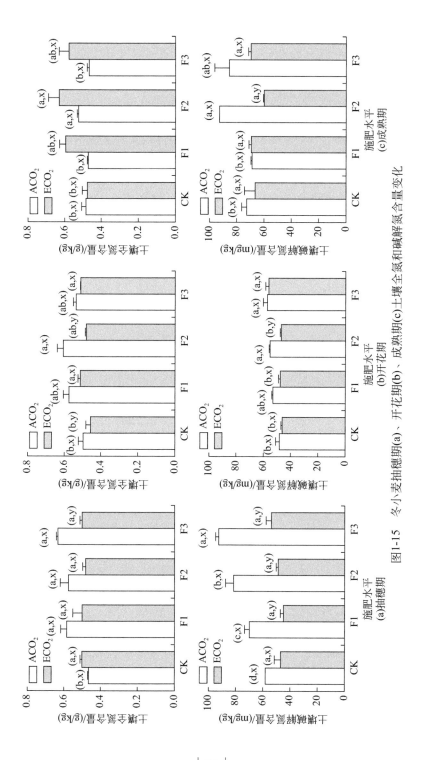

图1-15 冬小麦抽穗期(a)、开花期(b)、成熟期(c)土壤全氮和碱解氮含量变化

ECO_2 处理使土壤全氮含量在抽穗期和开花期分别降低 12.5% 和 10.91%，在成熟期增加 17.64%。不考虑 CO_2 浓度的影响，施肥处理使土壤全氮含量均增加，F1、F2 和 F3 间差异不显著。冬小麦生长周期内，土壤全氮含量变化不明显。施肥水平和 CO_2 浓度对土壤全氮含量无明显交互效应。

与 ACO_2 处理相比，ECO_2 处理使土壤的碱解氮含量下降，且在抽穗期下降幅度最大。在抽穗期，ECO_2 处理下 CK、F1、F2 和 F3 的土壤碱解氮含量较 ACO_2 处理分别下降 18.89%、35.68%、39.84% 和 41.78%，土壤碱解氮含量随施肥量增加呈增加趋势（图 1-15）。在冬小麦生长周期内，土壤碱解氮含量呈先减后增的趋势。不考虑施肥的影响，ECO_2 处理使土壤碱解氮含量在抽穗期、开花期和成熟期分别降低 35.46%、7.52% 和 17.04%。不考虑 CO_2 浓度的影响，与不施肥处理 CK 相比，施肥时土壤碱解氮含量均升高，在成熟期 F1、F2 和 F3 间差异不显著。施肥水平和 CO_2 浓度仅对抽穗期土壤碱解氮含量有明显的交互效应（表 1-9）。

表 1-9　不同 CO_2 浓度和施肥水平对土壤氮素含量的影响

处理		抽穗期		开花期		成熟期	
		全氮/(g/kg)	碱解氮/(mg/kg)	全氮/(g/kg)	碱解氮/(mg/kg)	全氮/(g/kg)	碱解氮/(mg/kg)
施肥水平	CK	0.48[b]	46.41[c]	0.48[a]	48.16[b]	0.5[b]	64.43[b]
	F1	0.52[ab]	55.08[b]	0.51[a]	48.97[b]	0.58[a]	65.59[ab]
	F2	0.51[ab]	60.46[ab]	0.51[a]	49.05[b]	0.58[a]	70.01[ab]
	F3	0.53[a]	63.77[a]	0.51[a]	58.42[a]	0.54[a]	72.03[a]
CO_2 浓度	ACO_2	0.56[a]	75.39[a]	0.55[a]	53.35[a]	0.51[b]	77.68[a]
	ECO_2	0.49[b]	48.66[b]	0.49[b]	49.34[a]	0.6[a]	64.44[b]
变异来源	肥料	ns	*	ns	**	*	ns
	CO_2	**	**	**	ns	*	**
	肥料×CO_2	ns	**	ns	ns	ns	ns

(3) CO_2 浓度升高对土壤酶活性的影响

周娅（2019）于 2017 年和 2018 年在中国科学院长武黄土高原农业生态试验站开展的 OTC CO_2 浓度升高对旱作玉米农田土壤的研究表明，脲酶活性最大值出现在 V6 期（图 1-16）。与 CK 相比，OTC 处理使春玉米农田播前土壤脲酶活性显著增加 17.32%（$P<0.05$），对其余各生育期影响不显著；与 OTC 相比，CO_2 浓度升高（OTC+CO_2 处理）对春玉米各生育期土壤脲酶活性均无显著影响。OTC 与 CO_2 浓度升高的交互作用使春玉米土壤脲酶活性较 CK 呈升高趋势且在 R3、R6

期分别显著升高 7.52% 和 13.85% （$P<0.05$）。

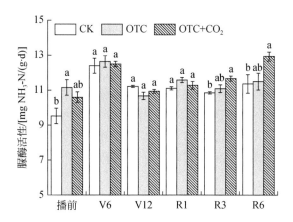

图 1-16 CO_2 浓度升高对玉米各生育期土壤脲酶活性的影响

不同小写字母表示各生育期不同处理间差异显著 （$P<0.05$），误差棒表示标准误，下同

周娅 （2019） 于 2017 年和 2018 年在中国科学院长武黄土高原农业生态试验站开展的 OTC CO_2 浓度升高对旱作玉米农田土壤的研究表明，碱性磷酸酶活性最大值出现在 R3 期 （图 1-17）。与 CK 相比，OTC 处理使 V12 期土壤碱性磷酸酶活性显著降低 8.80% （$P<0.05$），R6 期碱性磷酸酶活性显著升高 8.95% （$P<0.05$）；与 OTC 相比，CO_2 浓度升高 （OTC+CO_2 处理） 使 R1、R6 期碱性磷酸酶活性分别显著降低 8.74% 和 6.39% （$P<0.05$），对其余各生育期影响不显著。在 OTC 与 CO_2 浓度升高的交互作用下，春玉米碱性磷酸酶活性在播前、V6、V12、R1 期较 CK 呈降低趋势，在 R3、R6 期呈升高趋势，其中在 V12、R1 期均变化显著 （$P<0.05$）。

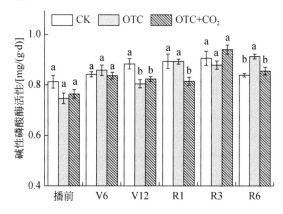

图 1-17 CO_2 浓度升高对玉米各生育期碱性磷酸酶活性的影响

周娅（2019）于 2017 年和 2018 年在中国科学院长武黄土高原农业生态试验站开展的 OTC CO_2 浓度升高对旱作玉米农田土壤的研究表明，整个生育进程中，蔗糖酶活性表现为升—降—升—降的趋势，其中 V6 期土壤蔗糖酶活性最高，R6 期土壤蔗糖酶活性最低（图 1-18）。与 CK 相比，OTC 处理使播前、V6、R1 期春玉米土壤蔗糖酶活性显著降低 12.65%～21.43%（$P<0.05$），R3 期显著升高 17.50%（$P<0.05$）；与 OTC 相比，CO_2 浓度升高（OTC+CO_2 处理）使春玉米 V6、R3 期土壤蔗糖酶活性分别提高 30.18% 和 18.37%（$P<0.05$），对其余生育期有升高趋势但影响不显著。OTC 与 CO_2 浓度升高的交互作用使 V6、R3 期蔗糖酶活性较 CK 分别显著升高 13.72% 和 39.09%（$P<0.05$），R1 期显著降低 10.75%（$P<0.05$）。

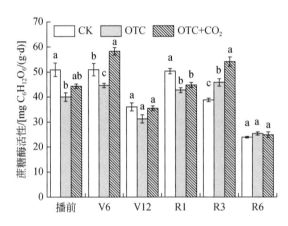

图 1-18　CO_2 浓度升高对玉米各生育期蔗糖酶活性的影响

周娅（2019）于 2017 年和 2018 年在中国科学院长武黄土高原农业生态试验站开展的 OTC CO_2 浓度升高对旱作玉米农田土壤的研究表明，在春玉米各生育期中，R3 期过氧化氢酶活性最低。与 CK 相比，OTC 处理使春玉米 V12、R1、R6 期土壤过氧化氢酶活性分别显著降低 9.05%、8.07% 和 7.30%（$P<0.05$），其余生育期（除 R3）有降低趋势但差异不显著；与 OTC 相比，CO_2 浓度升高（OTC+CO_2 处理）使 V6、V12、R1、R6 期过氧化氢酶活性呈升高趋势且在 V12 期显著升高 8.64%（$P<0.05$），R3 期显著降低 11.01%（$P<0.05$）（图 1-19）。在 OTC 与 CO_2 浓度升高的交互作用下，春玉米 R3、R6 期过氧化氢酶活性较 CK 显著降低（$P<0.05$），其余生育期无显著影响。

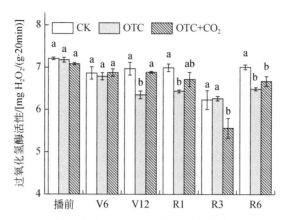

图 1-19　CO_2 浓度升高对玉米各生育期过氧化氢酶活性的影响

1.2.2　CO_2 浓度升高对作物生长发育的影响

CO_2 浓度升高对植物生长及产量均具有正向影响，能够显著提高植物的生物量，作为光合作用的底物，大气 CO_2 浓度升高在一定程度上对作物生长及产量起到 "施肥效应"，能够显著提高作物的生物量，增强植物光合作用、促进其生长的同时，影响植物对碳氮等元素的吸收与运转（蒋倩等，2020）。但植物长期生长在高 CO_2 浓度环境下叶片光合速率、气孔导度和蒸腾速率随着时间的延长持续降低，甚至消失。植物生长对大气中 CO_2 的响应受许多直接因素和间接因素的影响，这些因素相互作用，并随着时间推移继续改变植物生长情况。植物生物量和产量不仅取决于 CO_2，而且还取决于它与其他环境变量的相互作用，如养分、光照、空气温度和湿度、水、风和土壤条件。因此，必须仔细地考虑进行任何实验的环境条件，才能确定 CO_2 浓度升高对植物生长的影响。

1.2.2.1　CO_2 浓度升高对作物 LAI 的影响

刘超（2023）利用 OTC 模拟表明，2018 ~ 2021 年南京信息工程大学农业气象与生态试验站水稻生长季，不同 CO_2 浓度处理下水稻 LAI 整体上均随着生育期进程的推进呈现出逐渐升高后降低的动态变化趋势（图 1-20）。在水稻早期生长阶段，由于单叶面积和分蘖数的增加，水稻 LAI 逐渐升高；在水稻生长后期，叶片的光合作用强度逐渐下降，且营养物质不断被输送到穗，叶片衰老甚至死亡，从而导致生长后期 LAI 呈现逐渐降低趋势。总体而言，在 4 个水稻生长季，与 CK 处理相比，CK+200 处理均在不同程度上促进了水稻 LAI 的增加，尽管并未达到显著性水平（$P>0.05$）。2018 年水稻生长季，与 CK 处理相比，CK+200 处理使水稻 LAI 在分蘖期、拔节—孕穗期、抽穗—灌浆期和乳熟—成熟期分别增加了 0.62%（$P=0.858$）、7.61%（$P=0.280$）、2.11%（$P=0.538$）和 5.69%（$P=0.324$）。2019 年水稻生长季，CK+200 处理使水稻 LAI 在分蘖期、拔节—孕穗期、抽穗—灌浆期和乳熟—成熟期分别增加了 11.59%（$P=0.413$）、10.12%（$P=0.155$）、1.57%（$P=0.493$）和 4.04%（$P=0.486$）。2020 年水稻生长季，CK+200 处理使 LAI 在分蘖期、拔节—孕穗期、抽穗—灌浆期和乳熟—成熟期分别增加了 0.39%（$P=0.973$）、4.34%（$P=0.493$）、0.047%（$P=0.987$）和 0.92%（$P=0.788$）。2021 年水稻生长季，与 CK 处理相比，CK+200 处理使水稻 LAI 在分蘖期、拔节—孕穗期、抽穗—灌浆期和乳熟—成熟期分别增加了 0.91%（$P=0.932$）、3.26%（$P=0.431$）、3.19%（$P=0.355$）和 5.57%（$P=0.141$）。

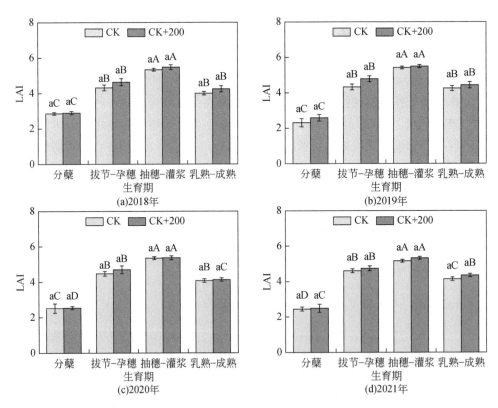

图 1-20　2018～2021 年水稻生长季不同 CO_2 浓度处理对 LAI 的影响

数据为平均值±标准误，不同的大写字母和小写字母分别表示不同生育期和不同 CO_2 浓度

处理之间存在显著差异，$P<0.05$

1.2.2.2 CO_2 浓度升高对作物光合速率的影响

冬小麦抽穗期、开花期和乳熟期，无论在 ACO_2 处理还是 ECO_2 处理下，施肥处理下冬小麦的净光合速率均显著高于不施肥处理（张璐，2020）。2017～2018年在西南大学国家紫色土肥力与肥料效益监测站开展区组设计的气候箱盆栽实验表明，伴随施肥量的增加，冬小麦的净光合速率在抽穗期呈现先增后降的趋势，在开花期和乳熟期呈增加趋势。在抽穗期，无论施肥还是不施肥处理下 CO_2 浓度升高均不同程度地增加了冬小麦的净光合速率，ECO_2 处理下 CK、F1、F2 和 F3 的净光合速率分别较 ACO_2 处理增加了 22.84%、23.94%、40.04% 和 32.59%。开花期不施肥时，ECO_2 处理冬小麦的净光合速率下降了 17.43%；在施肥时，ECO_2 处理下仅 F2 的净光合速率显著增加。在乳熟期，各处理的净光合速率较抽穗期和开花期均显著降低，无论是否施肥 CO_2 浓度升高均不同程度地降低了旗叶的净光合速率。说明 ECO_2 处理旗叶衰老较快，抑制其光合速率。不同施肥水平和 CO_2 浓度对冬小麦旗叶净光合速率无明显交互作用（图 1-21）。

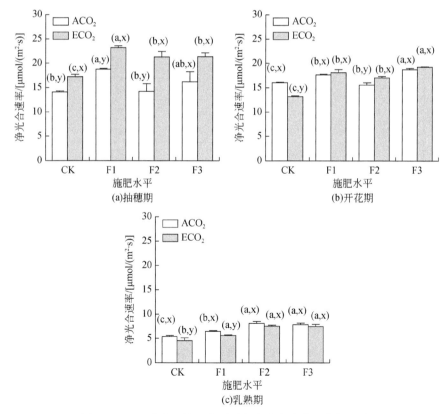

图 1-21　CO_2 浓度和施肥水平对冬小麦净光合速率的影响

1.2.2.3 CO₂浓度升高对作物叶绿素含量的影响

1.2.2.3 CO_2浓度升高对作物叶绿素含量的影响

刘超（2023）利用 OTC 增温模拟表明，2018～2021 年南京信息工程大学农业气象与生态试验站水稻生长季，SPAD 与植物叶绿素含量高度相关，可以用来表征植物叶片的相对叶绿素含量。2018～2021 年 SPAD 与水稻 LAI 生长季变化趋势基本一致，不同 CO_2 浓度处理下水稻 SPAD 均随着生育期进程的推进呈现出先上升，在抽穗—灌浆期达到峰值，在生长后期迅速下降。总体而言，2018～2021 年水稻生长季，CO_2 浓度升高对水稻 SPAD 没有显著影响（$P>0.05$）。值得注意的是，与 CK 处理相比，CK+200 处理使乳熟—成熟期 SPAD 均有不同程度的降低（表 1-10）。

表 1-10 2018～2021 年水稻生长季不同 CO_2 浓度处理对 SPAD 的影响

年份	处理	分蘖期	拔节—孕穗期	抽穗—灌浆期	乳熟—成熟期
2018	CK	43.43±1.59^{aB}	46.43±0.66^{aA}	46.73±0.99^{aA}	37.88±1.03^{aC}
	CK+200	44.83±1.15^{aB}	46.15±0.62^{aAB}	47.63±1.70^{aA}	37.55±1.16^{aC}
2019	CK	43.23±2.64^{aB}	45.63±1.11^{aAB}	48.60±2.15^{aA}	34.4±1.67^{aC}
	CK+200	42.73±2.29^{aBC}	45.35±1.62^{aB}	49.23±2.34^{aA}	31.7±1.52^{bD}
2020	CK	43.48±2.33^{aB}	46.18±0.71^{aAB}	48.43±2.13^{aA}	34.85±3.20^{aC}
	CK+200	43.68±2.14^{aB}	45.93±2.78^{aA}	49.68±1.97^{aA}	31.43±3.80^{aC}
2021	CK	43.15±1.69^{aA}	45.70±1.65^{bA}	46.18±2.45^{aA}	32.55±1.08^{aB}
	CK+200	43.27±2.31^{aA}	45.63±1.42^{aA}	47.08±3.32^{aA}	32.10±2.86^{aB}
水稻生长季均值	CK	43.32±0.079^{aB}	45.99±0.19^{aA}	47.49±0.61^{aA}	34.92±1.11^{aC}
	CK+200	43.63±0.45^{aB}	45.77±0.17^{aB}	48.41±0.62^{aA}	33.20±1.46^{aC}

注：数据为平均值±标准误。不同的大写字母和小写字母分别表示不同生育期和不同 CO_2 浓度处理之间存在显著差异，$P<0.05$。

2017～2018 年利用植物生长气候箱增温，在西南大学国家紫色土肥力与肥料效益监测站开展区组设计的盆栽实验表明，施肥使冬小麦叶片 SPAD 均高于不施肥处理（张璐，2020）。与 ACO_2 处理相比，不施肥时，ECO_2 处理使抽穗期、开花期和乳熟期的 SPAD 分别下降 8.98%、12.76% 和 42.5%；施肥时，ECO_2 处理使抽穗期和开花期的 SPAD 增加 5.08%～12.08%；在乳熟期，ECO_2 处理下各施肥处理的 SPAD 均较 ACO_2 处理显著降低（图 1-22）。伴随施肥量的增加，ACO_2 处理在抽穗期和开花期 SPAD 呈现先增后降的趋势，ECO_2 处理下呈增加趋势，但 F1、F2 和 F3 无显著差异。在乳熟期，不论是否为施肥处理，ECO_2 处理下的旗叶 SPAD 均小于 ACO_2 处理。SPAD 随施肥量增加呈增加趋势，但 ECO_2 处理下差异不显著。相对叶绿素含量表征叶片的衰老程度，在乳熟期 ECO_2 处理衰老较快，抑制其光合速率。

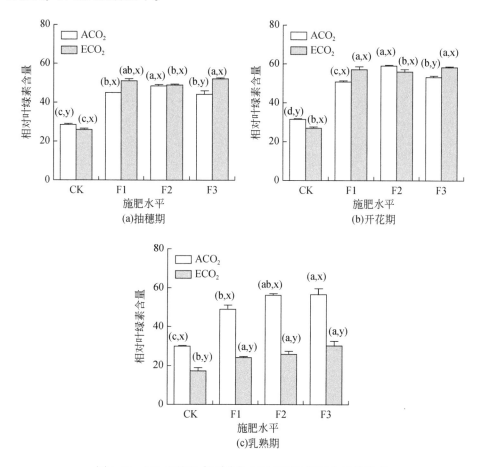

图 1-22 　 CO_2 和施肥水平对冬小麦相对叶绿素含量的影响

1.2.2.4　CO_2 浓度升高对作物产量的影响

OTC 增温模拟表明，2018 ~ 2021 年南京信息工程大学农业气象与生态试验站 4 个水稻生长季，CK 和 CK + 200 处理下水稻产量变化范围分别为 8.38 ~ 10.53t/hm^2 和 9.36 ~ 11.92t/hm^2（刘超，2023）。大气 CO_2 浓度升高处理均在不同程度上增加了水稻的产量，尽管并未达到显著性水平（$P > 0.05$）（表 1-11）。与 CK 处理相比，CK + 200 处理使 2018 ~ 2021 年水稻产量分别增加了 2.83%（$P = 0.828$）、11.64%（$P = 0.720$）、27.44%（$P = 0.123$）和 5.42%（$P = 0.431$）。从 4 个水稻生长季均值看，CK 和 CK + 200 处理下水稻的平均产量分别为 9.39t/hm^2 和 10.48t/hm^2；与对照处理相比，CO_2 浓度升高使水稻产量平均增加了 11.61%（$P=0.182$）（图 1-23）。在 2018～2021 年水稻生长季，不同 CO_2 浓度处理下水稻产量的双因素方差分析结果表明，不同 CO_2 浓度处理、年份以及不同处理和年份之间的交互作用对水稻产量均没有显著性影响（$P>0.05$）。

表 1-11   2018～2021 年水稻生长季不同 CO_2 浓度下水稻产量双因素方差分析

效应	离均差平方和	F 检验值	P 值
处理	11.91	1.98	0.173
年份	17.15	0.95	0.433
处理×年份	5.54	1.85	0.820

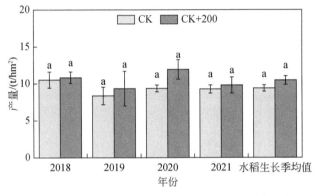

图 1-23   2018～2021 年水稻生长季不同 CO_2 浓度处理对水稻产量的影响

数据为平均值±标准误，不同的小写字母表示不同 CO_2 浓度处理之间存在显著差异，$P<0.05$

2017～2018 年在西南大学国家紫色土肥力与肥料效益监测站开展的气候箱盆栽实验表明，不施肥时，ECO_2 处理下冬小麦的籽粒产量较 ACO_2 处理降低了 19.22%（$P<0.05$）；施肥时，ECO_2 处理下 F1、F2 和 F3 的籽粒产量分别较 ACO_2 增加了 32.99%（$P>0.05$）、68.05%（$P>0.05$）和 26.39%（$P>0.05$）（图 1-24）。与不施肥处理 CK 相比，ACO_2 和 ECO_2 处理下施肥均明显提高了冬小麦的籽粒产量；无论在 ACO_2 处理或 ECO_2 处理时各施肥处理间均无显著差异（图 1-24）。施肥时，ACO_2 和 ECO_2 处理下，籽粒产量的平均值分别为 1.78g/株和 2.56g/株。

1.2.2.5 CO_2 浓度升高对作物干物质积累的影响

在西南大学国家紫色土肥力与肥料效益监测站利用植物生长气候箱开展的盆栽实验表明，冬小麦抽穗期、开花期和成熟期 CO_2 浓度升高使各器官的干物质量

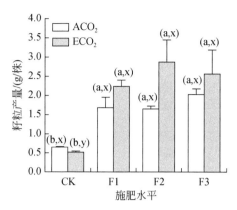

图 1-24　CO_2 浓度和施肥水平对冬小麦籽粒产量的影响

显著增加（张璐，2020）。冬小麦地上部各器官的干物质累积量随施肥量的增加而增加。冬小麦全株干重随生育进程的发展呈增加趋势，成熟期达到最大值，ACO_2 和 ECO_2 处理下全株干重平均分别为 3.64g/株和 5.84g/株；叶片干物质累积量呈下降趋势，茎干物质累积量先增后减（图 1-25）。抽穗期 ACO_2 和 ECO_2 处理下叶片干物质量分别在 F2 和 F3 时最大，分别占地上部干重的 46.82% 和 38.63%。开花期茎干重最大，且峰值均在 F3，ACO_2 和 ECO_2 处理下分别占地上部总累积量的 49.88% 和 35.78%。成熟期籽粒的干物质量最大，ACO_2 和 ECO_2 在 F2 时最大，分别占地上部干物质总量的 50.02% 和 51.92%（图 1-25）。不考虑施肥，ECO_2 处理下冬小麦地上部的干重在抽穗期、开花期和成熟期分别增加 48.2%、35.82% 和 32.11%；根干重较 ACO_2 处理显著增加。不考虑 CO_2 浓度的影响，冬小麦抽穗期、开花期和成熟期根干重均在 F1 时最大，分别为 0.51g/株、0.46g/株和 0.38g/株。CO_2 浓度和施肥水平对抽穗期和开花期（除茎外）地上部各器官和根的干物质累积量有明显交互效应，成熟期仅对叶、根、穗轴+颖壳的干重有明显交互效应（表 1-12）。

1.2.2.6　CO_2 浓度升高对作物水分利用率的影响

对甘肃省定西干旱气象与生态环境试验基地小麦 OTC 的模拟实验表明，单独 CO_2 浓度升高或施肥水平对小麦产量的水分利用率影响不显著，但 CO_2 浓度升高和施肥水平交互作用对小麦产量水分利用率有显著影响（$P < 0.05$，$R^2 = 0.728$）。在目前大气的 CO_2 浓度条件下，小麦产量的水分利用率与施氮量之间存在曲线回归关系：$y = -2.51x^2 + 19.36x - 1.87$（$R^2 = 0.7331$），并在高肥（N3）处理情况下，小麦产量的水分利用率最高，达到 38.97kg/（hm^2·mm），与对照相比提高了 194%（图 1-26）。

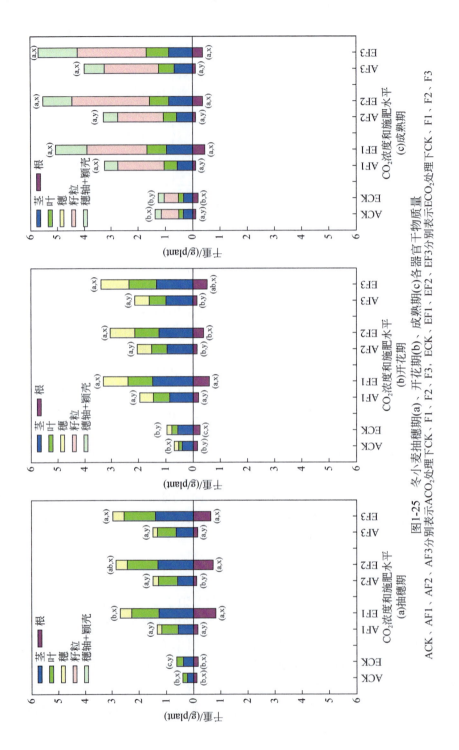

图1-25 冬小麦抽穗期(a)、开花期(b)、成熟期(c)各器官干物质量

ACK、AF1、AF2、AF3分别表示ACO₂处理下CK、F1、F2、F3，ECK、EF1、EF2、EF3分别表示ECO₂处理下CK、F1、F2、F3

表1-12 不同 CO_2 浓度和施肥水平对冬小麦不同时期干物质质量的影响 （单位：g/株）

处理		干重																
		抽穗期					开花期					成熟期						
		叶	茎	穗	根	地上部	叶	茎	穗	根	地上部	叶	茎	穗	穗轴+颖壳	籽粒	根	地上部
施肥水平	CK	0.21b	0.32		0.14b	0.56b	0.19b	0.52c	0.16c	0.24c	0.87c	0.16c	0.34b	0.78b	0.23b	0.55b	0.17c	1.28b
	F1	0.86a	1.06a	0.31a	0.51a	2.23a	0.77a	1.35a	0.79b	0.48a	2.91a	0.59b	0.83a	3.24a	0.98a	2.26a	0.38a	4.66a
	F2	0.88a	1.02a	0.32a	0.45a	2.23a	0.78a	1.18a	0.80b	0.35b	2.76b	0.62a	0.83a	3.52a	1.01a	2.51a	0.32b	4.87a
	F3	0.90a	1.12a	0.33a	0.45a	2.34a	0.83a	1.27a	0.85a	0.44a	2.95a	0.68a	0.85a	3.63a	1.12a	2.51a	0.30b	5.16a
CO_2 浓度	ACO_2	0.64b	0.52b	0.13b	0.15b	1.19b	0.48b	0.81b	0.43b	0.17b	1.74b	0.42b	0.56b	2.01b	0.51b	1.50b	0.12b	2.98b
	ECO_2	0.87a	1.10a	0.31a	0.61a	2.30a	0.75a	1.17a	0.77a	0.46a	2.68a	0.61a	0.77a	3.02a	0.97a	2.05a	0.36a	4.39a
变异来源	肥料	**	**	*	**	**	**	**	**	**	**	**	**	**	**	**	**	**
	CO_2	ns	**	*	**	*	**	ns	**	**	**	**	ns	ns	*	ns	**	ns
	肥料×CO_2	**	**	**	**	**	**	**	**	**	**	**	*	ns	*	**	**	ns

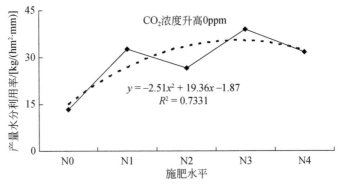

图 1-26　CO_2 浓度升高 0ppm 与施氮肥处理对小麦产量水分利用率的影响

但在 CO_2 浓度升高 90ppm 和 180ppm 的情况下，不施肥（N0）和中肥处理（N2）条件下小麦产量水分利用率相比对照提高，尤其是不施肥（N0）处理，小麦产量水分利用率与对照相比分别提高了 85% 和 113%（图 1-27）。而其余 3 个处理导致小麦产量水分利用率不同程度地下降。以高肥（N3）处理小麦产量水分利用率下降幅度最大，随着 CO_2 浓度从 90ppm 升高到 180ppm，小麦产量水分利用率与对照相比分别下降了 46.7% 和 31%。

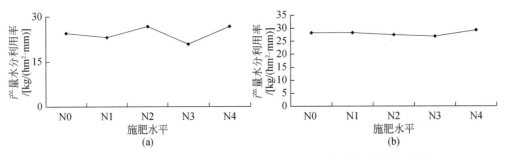

图 1-27　CO_2 浓度升高 90ppm（a）和 180ppm（b）与施氮肥处理对小麦
产量水分利用率的影响

1.2.3　CO_2 浓度升高对农田生态系统结构稳定性的影响

大气 CO_2 浓度升高对陆地生态系统碳循环过程的影响主要体现在两方面：一是气候变暖；二是 CO_2 施肥效应。CO_2 的任何微小变化都会引起生态系统的变化，一定程度上都会在土壤-植被-大气间的碳通量上有较为明显的体现。大气 CO_2 作为光合作用的重要原料，其浓度升高可以促进植物叶片尺度上的光合作用和提高水分利用率（Bishop et al.，2014），从而促进植物生物量、作物产量和土壤碳汇效应的增加（刘树伟等，2019），将大气中的 CO_2 转移到陆地生态系统（Walker et al.，2021）。另外，由于根系呼吸作用的增加和土壤有机物分解的作用，生态系统呼吸作用增加，进而导致 CO_2 排放到大气中（Carney et al.，2007）。因此，大气 CO_2 浓度升高条件下陆地生态系统 CO_2 交换往往取决于碳吸收和碳排放的相对变化。CO_2 浓度升高使作物各器官的干物质量均显著增加，对土壤养分的需求势必会增加。植株的碳氮浓度影响作物的代谢过程以及碳氮累积，进而影响生态系统结构稳定性（谢军等，2018；Zhang et al.，2016）。

1.2.3.1　CO_2 浓度升高对作物碳素的影响

2017 ~ 2018 年利用植物生长气候箱在西南大学国家紫色土肥力与肥料效益监测站开展区组设计的盆栽实验表明，不同 CO_2 浓度和施肥下抽穗期、开花期和成熟期冬小麦各器官碳含量变化范围分别为 263.24 ~ 455.03g/kg、317.30 ~ 445.10g/kg 和 345.12 ~ 461.56g/kg，平均含量分别为 393.22g/kg、398.43g/kg 和 410.37g/kg（张璐，2020）。高 CO_2 浓度使抽穗期和成熟期叶、茎的碳含量显著增加；开花期和成熟期，根中碳含量下降。ACO_2 和 ECO_2 处理下籽粒碳含量平均值分别为 449.92g/kg 和 461.56g/kg，施肥处理间无显著差异。冬小麦生长周期内各器官碳含量变化不显著。不考虑施肥的影响，ECO_2 处理使冬小麦叶片碳含量在抽穗期、开花期和成熟期分别增加 3.73%、1.67% 和 12.97%；茎的碳含量分别增加 8.29%、3.59% 和 5.34%；根的碳含量分别降低 5.32%、8.69% 和 14.67%；穗的碳含量在抽穗期和开花期分别增加 3.71% 和 1.96%；籽粒碳含量增加 1.23%。CO_2 浓度和施肥水平对抽穗期叶、根和开花期茎、穗的碳含量有明显交互效应（表 1-13）。

1.2.3.2　大气 CO_2 浓度升高对农田生态系统碳通量的影响

基于陆地生物地球化学模式研究表明，1861 ~ 2070 年气候变化和 CO_2 浓度升高条件下全球 NEP 将会显著增加，但是响应的程度会随着 CO_2 施肥效应的饱和以及其他气象要素的改变而逐渐降低。采用 Web-FACE 技术对成熟落叶林森林的碳通量进行研究，发现当暴露于高 CO_2 浓度（530μmol/mol）条件下时，温带森林树木的碳通量会持续增强（Korner et al.，2005）。将火炬松（大田松）森林暴露于大气 CO_2 浓度升高条件下（自然环境＋200μmol/mol），碳通量增加了 41%（Hamilton et al.，2002）。

值得注意的是，随着全球气候变化的不断加剧，国内外学者普遍关注作物的生理生态对大气 CO_2 浓度升高的响应，以期"CO_2 施肥效应"能够补偿由未来气

表1-13 不同CO_2浓度和施肥水平对冬小麦植株碳含量的影响

（单位：g/kg）

处理		碳含量												
		抽穗期				开花期				成熟期				
		叶	茎	穗	根	叶	茎	穗	根	叶	茎	穗轴+颖壳	籽粒	根
施肥水平	CK	408.32b	408.56a		335.16a	369.08b	415.79a	429.38b	351.2a	381.32b	413.71a	418.44b	441.37b	393.93a
	F1	423.96a	412.18a	428.42b	293.47b	403.67a	424.36a	442.43a	320.72b	396.81a	403.80a	427.42ab	453.04a	366.75b
	F2	429.20a	415.88a	441.88a	296.30b	409.18a	425.22a	443.25a	357.66a	406.30a	409.99a	428.02a	447.28ab	376.51ab
	F3	432.47a	412.62a	446.06a	321.46ab	401.59a	426.86a	442.01a	346.98a	401.71a	409.57a	431.87a	448.58a	385.99a
CO_2浓度	ACO_2	416.52b	388.18b	431.4a	325.07a	387.35a	412.78a	429.04a	365.56a	359.25a	393.44a	413.9b	446.30a	422.82a
	ECO_2	432.08a	420.39a	447.42a	307.78a	393.83a	427.47a	437.47a	333.79b	405.86a	414.46a	435.05a	451.81a	360.81b
变异来源	肥料	**	ns	ns	*	**	ns	ns	**	ns	ns	ns	ns	Ns
	CO_2	*	**	ns	ns	ns	ns	*	**	**	**	**	**	**
	肥料×CO_2	**	ns	ns	**	ns	**	*	ns	ns	ns	ns	ns	ns

候变化所导致的粮食减产（Lv et al.，2020）。然而，关于大气 CO_2 浓度升高条件下农田生态系统碳通量的研究却鲜有报道；此外，目前关于 CO_2 浓度升高条件下还没有直接观测 CO_2 地气交换较为成熟的方法。以往的 FACE 实验中有通过测量土壤有机碳含量的变化来估算农田生态系统 CO_2 净交换的方法，但是此种方法灵敏度相对较低，且需要较长时间的实验处理（至少需要 3 ~ 5 年）才可以检测到土壤有机碳含量的变化。郑循华等（2002）基于 FACE 平台采用静态-暗箱法对水稻生长季 CO_2 净交换进行了估算。结果表明，CO_2 浓度升高使稻田生态系统生长季 CO_2 的吸收量较自然环境增加了约 3 倍。但是，采用静态-暗箱法估算 CO_2 净交换需求的参数较多且缺乏对水稻植株地上部分呼吸值的观测，在很大程度上给大气 CO_2 浓度升高条件下稻田生态系统 CO_2 净交换的估算带来了较大的不确定性。

光合作用被称为地球上最重要的化学反应，几乎是所有生命活动的能量来源，是生命之本。由于光合作用反应过程中，将无机物转化为有机物的关键酶——核酮糖-1，5-双磷酸羧化酶/加氧酶，是一种既能进行羧化反应（固定 CO_2 形成光合产物），又能进行氧化反应（结合 O_2 分解光合产物）的双功能酶，因此，光合作用中 CO_2 的羧化效率受到其周边 CO_2 与 O_2 浓度比值的严重影响。绿色植物的光合作用途径主要有 C_3 途径、C_4 途径和景天酸代谢途径（CAM）等，其中 C_3 途径和 C_4 途径是主要类型。

突变体是功能基因研究的材料基础，是影响生态系统结构稳定性的重要因素之一。中国农业科学院作物科学研究所利用 C_4 植物耐低 CO_2 浓度环境的特点，设计了一种 CO_2 浓度可控培养箱，用于谷子甲基磺酸乙酯（EMS）突变体库中 C_4 光合作用相关突变体的鉴定发掘，以及其他植物光合作用和光呼吸的生理学研究。对 54 份有叶片和叶脉异常谷子 EMS 突变体进行鉴定，获得对低 CO_2 浓度敏感的 Ⅲ 级突变体 19 个和 Ⅳ 级突变体 13 个。为植物 C_4 光合作用的深入研究提供了筛选经验和材料基础。

参 考 文 献

白莉萍，仝乘风，林而达，等 .2005. 基于 CTGC 试验系统下面包小麦主要品质性状的研究 . 植物生态学报，29（5）：814-818.

房世波，沈斌，谭凯炎，等 .2010. 大气 CO_2 和温度升高对农作物生理及生产的影响 . 中国生态农业学报，18（5）：1116-1124.

顾子华，李敬华 .2007. 二氧化碳细胞培养箱的原理及选择 . 生命科学仪器，6：49-51.

蒋倩，朱建国，朱春梧，等 .2020. 大气 CO_2 浓度升高对矿质元素在水稻中分配及其根际有效性的影响 . 土壤，52（3）：552-560.

刘超 .2023. CO_2 浓度升高对稻田碳通量及综合增温潜势的影响 . 南京：南京信息工程大学 .

刘树伟，纪程，邹建文．2019．陆地生态系统碳氮过程对大气 CO_2 浓度升高的响应与反馈．南京农业大学学报，42（5）：781-786．

施翠娥，艾弗逊，汪承润，等．2016．大气 CO_2 和 O_3 升高对菜地土壤酶活性和微生物量的影响．农业环境科学学报，35（6）：1103-1109．

谭凯炎，周广胜，任三学．2013．冬小麦叶片暗呼吸对 CO_2 浓度和温度协同作用的响应．科学通报，12：1158-1163．

万运帆，游松财，李玉娥，等．2014．开顶式气室原位模拟温度和 CO_2 度升高在早稻上的应用效果．农业工程学报，30（5）：123-130．

谢军，徐春丽，陈轩敬，等．2018．同施肥模式对玉米各器官碳氮累积和分配的影响．草业学报，27（8）：50-58．

占新华，周立祥．2002．土壤溶液和水体环境中水溶性有机碳的比色分析测定．中国环境科学，5（3）：433-437．

张丽芸，卢晓，程宝鸾．2005．二氧化碳培养箱的使用和保护．国外医学临床生物化学与检测学分册，1：61-62．

张璐．2020． CO_2 浓度升高和施肥对冬小麦营养生理及土壤养分的影响．重庆：西南大学．

张绪成，于显枫，马一凡．2011．施氮和大气 CO_2 浓度升高对小麦旗光合电子传递和分配的影响．应用生态学报，2（3）：673-680．

张岳芳，陈留根，朱普平，等．2012．秸秆还田对稻麦两熟高产农田净增温潜势影响的初步研究．农业环境科学学报，31（8）：1647-1653．

赵天宏，孙加伟，赵艺欣，等．2008． CO_2 和 O_3 浓度升高及其复合作用对玉米（*Zea mays* L.）活性氧代谢及抗氧化酶活性的影响．生态学报，28（8）：3644-3653．

郑循华，徐仲均，王跃思，等．2002．开放式空气 CO_2 增高影响稻田–大气 CO_2 净交换的静态暗箱法观测研究．应用生态学报，13（10）：1240-1244．

周娅．2019．旱作玉米农田土壤酶活性及微生物量碳氮对施氮、覆膜与大气 CO_2 浓度升高的响应．杨凌：西北农林科技大学．

Ahmad I, Wajid S A, Ahmad A, et al. 2019. Optimizing irrigation and nitrogen requirements for maize through empirical modeling in a semi-arid environment. Environment Science and Pollution Research, 26（2）：1227-1237.

Bannari A, Khurshid K S, Staenz K, et al. 2007. A comparison of hyperspectral chlorophyll indices for wheat crop chlorophyll content estimation using laboratory reflectance measurements. IEEE Transactions on Geoscience and Remote Sensing, 45（10）：3063-3074.

Bhattacharyya P, Neogi S, Roy K S, et al. 2013. Net ecosystem CO_2 exchange and carbon cycling in tropical lowland flooded rice ecosystem. Nutrient Cycling in Agroecosystems, 95（1）：133-144.

Bishop K A, Leakey A D, Ainsworth E A. 2014. How seasonal temperature or water inputs affect the relative response of C_3 crops to elevated $[CO_2]$：a global analysis of open-top chamber and free air CO_2 enrichment studies. Food and Energy Security, 3（1）：33-45.

Carney K M, Hungate B A, Drake B G, et al. 2007. Altered soil microbial community at elevated CO_2 leads to loss of soil carbon. Proceedings of the National Academy of Sciences, 104（12）：

4990-4995.

Chen C, Li D, Gao Z Q, et al. 2015. Seasonal and interannual variations of carbon exchange over a rice-wheat rotation system on the North China Plain. Advances in Atmospheric Sciences, 32（10）: 1365-1380.

Cheng W G, Yagi K, Sakai H, et al. 2006. Effects of elevated atmospheric CO_2 concentrations on CH_4 and N_2O emission from rice soil: an experiment in controlled-environment chambers. Biogeochemistry, 77（3）: 351-373.

Das S, Bhattacharyya P, Adhya T K. 2011. Interaction effects of elevated CO_2 and temperature on microbial biomass and enzyme activities in tropical rice soils. Environmental Monitoring Assessment, 182（1-4）: 555-569.

Dusenge M E, Duarte A G, Way D A. 2019. Plant carbon metabolism and climate change: elevated CO_2 and temperature impacts on photosynthesis, photorespiration, and respiration. New Phytologist, 221（1）: 32-49.

Gopal M, Gupta A, Arunachalam V, et al. 2007. Impact of azadirachtin, an insecticidal allelochemical from neem on soil microflora, enzyme, and respiratory activities. Bioresource Technology, 98（16）: 3154-3158.

Hamilton J G, DeLucia E H, George K, et al. 2002. Forest carbon balance under elevated CO_2. Oecologia, 131（2）: 250-260.

Hu S W, Wang Y X, Yang L X. 2021. Response of rice yield traits to elevated atmospheric CO_2 concentration and its interaction with cultivar, nitrogen application rate, and temperature: a meta-analysis of 20 years FACE studies. Science of the Total Environment, 764: 142797.

IPCC. 2013. Climate Change 2013: The Physical Science Basis. Contribution of Working Group Ⅰ to the Fifth Assessment Report of the Intergovernmental Panel on Climate Change. Cambridge: Cambridge University Press.

IPCC. 2014. Climate Change 2014: Mitigation of Climate Change. Contribution of Working Group Ⅲ to the Fifth Assessment Report of the Intergovernmental Panel on Climate Change. Cambridge: Cambridge University Press.

Korner C, Asshoff R, Bignucolo O, et al. 2005. Carbon flux and growth in mature deciduous forest trees exposed to elevated CO_2. Science, 309（5739）: 1360-1362.

Kumar A, Bhatia A, Sehgal V K, et al. 2021. Net ecosystem exchange of carbon dioxide in rice-spring wheat system of northwestern Indo-Gangetic plains. Land, 10（7）: 701.

Liu C, Hu Z H, Yu L F, et al. 2020. Responses of photosynthetic characteristics and growth in rice and winter wheat to different elevated CO_2 concentrations. Photosynthetica, 58（5）: 1130-1140.

Liu S W, Ji C, Wang C, et al. 2018. Climatic role of terrestrial ecosystem under elevated CO_2: a bottom-up greenhouse gases budget. Ecology Letters, 21（7）: 1108-1118.

Luan J W, Song H T, Xiang C H, et al. 2016. Soil moisture and species composition interact to regulate CO_2 and CH_4 fluxes in dry meadows on the Tibetan Plateau. Ecological Engineering, 91: 101-112.

Lv C H, Huang Y, Sun W J, et al. 2020. Response of rice yield and yield components to elevated [CO_2]: a synthesis of updated data from FACE experiments. European Journal of Agronomy, 112: 125961.

Mosier A R, Halvorson A D, Reule C A, et al. 2006. Net global warming potential and greenhouse gas intensity in irrigated cropping systems in northeastern Colorado. Journal of Environmental Quality, 35 (4): 1584-1598.

Novick K A, Ficklin D L, Stoy P C, et al. 2016. The increasing importance of atmospheric demand for ecosystem water and carbon fluxes. Nature Climate Change, 6 (11): 1023-1027.

Riikonen J, Syrjälä L, Tulva I, et al. 2008. Stomatal characteristics and infection biology of *Pyrenopeziza betulicola* in *Betula pendula* trees grown under elevated CO_2 and O_3. Environmental Pollution, 156 (2): 536-543.

Shang Q Y, Yang X X, Gao C M, et al. 2011. Net annual global warming potential and greenhouse gas intensity in Chinese double rice-cropping systems: a 3-year field measurement in long-term fertilizer experiments. Global Change Biology, 17 (6): 2196-2210.

Tans P, Keeling R. 2018. Trends in Atmospheric Carbon Dioxide. Boulder: NOAA/ESRL.

Walker A P, de Kauwe M G, Bastos A, et al. 2021. Integrating the evidence for a terrestrial carbon sink caused by increasing atmospheric CO_2. New Phytologist, 229 (5): 2413-2445.

Yu H Y, Wang T Y, Huang Q, et al. 2022. Effects of elevated CO_2 concentration on CH_4 and N_2O emissions from paddy fields: a meta-analysis. Science China Earth Sciences, 65 (1): 96-106.

Zhang Y L, Li C H, Wang Y W, et al. 2016. Maize yield and soil fertility with combined use of compost and inorganic fertilizers on a calcareous soil on the north China plain. Soil and Tillage Research, 155: 85-94.

Zhang Z, Ju W, Zhou Y, et al. 2022. Revisiting the cumulative effects of drought on global gross primary productivity based on new long-term series data (1982-2018). Global Change Biology, 28: 3620-3635.

第2章 气候变暖及高温胁迫影响的模拟实验

以全球变暖为主要特征的全球气候变化已经成为科学界和社会各界广泛关注的热点问题。预计到 21 世纪末，全球增温可能超过 4℃。这种前所未有的变化不仅影响作物的生长发育及种植制度，也深刻影响农田生态系统的结构稳定性，必将给粮食安全以及农田生态系统可持续发展带来严峻挑战。因此，开展了大量生态系统尺度的野外增温控制实验，研究农田生态系统结构和功能对增温及高温胁迫的响应，从而提高农田生态系统可持续发展及地球系统模型的精度预测。然而，由于增温技术和研究方法的不同，不同研究结果之间难以进行比较。近几十年来，国内外学者关于气候变暖及高温胁迫对农田生态系统的影响已经进行了较为广泛和深入的研究。本章主要介绍常见的实验装置，主要包括培养箱模拟实验、气候箱模拟实验、气候室模拟实验、OTC 和红外线增温模拟实验等。

2.1 气候变暖及高温胁迫模拟实验方法

高温和干旱已成为气候变化下农业生产和粮食安全的主要压力。气候系统的多项指标表明，随着气候变暖的持续，中国将出现更多的极端天气事件，如长期干旱和高温（Huang et al., 2011）。长期干旱和极端气温加剧了对植物、生态系统和野生动物造成的破坏，这将对人类生存和经济发展构成严重挑战（Porter et al., 2014; Sánchez et al., 2014）。

气候变暖主要是大气中温室气体反射地面的长波辐射所致，而辐射主要通过显热、潜热、土壤热通量三种能量传播方式影响气候变化。伴随全球气候变化的加剧，以及气候变暖和生态系统碳循环研究的兴起，生态系统尺度的野外增温控制实验在 20 世纪末至今受到国内外学术界的高度重视。

按照增温能量来源的不同，生态系统增温模拟实验可以分为主动增温和被动增温两种类型。主动增温需要电力支持，主要包括红外线辐射模拟实验；被动增温不需要电力支持，主要通过土壤移位、温室或 OTC 来模拟生态系统增温实验。近年来，在传统的主动增温基础上，发展了新一代的土壤剖面技术和全生态系统增温技术。然而，受增温控制技术和设计原理差别的影响，其适用对象和增温后陆地生态系统各过程的响应也存在一定差异。

2.1.1 培养箱模拟实验

2.1.1.1 实验材料

实验选取 238 个水稻品种，其中包括 55 个温带粳稻、26 个热带粳稻、87 个籼稻、66 个奥斯稻和 4 个香稻，分别属于中国、印度和日本等 14 个不同国家，代表世界范围内具有代表性的水稻种植区域和品种类型，由中国农业科学院作物科学研究所提供。所有水稻材料 2021 年种植于中国农业科学院三亚南繁基地（中国海南，108.37°E、18.10°N），收获干燥后–40℃保存。

2.1.1.2 发芽率和相对发芽率指标的测定

2020～2021 年，在沈阳进行表型鉴定实验。将供试材料置于 50℃烘箱中处理 72h，以打破休眠。每份实验材料挑选 40 粒饱满成熟的种子，以 8 行 5 列（8×5）用已灭菌镊子整齐地铺在有润湿的双层滤纸的玻璃培养皿（直径为 9cm）中，加入 10mL 无菌水，分别放置于低温 15℃ 和对照 30℃（12h 光照/12h 黑暗），光照强度为 8000lx，相对湿度为 60% 的人工气候培养箱（RDN-1000E-4，宁波乐电仪器制造有限公司）中低温处理 10 天。以种子露白作为萌发标准，每天统计发芽种数，用于发芽率指标的计算，每个品种 3 次重复。计算公式如下：

$$发芽率(\%) = (15℃低温发芽的种子数量/种子总数)×100 \qquad (2-1)$$
$$相对发芽率(\%) = (15℃处理发芽率/30℃对照发芽率)×100 \qquad (2-2)$$

2.1.2 气候箱模拟实验

伴随农业工程技术的不断发展，水稻育秧设施也在不断改善。为解决传统水稻育秧易受气候环境影响，导致秧苗质量差的问题，以育秧环境参数为目标，优化设计水稻育秧气候箱及基于植物工厂技术的水稻育秧平台。利用水稻育秧气候箱，通过均匀实验和逐步回归法优化对秧苗指标有显著性影响的环境参数，进而确定水稻育秧最优环境参数组合，并利用基于植物工厂技术的水稻育秧平台进行规模化生产验证试验。利用水稻育秧气候箱，针对闭锁环境下水稻育秧环境参数进行相应的实验研究，根据实验所得的环境参数，借助植物工厂内部水稻育秧平台进行大面积育秧实验，通过秧苗不同指标参数，检验该模式下所培育的水稻秧苗质量。

为研究水稻育秧所需环境参数，权龙哲等（2017）在 LGX-450A-LED 人工气候箱基础上进行功能和结构优化设计。该气候箱的温湿度调控分别在 0 ~ 50℃（偏差±0.5℃）和 50% ~ 99% RH（偏差±5% RH），增设不同光质发光二极管（LED）光源，可在 0 ~ 1.2×10⁴lx 进行光照强度无级可调，并配备浸润式多层营养液供给模块和视觉监控模块，以满足闭锁式水稻立体育秧要求和实时监控。改进后水稻育秧气候箱结构如图 2-1 所示。

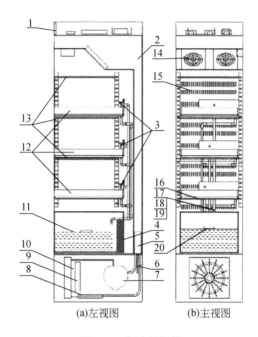

(a)左视图　　(b)主视图

图 2-1　育秧气候箱

1. 控制面板；2. 空调间；3. Wi-Fi 摄像头；4. 过滤网；5. 蒸发器和电热管；6. 出水口；7. 压缩机；8. 干燥过滤器；9. 排气扇；10. 冷凝器；11. 水箱；12. 水槽；13. 灯板；14. 吸热风机；15. 循环风道；16. 回水管；17. 第 1 层进水管；18. 第 2 层进水管；19. 第 3 层进水管；20. 加湿器

为将人工气候箱实验结果应用到水稻育秧规模化生产中，搭建完全人工光源利用型植物工厂水稻育秧平台。平台设 3 层育苗架和一组灌溉模块，每层包含一组环境调控模块和育秧台架，主要由水槽、人工光源、步进电机、气流循环模块、行程开关、丝杠传动模块、摄像头和传感器等组成（权龙哲等，2017），可实现光照强度、温湿度和土壤水分等环境数据的采集和自动调节，育秧平台结构如图 2-2 所示。

1）工作原理。人工光源由不同光质的 LED 灯管组成，通过丝杠及步进电机组成的传动系统带动人工光源移动，调节秧苗冠层的光照强度，使秧苗冠层的光照强度无级调节，秧苗冠层表面的光照强度为 0 ~ 4000lx。权龙哲等（2018）利

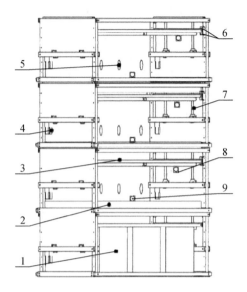

图 2-2 育秧平台结构
1. 灌溉模块；2. 水槽；3. 人工光源；4. 步进电机；5. 气流循环模块；6. 行程开关；
7. 丝杠传动模块；8. 摄像头；9. 传感器

用 PID 模糊控制算法调节内部的温度、湿度、CO_2 浓度和气流速度等参数；内部设有内置空调间、循环风道及吸热风机、高效的制冷机和能量调节系统。温湿度通过植物工厂内部相应模块调控实现，温度范围为 0~50℃ （偏差±0.5℃），湿度为 50%~99% RH（偏差±5% RH）。工作室内空气通过底部进风口经过蒸发器和加热管进行能量交换后，由吸热风机从底部吸到空间顶部，冷空气向下流动，然后慢慢回到底部，再进入吸风口来回交替循环，使内部环境参数均衡，从而获得适宜的空气环境，为秧苗提供良好的生长环境。浸润式多层营养液供给模块采用自动控制和自适应调控模式，水箱设在内部不仅能够避免外界环境的影响，还能保证营养液供给温度与苗床温度相匹配，提高秧苗质量与成活率。秧苗过程中所需水分及营养液通过灌溉模块供给，灌溉时间无级可调；为便于随时观察秧苗长势并保存秧苗生长图片，避免通过窗口观察导致观察区域受限，且打开观察窗口会影响内部光照环境等问题，气候箱内部安装有 Wi-Fi 摄像头，摄像头监视区域内秧苗长势可通过手机客户端和电脑客户端观察。通过视觉监控系统获取秧苗信息，以此判断秧苗长势，根据秧苗生长情况自动控制内部光照强度、温湿度、土壤水分和 CO_2 浓度等环境参数，从而获得理想的秧苗。内部设有气流循环模块，使内部环境参数均衡。利用温湿度调控模块，可以调节内部的温度、湿度和气流速度等参数指标，从而为育秧实验提供良好的环境。植物工厂内部育秧平台如图 2-3 所示。

图 2-3　植物工厂内部育秧平台

2）材料与方法。为探索水稻育秧所需光质、光照强度、光照时间、土壤含水量、温度和湿度等参数对水稻的影响，权龙哲等（2018）通过密闭环境控制系统进行实验研究，找出环境最优参数，进而通过植物工厂进行大面积育秧实验，验证所得实验结果。

实验选用优质、高产、抗稻瘟病性强及抗倒伏能力强的'东农 428 号'稻种（东北农业大学培育）。毯状苗育秧秧盘。人工光源为 LED 植物补光灯，红光峰值波长为 656.7nm，主波长为 655.2nm；蓝光峰值波长为 444.5nm，主波长为452.7nm。气候箱内人工光源与育秧盘的间距为 20cm，育秧平台人工光源与育秧盘的间距为 15~50cm 无级可调。各层育秧平台光源和灌溉模块相互独立。

实验方案一：由于影响秧苗生长期质量的环境参数较多，且育秧周期较长，为了选出对水稻秧苗具有显著影响的环境参数，选择具有均匀分散特点的均匀实验设计法。缩小需考察因素范围和水平个数，进一步考察因素效应，能得到具有高度重现性的确定性结论。均匀实验选取光质、光照强度、光照时间、温度、湿度和土壤含水量 6 个环境因素，每个因素取 3 个水平，3 次重复。均匀实验因素与水平如表 2-1 所示。

表 2-1　均匀实验因素与水平

水平	光质	光照强度/lx	光照时间 C/h	温度 D/℃	湿度 E/%	土壤含水量 F/%
1	W（全光谱）	8000	8	28/24	40	40
2	B（蓝光）	10000	10	25/25	60	60
3	RB（红蓝比 3∶1）	12000	12	24/20	80	80

均匀实验于 2016 年 3 ~ 10 月于东北农业大学工程学院水稻育秧气候箱进行。水稻种子经选种、浸种和催芽处理，催芽结束后取出风干不黏种即可，播种量为 610 ~ 720g/m²。土壤由粒径≤1mm（25%）颗粒、1mm≤粒径≤2mm（25%）颗粒与育秧基质 50% 混合而成（体积比），土壤用恶霉灵进行杀菌消毒等处理。

实验方案二：2016 年 11 月在水稻育秧气候箱中，以前期均匀实验优化获得的环境参数进行不同光质对水稻育苗生长影响的单因素实验。除实验方案一选取的检测指标外，将根百株鲜质量、根百株干质量、茎部以上百株鲜质量、茎部以上百株干质量、壮苗指数以及与机械插秧相关的力学指标（拔苗力和抗拉断力）作为秧苗品质的测定指标。

实验方案三：气候箱体积小，密闭性良好，环境控制精度较高，为优化水稻育秧环境参数提供了有力保障，但这与实际规模化生产育秧环境存在一定差异。因此，于 2016 年 12 月进行基于植物工厂技术的水稻育秧平台规模化生产实验，旨在验证实验优化所得最优环境参数组合是否适用于规模化水稻秧苗生产。

3）不对称性增温。全球气候变暖已成为不争的事实，全球气候变暖并不是白天和夜间平均变暖，而是呈现出一定的不对称性。日最低气温的升高幅度大于日最高气温的升高幅度。导致全球温度的昼夜温差减小。目前，研究昼夜不对称性增温与对称性增温对作物生长影响的差异逐渐展开。

王丹等（2016）从 2015 年 4 月 20 日开始在位于石家庄市的中国科学院遗传与发育生物学研究所农业资源研究中心开展不对称性增温实验研究。在实验过程中，一共采用了 3 个规格相同、型号相同、大小相同的人工气候箱（型号为 PRX-1000L，名称为海曙赛福，产地为中国浙江）。首先，对 3 个人工气候箱分别设置了 3 个不同的温度情景，分别是对照（CON）、对称性增温（ETs）、不对称性增温（ETa）。其次，在 3 个人工气候箱中摆放小盆，用于进行大豆的栽种，每个人工气候箱中分别放置 18 个小盆（使用的盆的直径为 14.5cm，高度为 10.5cm，质量为 35g），即每个温度情景下分别有 18 个大豆植株的重复用于实验研究。再次，将 3 个人工气候箱中的每个小盆都盛装纯蛭石到盆沿的位置，并且播种 2 粒大豆种子，大豆种子在纯蛭石中的播种深度为一指深，2 粒大豆种子在纯蛭石中的水平距离为 3cm，实验选取的大豆种子品种为常规大豆品种'中黄 13'，选取大豆种子进行栽种实验时，以籽粒饱满、大小均匀为筛选标准。另外，在每个人工气候箱中放置 1 个空盆，这个小盆只盛装纯蛭石到盆沿的位置，但并不播种大豆种子，用于测量土壤的蒸发和蒸散，水分利用效率的测定方法采用的是称重法。最终，每个人工气候箱中一共有 19 个小盆，实验共栽种了 54 盆大豆植株，但实验共用到 57 个小盆，等待到大豆种子出苗以后，于 5 月 4 日选择生长状况比较好的大豆幼苗，进行定苗，每个盆中只留 1 株大豆幼苗用于实验记录。在实验过程中，一直保持人工气候箱内无病害虫害和杂草的干扰，同时，每间隔 15 天，每盆大豆幼苗浇一次 100mL 营养液，每次浇营养液共计 5.7L，从实验开始栽种大豆种子到大豆植株成熟，直至收获，共计浇 5 次营养液（Wang et al.，2009a）。

设置对照时，根据实验地区的实际温度，将白天的温度设置为 26℃，夜晚的温度设置为 16℃，昼夜对称性增温指白天和夜晚同步增温 3℃，白天的温度为 29℃，夜晚的温度为 19℃，此温度的设置参考了侯雯嘉等（2015）的研究，昼夜不对称性增温指同时期内白天增温 2℃，夜间增温 4℃，白天的温度为 28℃，夜晚的温度为 20℃。

3 个人工智能气候箱每天的光照时间都设置为 14h，即大豆植株的白天光照时间为 14h，夜晚时间为 10h（昼/夜时长为 14h/10h），同时，3 个人工智能气候箱的光照强度都设置为 17000lux，光源为人工光源，3 种不同的温度情景下的相对湿度都设置为 80%。所有大豆植株处理均从播种开始直至收获。

同时每当大豆植株生长了 15 天时，3 个人工智能气候箱中的所有大豆植株都要轮转一次，互换到另一个培养箱中进行生长，这样做是为了避免不同的人工智能气候箱可能对实验结果造成的差异。并且为了避免不同的位置对大豆的生长产生影响，要随机调换人工智能气候箱内大豆盆栽的位置。

2.1.3 气候室模拟实验

人工气候室是在不受外界条件干扰的情况下，人为地在室内再现与生物或人类有关的各种自然条件的实验设施。至今已有 30 多年的发展历史。世界上第一个人工气候室是美国著名的植物生理学家、园艺学家温特（F. W. Went）教授于 1949 年在加利福尼亚的帕萨迪纳主持建造的。人工气候室的出现是生物学领域实验手段的一次革命，大大加快了生物研究进程，引起了世界各国的高度重视。

1970 年以来，人工气候室广泛应用于生物、农业、医学、海洋、宇宙等各个研究领域，作为研究工作的一项重要设施，特别是在农业技术措施方面的应用更为广泛。例如，农业的加大繁殖、耐寒性育种、病虫害规律研究和防治、作物生理、蔬菜栽培、水产养殖研究，以及家禽家畜遗传、环境设施、代谢与饲料标准、棚舍最适环境等研究都有较多的应用。

人工气候室在我国出现较晚，1964 年开始研究设计，于 1973 年在中国科学院上海植物生理研究所投产。20 世纪 70 年代后期我国也相继生产了一些小型人工气候箱。目前人工气候室可分成三种类型：综合利用型、专用型和小型生长箱。综合利用型一般以中央控制方式来控制生长室内的各种环境因素，进行多因子或者单因子的综合研究；专用型规模比前者小，可以分室控制，条件易变，一般进行单因子研究；小型生长箱体积小、经济，适于小规模研究实验。人工气候室以采光的方式论，又可分为人工光照型和自然光照型两种。人工光照型存在投资大、耗能多、运行费高等问题，推广应用比较困难。

2.1.3.1 实验设计

模拟实验在人工气候室进行。人工气候室如图2-4所示，长28.8m、宽20m、高4.85m，室内占地面积为594m²，由智能控制系统、遮阳系统、自然通风系统、强制降温系统、滴灌系统、固定微喷系统、CO_2补气系统、补光系统和加温系统组成。运行过程中智能控制系统通过对各子系统的远程调控操作，实现温湿度、降水和CO_2浓度等气候因子维持在实验设计的水平。

图2-4　人工气候室

本研究增温处理主要有四大系统。一是智能控制系统，由监控计算机、PLC温室控制器、室外气象站、温度传感器、湿度传感器、光照传感器和CO_2传感器组成。计算机设计的实验气候因子参数，由智能控制系统对所控制的各种设备的开启、关闭和启停远程控制操作实现。二是自然通风系统，由内、外遮阳系统组成，在智能控制系统控制下自动开启和关闭，既可以使室内气温比室外低4~7℃，又可以控制室内气温比室外高2~3.5℃。三是强制降温系统，由安装在每个室内的湿帘墙、水循环系统和2台9FJ-1250型大流量轴流风机组成，主要用于盛夏季节室外温度达30℃以上的时期降温。四是夜间和冬季增温的加温系统，由CL（W）DR0.12整体式常压电热锅炉和直径为75mm的圆翼型散热器组成。

为了确保实验正常进行，李裕等（2011）从 2007 年开始，在计算机上设定 1℃、2℃和 3℃增温处理，连续 3 年运行人工气候室，经测试各项运行指标达到实验要求。正式实验从 2010 年开始，各处理使用同样土壤，实验开始前对各处理土壤进行抽样分析，理化指标 pH、有机质、阳离子交换量（CEC）和湿度差异不显著（$P>0.05$）。实验设双因素等重复实验见表 2-2，处理小区大小为 1.5m× 8.0m，行距为 20cm。春小麦（*Triticum aestivum* L.）品种选用 '西旱 1 号' '西旱 2 号' '西旱 3 号'，各品种重复 2 次，肥料在小麦生长季节施用 2 次。

表 2-2　人工气候室模拟温度升高实验处理

处理	温度升高/℃	小麦品种
A	0	'西旱 1 号'
		'西旱 2 号'
		'西旱 3 号'
T1	1	'西旱 1 号'
		'西旱 2 号'
		'西旱 3 号'
T2	2	'西旱 1 号'
		'西旱 2 号'
		'西旱 3 号'
T3	3	'西旱 1 号'
		'西旱 2 号'
		'西旱 3 号'

注：根据当地小麦施肥水平足量施肥，各小区施肥水平相同；灌溉方式为滴灌与喷灌相结合，在小麦全生育期各小区保持田间持水量为 70%。

2.1.3.2　取样和样品处理

土壤样品在播种前取样 1 次。土壤样品按每个小区设 5 个亚样品点（25cm× 25cm）取样，这些亚样品点原则上选择在样品点的中心及对角线上。在播种前用塑料铲采集 0～20cm 深度的耕作层土壤样品，然后将 5 份样品混合，用四分法取约 1kg 样品，储存于聚乙烯袋中。将采集的土壤样品运回实验室，在室内风干，然后在 105℃烘干至恒重，研细过 100 目尼龙网筛，在 4℃条件下储存。为防止采样过程中人为原因导致的样品污染，在样品的混合、装袋、粉碎、研磨等处理过程中均使用木质、塑料或玛瑙等器具，避免直接接触到金属工具。

2.1.3.3 土壤中元素有效态提取

每个土壤样品中痕量元素的含量分为总浓度（TOTAL）和生物可利用浓度（DTPA）。痕量元素的生物可利用部分用 DTPA 0.005mol/L+CaCl$_2$0.01mol/L+三乙胺（TEA）0.1mol/L（pH 为 7.3）溶液提取。提取过程如下：5.00g 土壤样品（<2mm）加入 50mL DTPA-CaCl$_2$-TEA 溶液，混合后放入转速为 210r/mim 的振荡器中提取 120min，取出待沉淀分离后，立刻取上层清液备分析用。

2.1.3.4 分析方法

土壤样品用 HCl+HNO$_3$+HClO$_4$+HF 置微波炉消化，石墨炉–原子吸收光谱仪测定 Cd，火焰原子吸收光谱仪测定 Pb、Cu、Zn 和 Mn。

分析过程所用试剂均为优级纯，水为亚沸水。分析质量通过国家标准土壤样品（GBW 07402）和茶叶标准样品（GBW 08505）进行控制。分析样品的重复数为 10%~15% Cd、Cu、Pb、Zn 和 Mn 的回收率为 88%~105%。主要观测气温和深度为 5cm、10cm、15cm 和 20cm 的土壤温度。选择一个小麦作物生育周期，每隔 2h 由气候室智能控制系统自动记录。

2.1.4 OTC 增温模拟实验

OTC 增温，是采用开顶式的各种材料（塑料、纤维板、玻璃等）和形状（六边形、圆形等）的箱子，将地面释放的长波辐射部分反射回植物和表层土壤，进而对生态系统进行增温的技术。与温室相似，OTC 技术也对生态系统与外面的环境进行了一定程度的隔离，会影响温度之外的其他环境（如土壤水分）和生物（如传粉者和草食者）因素。并且由于材料、形状和高度等的差别，不同 OTC（包括内部不同位置）的增温效果有差别，对其他因素的影响程度也不一样。在分析生态系统过程对增温的响应和反馈时，这些间接影响应该考虑在内。

OTC 实验适用于较为偏远的无电力保障供应的植物较为低矮的生态系统，尤其是苔原和草地生态系统。OTC 一般可以增温 1~3℃，具体的温度要根据实验目的和实际情况来定。需要指出的是，通过控制开顶箱的特征（如高度、角度、直径等）可以控制增温的强度。研究不同幅度增温对生态系统过程的影响（朱军涛，2016；朱军涛和郑家禾，2022；Shi et al.，2017）。在温度较高的地点增温导致灌木增加，而在温度较低的地点增温导致禾草类植物增加，并且这种变化随着增温时间的延长没有饱和迹象。

2.1.4.1 实验材料与设计

以春小麦（*Triticum aestivum*）'西旱 1 号'品种为实验材料，于 2011 年 3 月 25 日将其播于直径为 28cm、高为 30cm 的圆柱形塑料桶中。每桶装土 13kg，每桶播种 100 粒，出苗后每桶定苗 20 株。

实验设计为双因素（CO_2 浓度升高和施氮肥）等重复。CO_2 浓度处理利用 OTC 实现。OTC 设计为正八边形，直径为 6m，边长为 2.15，高度为 2.5m，底面积为 $9.7m^2$，顶部向内收缩（图 2-5）。气室一侧设计有推拉门，供实验人员出入，顶部无盖为开顶，底部间隔开设长度为 2.15m、高为 0.15m 的通风口。通过管道向中心喷射纯 CO_2 气体，计算机控制 OTC 圈内 CO_2 浓度，CO_2 浓度监控采用

图 2-5　OTC

芬兰维莎拉 CARBOCAP 的 CO_2 探头 GMP343，在 $0 \sim 1000 \mu mol/mol$ 范围内，其准确度为 $3 \mu mol/mol \pm 1\%$，完全可以达到实验设计的要求。中国气象局兰州干旱气象研究所定西干旱气象与生态环境试验基地共有 4 个 OTC 实验装置，两两间隔 20m，以防止 CO_2 释放对其他圈内的 CO_2 浓度造成影响。该系统采用计算机监控实现 OTC 模拟气体质量浓度智能控制系统的优化模式，实现了对 OTC 内指定气体质量浓度的远程控制。OTC 内 CO_2 浓度变幅不超过 10%。

根据对未来大气 CO_2 浓度升高预测的结果，实验在 3 个 OTC 内分别设计 CO_2 浓度逐渐升高 $0 \mu mol/mol$、$90 \mu mol/mol$ 和 $180 \mu mol/mol$。

根据当地氮肥施用水平，施肥处理在 3 个 OTC 内分别设置对照（N0，0kg/hm^2）、低肥（N1，135kg/hm^2）、中肥（N2，225kg/hm^2）、高肥（N3，315kg/hm^2）和超高肥（N4，405kg/hm^2）5 个处理，每个处理 2 个重复。N 肥 60% 作基肥，40% 在返青期作追肥的设计分两次施肥。待小麦长至三叶期时开始昼夜不间断通 CO_2 至收获。

每个施氮水平下，磷（P_2O_5 14%）、钾（KCl）肥用量相同，均作基肥施，按 120kg/hm^2 计施。各处理全生育期灌水量相同，每次灌水量为 60mm，用水表计量灌水量。各生育期的降水量：播种至出苗期 9.4mm、苗期至拔节期 15.5mm、拔节至开花期 8.2mm、开花至成熟期 7mm，总计 40.1mm。

播种前 $0 \sim 20cm$ 土层土壤养分含量：有机质 72mg/kg，全氮 82.4mg/kg，碱解氮 33.6mg/kg，全磷 26.8mg/kg，速效磷 5.54mg/kg。实验过程中对各生育期生理生态指标进行观测，收获期测定各处理产量、总干物质量、千粒重和籽粒产量等。

2.1.4.2 土壤样品与水分测定方法

土壤水分用烘干法（105℃）测定。实验开始从田间用土钻取样，实验期间根据实验设计在桶中取土样。所取土样装入铝盒，重复 3 次。在室内将装有土样的铝盒称重，称量铝盒加湿土的质量（$W_{湿}$）。揭开铝盒盖，放入烘箱中，在 105℃下烘至恒重（12h）从烘箱中取出铝盒，盖好盒盖，称量，即铝盒加烘干土的质量（$W_{干}$）。参照式（2-3）计算土壤含水量：

$$土壤含水量(\%) = (W_{湿} - W_{干})/(W_{干} - W) \times 100 \qquad (2-3)$$
$$体积含水量(\%) = 重量含水量(\%) \times 土壤容重(g/cm^3)。 \qquad (2-4)$$

式中，$W_{湿}$ 为湿土+铝盒重，g；$W_{干}$ 为干土+铝盒重，g；W 为铝盒重，g。

2.1.4.3 土壤样品理化指标测定方法

实验开始从田间用土钻取样，土壤样品自然风干后，分别过 1mm 和 0.25mm

筛，供养分分析用。土壤有机质用重铬酸钾外加热法；全氮用凯氏定氮法；碱解
氮用碱解扩散法；全磷用酸溶-钼锑抗比色法；速效磷用 0~5mol/L 碳酸氢钠浸
提-钼锑抗比色法；速效钾用火焰光度计法测定。

2.1.5 红外线辐射模拟实验

模型分析法是国内外学术界对气候变化预测和评估使用较多的方法（Xiong
et al.，2007；Baigorria et al.，2008）。然而这些实验研究大多是在封闭或半封闭的
模拟装置（如 OTC）中进行的，这些方法虽然对认识气候变化的基本特征有一
定的帮助，但其增温效果与实际气候变化之间存在较大的差异。为此，近年来模
拟增温的研究实验已逐渐向田间开放式增温的方向发展，在该类研究中，开放式
增温（FATI）系统因其具有更真实模拟全球气候变暖的机制而逐渐被应用于增
温影响实验。

红外辐射器增温，是通过悬挂在样地上方可以散发红外线辐射的灯管来对生
态系统进行增温的技术。该技术可以真实地模拟由温室效应导致气候变暖的机
制，即增强的向下红外线辐射。红外辐射器的优点是从植物冠层上面加热，能够
在植被层保持自然的温度梯度，非破坏性地传递能量，而且不改变微环境。但
是，红外辐射器不直接加热空气，不能模拟气候变暖的对流加热效应，对于比较
密集的植被层可能会削弱对土壤的增温效应，所能覆盖的面积有限，因此适用于
有电力供应的植物较矮的生态系统，如草地、农田和湿地，而在森林生态系统中
的应用受到限制（牛书丽等，2017）。

2.1.5.1 引黄灌区春小麦实验

李娜（2019）在黄河河套宁夏平原石嘴山市平罗县宁夏大学西大滩盐碱地改
良试验站开展增温模拟实验，实验地理位置为 106°13′E~106°26′E、38°45′N~
38°55′N，平均海拔为 1100m，地势西高东低，地形相对高差为 3~4m。气候特
征冬冷夏热，日照时间长，蒸发强烈，干旱少雨，春冬风沙大。年平均气温为
9.1℃，年平均降水量为 185mm，集中在每年的 7~9 月，年平均日照时间为
3124.6h，年平均蒸发量为 1825mm，年平均相对湿度为 56%，无霜期为 192 天
（张源沛等，2009）。该地区土壤类型为白疆土（龟裂碱土），土壤上层（0~
80cm）为粉质土，下层（80cm 以下）为沙质土，土壤（0~40cm）黏粒<2μm、
砂粒>50μm、粉粒为 2~50μm（王静等，2016）。土壤 pH 及全盐、有机质、全
氮、全磷、碱解氮、速效磷、速效钾含量见表 2-3。

表 2-3　实验地土壤养分含量

深度/cm	全盐 /(g/kg)	pH	有机质 /(g/kg)	全氮 /(g/kg)	全磷 /(g/kg)	碱解氮 /(g/kg)	速效磷 /(g/kg)	速效钾 /(g/kg)
0～20	2.87	8.74	12.88	0.58	0.61	44.70	15.36	265.06
20～40	2.30	9.09	6.82	0.41	0.5	30.53	7.12	219.13
40～60	1.52	9.81	2.68	0.25	0.41	17.72	2.43	156.61

（1）增温装置设计

FATI 设备虽然被认为能更真实地模拟全球气候变暖的机制，但还是存在一定的弊端，例如目前国内使用的红外线辐射模拟装置的大多是通过调压箱直接控制红外线辐射器实现增温的，温度传感器与调压箱和红外线辐射器是相互独立的，温度传感器只能感受温度的变化而不能自动通过此数据调节温度（图 2-6）。由于一天中的气温有高有低，气温导热的效率也会随之变化。如果一天中调压箱处在一个不变的挡位，则调压箱无法使环境温度达到预设的增值，但市面上的调压箱大部分是不能自动换挡的。人工进行调挡又不现实，首先耗费人力，其次每天天气的变化也是不同的，无法一直用一个不变的挡位来进行设定。因此，为了更加贴合实际，就需要一套能自动控制的增温装置来实现实验想要达到的增温效果。

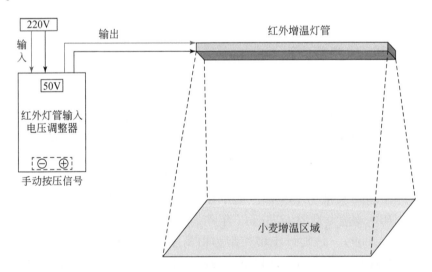

图 2-6　原增温装置原理图

本实验采用的增温方法为自动控制红外线辐射器实现田间增温（图 2-7），即在每个小区内分别设置一组红外灯管作为增温装置、一套自动控温电子设备与一组可移动温度传感器作为控温装置。该装置在硬件上将温度传感器与单片机连接，再让单片机控制调压箱自动控制升降电压，进而控制辐射器辐射强度，达到预设的增温幅度。软件上通过对程序的编写，使增辐射器下的温度传感器传回的温度与环境下的温度传感器的差值自动调节至预设温度。增温装置直接连接控温装置以使增温幅度达到预设水平。红外灯管用铁制支架悬挂于小麦上方，并与小麦播种方向垂直，昼夜不间断增温。控温装置的一组可移动传感器分别置于大田与小区内的春小麦冠层，自动控温电子设备则固定于铁制支架上。同时，每个小区内装有温度自动监测装置同步记录实际增温幅度。需要指出的是，红外辐射器增温技术，如果采用恒定功率输出，则增温效果受到植被特征和气象条件的影响；如果结合实测温度和反馈系统，则可以精确控制增温效果。具体采用哪种系统，要视研究的具体目标和预算而定。

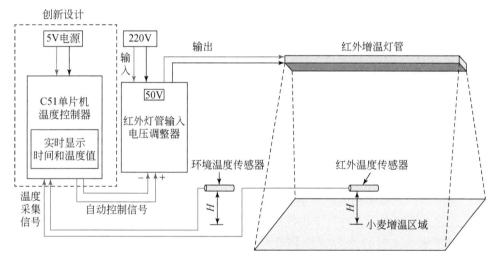

图 2-7 智能温控装置原理图

（2） 实际增温效果

通过各小区内温度自动监测装置记录的数据可以得出，春小麦全生育期内，增温 0.5℃、1.0℃、1.5℃、2.0℃的实验小区实际每天平均增温为（0.50±0.08）℃、（1.0±0.10）℃、（1.5±0.17）℃、（2.0±0.20）℃。

（3） 田间实验设计

依据《巴黎协定》确定将 21 世纪末全球升温幅度控制在 2.0℃以内的目标（谭凯炎等，2012），本实验采用以温度为主的单因素完全随机设计，基础温度为不增温春小麦冠层温度，设定不同增温幅度处理：0.0℃（CK）、0.5℃（T1）、1℃（T2）、1.5℃（T3）、2.0℃（T4）。小区面积为 4m×5m（宽×长），3 个重复，小区边缘铺设厚质薄膜以防止水肥运动。试验地四周设有围栏，防止小动物进入。实验选用春小麦品种为当地农户广泛种植品种'宁春50号'，于2017年3月20日和2018年3月8日播种，条播，播量为405kg/hm²，行距为10cm。小麦生育期内灌水四次，灌水时期为分蘖期、拔节期、抽穗期、灌浆期，灌水量分别为1500m³/hm²、1200m³/hm²、900m³/hm²、900m³/hm²。供试肥料为磷酸二铵、尿素，于春小麦播前整地时施入磷酸二铵，春小麦三叶期灌水之前施入尿素，人工撒施，施用量为磷酸二铵750kg/hm²，尿素240kg/hm²。

以春小麦'西旱1号'品种为材料，于2011年3月25日将其播于直径28cm、高30cm的圆柱形塑料桶中，每桶播种100粒，出苗后每桶定苗20株按13kg/桶土计。

各处理氮（尿素）、钾（KCl）肥足量，K肥作基肥，按60kg/hm²计施。N肥按照135kg/hm²计施，其中60%作基肥，40%在返青期作追肥。在氮、钾肥用量一致的条件下，根据当地施肥水平设置对照、低肥、中肥、高肥和超高肥5个施磷水平：不施磷（P0）、270kg/hm²（P1）、450kg/hm²（P2）、630kg/hm²（P3）和810kg/hm²（P4）。每个施磷水平下灌水量相同，每次灌水量为60mm，用水表计量灌水量。各生育期的降水量：播种至出苗9.4mm、苗期至拔节期15.5mm、拔节至开花期8.2mm、开花至成熟期7mm，总计40.1mm。播种前0~20cm土层土壤养分含量：有机质72mg/kg，全氮82.4mg/kg，水解氮33.6g/kg，全磷26.8mg/kg，速效磷5.54mg/kg（Li et al., 2012）。

准确记录各处理春小麦进入每个生育期的时间，并于苗期、拔节期、抽穗期、灌浆期、灌浆期+10天（灌浆后10天）这5个时期进行各个指标的测量。春小麦进入生育期后，对每个小区选取的9株植株进行标记，在晴天的9：00~11：30测量小麦叶片光合特性和叶绿素荧光特性（抽穗后测定叶片为小麦旗叶）。后取10株植株带回实验室，分别用于植株叶片叶面积、光合色素含量和干物重等与光合相关指标的测量。在春小麦蜡熟末期收获，带回实验室测产。

植株叶片叶面积、光合色素含量、干物重、产量的测量参照《植物生理学实验指导》（高俊凤，2006）方法进行测定。使用便携式光合仪LI-6400XT测量叶片光合特性参数：P_n（净光合速率）、G_s（气孔导度）、Ci（胞间CO_2浓度）、T_r（蒸腾速率）。每个处理叶片选取9株生长相近且受光照方向一致的叶片，测量后取平均。使用FMS-2便携式脉冲调制式荧光仪测定光适应下的叶绿素荧光参数：F_s（叶片实际生长光照强度下的荧光值）、F'_m（光下最大荧光）、F'_0（最低荧光）、ΦPSⅡ（实际光合能力）、F_m（暗适应最大荧光）、F_0（初始荧光）、F_v/F_m（PSⅡ最大光化学量子产量）。每个处理叶片选取5株生长相近且受光照方向一致的叶片，测量后取平均。测量外界CO_2浓度Ca。

光合特性与叶绿素荧光其他参数的计算：

$$WUE(叶片水分利用效率)：WUE = P_n / T_r \tag{2-5}$$

$$L_s(气孔限制值)：L_s = 1 - Ci/Ca \tag{2-6}$$

$$F_v'/F_m'(PSⅡ有效光化学量子产量)：F_v'/F_m' = (F_m' - F_o')/F_m' \tag{2-7}$$

$$qP(光化学荧光猝灭系数)：qP = 1 - (F_s - F_o')/(F_m' - F_o') \tag{2-8}$$

$$NPQ(非光化学荧光猝灭)：NPQ = (F_m' - F_s)/F_m' \tag{2-9}$$

$$F_v/F_o(PSⅡ潜在活性)：F_v/F_o = (F_m - F_o)/F_o \tag{2-10}$$

2.1.5.2 引黄灌区大豆实验

（1） 研究区概况

史云云（2020）在宁夏引黄灌区宁夏石嘴山市平罗县前进农场宁夏大学盐碱地改良试验站（106.22°E～106.43°E、38.75°N～38.92°N）模拟增温对大豆的影响，平均海拔为1100m左右，属于温带半干旱非季风性气候，全年日照时间长，昼夜温差大，多年年平均气温为9℃；干旱少雨，年均降水量约185mm，集中在夏季；蒸发剧烈，蒸发量约为2000mm，干旱指数为6.5（张源沛等，2009）。黄河水是该地区农业灌溉用水的主要水源。该地区的土壤类型为龟裂碱土，碱化度高（≥15%），盐化程度低，土壤透水透气性差，0～40cm深土壤的容重为1.59g/cm，黏粒、砂粒和粉粒土含量分别为1.18%、5.12%和93.70%（王静等，2016）。试验地前两年种植作物为春小麦。

依据《巴黎协定》对21世纪末全球气温升高控制在2.0℃以内为目标，以实时大气温度为参照，设计增温0℃、0.5℃、1.0℃、1.5℃、2.0℃5个实验处理，每个处理3次重复。

（2） 增温装置及增温效果

参照 Nijs 等（1996）的FATI，将其设计改进成智能增温。该智能控温装置由额定功率为3000W的远红外电暖器（青岛宇坤电热电器有限公司赛阳AFS-F6-30D）、可控硅电子调压器（上海稳孚电气有限公司）、智能温度控制器和支架等组成。远红外电暖器长1.8m、宽0.15m，通过曲面散热片以不发光的远红外线形式辐射热，平行地面2.2m上方悬挂可在地面形成一个2.5m×3m均匀加热区。智能温度控制器是控温核心，由单片机和温度传感器组连接组成，单片机内置自编程序，温度传感器组中的一个传感器感知环境温度，另一个传感器感知小区温度。远红外电暖器通过支架平行地面悬挂于距离地面2.2m处，交流电通过可控硅电子调压器输入远红外电暖器，智能温度控制器与可控硅电子调压器连接（图2-8）。智能温度控制器中的单片机内置程序每30s实时探知一次小区温度和环境温度的差值，当温度差值未达到设定增温值时，单片机通过软件发送指令给可控硅电子调压器，可控硅电子调压器通过控制输送给远红外电暖器的电压控制远红外电暖器功率大小，实现增温智能化控制。自 2019 年 3 ~9 月底，全天 24h 连续增温。

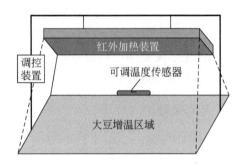

图 2-8　FATI 示意图

　　用数据采集器（型号：CR1000），在大豆全生育期内每半小时自动记录一次大气温度，该数据采集器实时时钟精度为±3min/a，模拟精度为±（0.12%读数+偏移量）。通过 Loggernet 4.0（CSI 开发的一款集通信和数据采集于一体的应用软件）读取数据，本研究以实时增温数据为基础，计算日均温度，全生育期内实际增温情况如图 2-9 所示，本研究能够客观地模拟田间气温变化特征。大豆全生育期内，设计增温 0.5℃、1.0℃、1.5℃、2.0℃的实验小区实际每天平均增温分别为（0.50±0.08）℃、（1.0±0.10）℃、（1.5±0.17）℃、（2.0±0.20）℃，均达到了实验设计增温值。

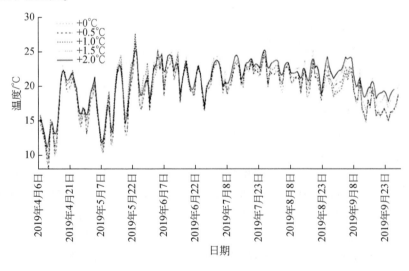

图 2-9　实际增温效果图

（3）田间实验设计

大豆的田间实验每个小区长 5m、宽 4m，面积为 20m²，3 次重复。垂直小区长边方向安装 1 套设定某一增温值的智能控温装置，小区四周用 1m 高的厚质塑料薄膜包围，防止小区间水肥互串和动物采食。小区间设置 1m 宽的过道，试验地四周设置 5m 宽的保护区。供试大豆品种为宁夏地区广泛种植的'承豆 6 号'（河北承德市农业科学研究所育成，春性，属中熟高产稳产型品种，有限结荚习性，适合宁夏引黄灌区种植），选取籽粒完整、饱满，大小均匀一致的种子，于 2019 年 4 月 7 日播种，穴播，每穴 3 粒，苗期选择生长状况一致、健壮的幼苗，进行定苗，定苗密度均为 21 株/m²。大豆苗期结束前人工条施磷酸氢二铵 357.6kg/hm²，全生育期灌水（漫灌）4 次，每次 120m³（井水，采用水表控制用水量）。全生育期其他田间管理同当地常规方法。

（4）实验测定项目

准确记录各处理有效增温区域内大豆进入各生育期的时间，并于分枝期（50% 以上植株主茎基部叶腋间出现长约 1.0cm 的侧芽）、开花期（50% 以上植株始花到终花）、结荚期（50% 以上植株落花后形成 2.0cm 荚）、鼓粒期（50% 以上植株荚果籽粒开始明显凸起）、成熟期（80% 以上植株叶片脱落，籽粒变黄，含水量下降）进行试样采集。为了避免取样误差，大豆播种后，将有效增温区域平均分成两部分，其中一部分用于植株和土壤取样，另一部分用于产量测定。

大豆各生育期，在有效增温区域内随机选取若干株，连根取出带回实验室，一半用于测定叶面积、抗氧化酶［过氧化氢酶（CAT）、超氧化物歧化酶（SOD）、过氧化物酶（POD）］活性和 Pro（脯氨酸）、MDA（丙二醛）；另一半置于烘箱，用于生物量和养分利用等指标的测定。大豆成熟后在另一组有效增温区域内进行样方测产和品质鉴定。开花期在每个处理有效增温区域内选取若干株进行标记，在晴朗无风的上午选择长势相同、受光方向一致的叶片测量大豆叶片光合特性和叶绿素荧光参数。

（5）实验测定方法

生长发育指标：准确记录每个处理进入各生育期的时间。每个处理随机选取标记的 10～30 株大豆用卷尺测量生理株高；随机选取若干株，用剪刀剪取地上部植株，用根钻取出根系，全部带回实验室，用蒸馏水冲洗残留泥土，将大豆根、茎、叶、荚（结荚期开始）分开，用长宽系数法量取叶面积（该品种的叶片为披针形，校正系数取 0.7），后置于烘箱中 105℃杀青 30min，转至 80℃烘干至恒重，用于测定和计算大豆各时期干物质重、根冠比、叶干重比等指标。

生理指标：各生育期随机选取各处理大豆叶片鲜样，参考《植物生理学实验指导书》（高俊凤，2006）进行测定；开花期选取植株健康，长势良好，高度一致的若干株进行标记，每株选受光方向一致的功能叶片（倒3叶）的顶叶进行各指标的测量。采用SPAD-502 plus（日本柯尼卡美能达）手持叶绿素计测量叶绿素相对含量（SPAD），被测叶片分为前中后三部分进行测定，取其平均值；采用Pocket PEA（英国）便携式植物荧光仪测定荧光参数。LI-6400XT（美国LI-COR）便携式光合仪，采用开放式气路，从8：00～18：00每隔1h测定净光合速率，即为大豆光合日变化。光响应曲线测定时，样本室气体流速为500μmol/s，CO_2浓度为400μmol/mol，测量温度为环境温度。设定最小等待时间为120s，最大等待时间为180s，每次记录数据前仪器会自动进行样品室和参比室的匹配；用红蓝光源设置12个不同强度的光合有效辐射：2200μmol/（m^2·s）、2000μmol/（m^2·s）、1700μmol/（m^2·s）、1400μmol/（m^2·s）、1100μmol/（m^2·s）、700μmol/（m^2·s）、400μmol/（m^2·s）、200μmol/（m^2·s）、100μmol/（m^2·s）、50μmol/（m^2·s）、25μmol/（m^2·s）和0μmol/（m^2·s），CO_2浓度为大气浓度，用"Light Curve2"自动测量程序测定大豆叶片的净光合速率（P_n），即为光响应曲线。CO_2曲线测量时，用CO_2注入系统供应不同浓度的CO_2：0μmol/（m^2·s）、50μmol/（m^2·s）、100μmol/（m^2·s）、200μmol/（m^2·s）、300μmol/（m^2·s）、400μmol/（m^2·s）、600μmol/（m^2·s）、800μmol/（m^2·s）、1000μmol/（m^2·s）、1200μmol/（m^2·s）和1300μmol/（m^2·s），用"A-Ci Curve2"自动测量程序测定饱和光照强度下大豆叶片的净光合速率，即为CO_2响应曲线。产量：每个处理选取1.0m×2.0m样方进行收获，随机选取若干株统计单株结荚数、百粒重，3次重复；后将每个处理收获的大豆全部脱粒，计算公顷产量。

利用光合作用对光响应的直角双曲线修正模型（叶子飘和于强，2007）和光合CO_2浓度的直角双曲线修正模型分别模拟光响应曲线获得最大光合速率（P_{max}）、光补偿点（I_c）、光饱和点（I_{sat}）、暗呼吸速率（R_d）；CO_2响应曲线获得最大光合能力（A_n）、CO_2补偿点（Γ）、CO_2饱和点（Ci_{sat}）和光呼吸速率（R_p）等参数。

（6）计算公式

$$根冠比 = 根系干重(kg/hm^2) \div 地上部植株干重(kg/hm^2) \qquad (2-11)$$

$$叶干重比 = 叶片干重(kg/hm^2) \div 植株干重(kg/hm^2) \qquad (2-12)$$

$$叶面积(cm^2) = 长(cm) \times 宽(cm) \times 0.7 \qquad (2-13)$$

$$叶片水分利用效率：WUE = P_n / T_r \qquad (2-14)$$

$$N(P、K)含量(\%)：N(P、K) = \rho / (V \cdot ts \cdot 10^4) \qquad (2-15)$$

式中，ρ为标准曲线查得显色液的质量浓度，μg/mL；V为显色液体积，mL；ts为分取倍数。

过氧化氢酶活性用 $KMnO_4$ 滴定法测定，磷酸酶活性用磷酸二钠比色法测定，脲酶活性用扩散层滴定法测定。采用南京高速分析仪器厂生产的 STAL-2 型便携式土壤氮磷钾检测仪对土壤有机质和速效氮、磷、钾进行了测定。土壤 pH 和总盐的测定方法如下：采集的土壤样品在室内风干，并通过 1mm 筛，并以土：水 = 1∶5 提取所有土壤样品。

用双指示剂滴定法测定 CO_3^{2-} 和 HCO_3^-，用 $AgNO_3$ 滴定法测定 Cl^-，用 EDTA 反滴定法测定 SO_4^{2-}，用 EDTA 滴定法测定 Ca^{2+} 和 Mg^{2+}，用减法测定 K^+ 和 Na^+。根据上述测量指标计算土壤全盐，土壤 pH 采用中国上海纳米仪器有限公司生产的 Micro Bench pH 计进行测量。

2.1.5.3 引黄灌区西大滩盐碱地

（1）宁夏平原盐碱地冬季增温 3.0℃

试验基地设在宁夏引黄灌区的西大滩，地处中温带干旱区，属大陆性气候。其气候特征是干旱少雨，日照充足，蒸发强烈，风大沙多；年平均气温为 9.1℃，年平均降水量为 185mm，降水量集中在 7~9 月，占全年降水量的70%~80%，年平均蒸发量为 1825mm；地下水埋深 1.5m 左右，土壤耕作层（0~20cm）碱化度在 20.0%~35.3%，总碱度在 0.25~0.38cmol/kg，pH 在 8.7~10.2，全盐含量在 2.5~4.8g/kg。土壤类型属于碱化土壤。

实验采用大田红外线辐射器增温法，设计地表气温增加0℃、0.5℃、1.0℃、1.5℃、2.0℃、2.5℃、3.0℃ 7 个处理。每个处理设计 1 个实验小区，每个小区面积为 8m²（2m×4m），小区间距为 2m。在实验前对每个小区的土壤盐碱度进行测定，表明小区间土壤盐碱度基本一致，没有明显差异。测定冬季增温对盐碱地土壤理化性质的影响。

（2）宁夏平原盐碱地冬季增温 2.5℃

哥本哈根联合国气候变化大会提出未来 50 年全球升温幅度控制在 2.0~2.5℃（Zheng and Guo，2010）。实验采用大田红外线辐射器增温法，设计冬季地表气温升高0℃、0.5℃、1.0℃、1.5℃、2.0℃、2.5℃ 6 个处理。每个处理设计 1 个实验小区，每个小区面积为 8m²（2m×4m），小区间距为 2m。在实验前对每个小区的土壤盐碱度进行测定，表明小区间土壤盐碱度基本一致，没有明显差异。每个小区设有 2 个红外线辐射器增温管，红外线辐射器增温管距离地面高度为 1.2m。红外线辐射器增温管功率依据增温高低和当地气候情况确定。本实验采用红外线辐射器增温管功率分别为 250W、500W、750W、1000W、1250W。冬季增温时间为 2009 年 12 月 1 日~2010 年 2 月 28 日，冬季日平均温度为–5.7℃。在确定的冬季增温时间内昼夜持续增温。实验样地四周用围栏保护，防止周围人与动物进入。

研究样地实验前土壤层 0～20cm、>20～40cm、>40～60cm 碱化度分别为 25.3%、20.4%、15.6%，总碱度分别为 0.35cmol/kg、0.28cmol/kg、0.15cmol/kg，pH 分别为 9.5、8.8、8.5，全盐含量分别为 2.6g/kg、2.8g/kg、3.4g/kg。地下水埋深为 1.45m，矿化度为 8g/L。在确定冬季增温时间内，每个实验小区安装温度自动检测装置，监测实验小区内距离地面 20cm、40cm、60cm 处的气温，20min 记录 1 次，并自动输出储存于记录仪中（CampbellAR5，温度误差为 ± 0.1℃）。在每个实验小区采用对角线取样法固定 5 个取样点，分别在 2009 年 12 月 1 日、2009 年 12 月 31 日、2010 年 1 月 31 日、2010 年 2 月 28 日取土样测定土壤含水量、碱化度、总碱度、pH、全盐及盐分离子含量等。

（3）宁夏平原盐碱地冬季增温 2.0℃

在实验中，采用红外散热器提高日平均温度，设计温升为 0℃、0.5℃、1.0℃、1.5℃和 2.0℃。试验田被划分为 15 个单独的地块，在 3 个完全随机的区块中重复。单个小区宽 2m、长 4m，小区间距为 3.0m。每个地块安装两个红外管式散热器，安装在距地面 1.2m 的高度，根据所需温升和当地气候条件，其功率分别为 250W、500W、750W 和 1000W，增温 0.5℃、1.0℃、1.5℃和 2.0℃。2009 年 12 月 1 日～2010 年 2 月 28 日，平均日气温昼夜持续升高，冬季平均日气温为 –5.7℃。试验田用栅栏保护起来，不让周围的人和动物进入。

在确定的冬季温升时段内，通过计算机温控系统连续监测日平均温升。在每个试验田内安装自动测温仪：用传感器监测试验田内离地面 10cm、20cm 和 30cm 处的温度，每 20min 记录一次，自动输出并存储在计算机中。各实验区温度误差控制在 ±0.1℃ 以内。分别于 2009 年 12 月 1 日和 2010 年 2 月 28 日采集土壤样品，测定土壤微生物活性、过氧化氢酶活动、脲酶活性、磷酸酶活性、土壤有机质、速效氮（N）、速效磷（P）、速效钾（K）、pH 和全盐含量。实验区土壤有机质为 7.15g/kg，全氮为 0.15g/kg，全磷为 0.15g/kg，有效氮 5.6mg/kg，有效磷为 6.6mg/kg，有效钾为 365.1mg/kg，土壤 pH 为 9.2，全盐为 2.8g/kg。

（4）测定方法

对采集的土壤样品在室内自然风干，过 1mm 筛备用，所有的土样均制备 1：5 土水质量比浸提液。CO_3^{2-} 和 HCO_3^- 采用双指示剂滴定法；Cl^- 采用 $AgNO_3$ 滴定法；SO_4^{2-} 采用 EDTA 回滴法；Ca^{2+} 和 Mg^{2+} 采用 EDTA 滴定法；K^+ 和 Na^+ 采用差减法；土壤 CEC 采用醋酸铵法浸提，用 KjeltecTM2300 定氮仪蒸馏；交换性 Na^+ 采用醋酸铵–氢氧化铵混合液浸提，用 FP640 火焰光度计测定。土壤 pH 用 MicroBench pH 酸度计测定。土壤含水量采用烘干法测定。通过冬季土壤含水量变化，确定土壤水分减少量，进而计算土壤水分蒸发量。

2.1.5.4 定西干旱气象与生态环境试验基地

(1) 研究区概况

模拟实验在中国气象局兰州干旱气象研究所定西干旱气象与生态环境试验基地（35°35′N，104°37′E）进行。该基地气候以冬季干冷，夏季暖湿为主要特征，年降水量为 380mm，且年内分布差异很大，超过 60% 的降水量集中在 7~9 月。年均温 7.7℃，6~8 月的均温分别为 18.4℃、20.2℃和 17.9℃。由于半干旱的气候环境加之无灌溉水源，雨养农业是本区主要的农业生产方式，作物以春小麦、玉米、马铃薯和豆类为主。土壤以黄绵土为主。基地土壤 pH 和有机质含量分别约为 6.7、72mg/kg，有效氮、总氮含量分别为 33.6mg/kg、82.4mg/kg，有效磷、总磷含量分别为 5.54mg/kg、26.8mg/kg。

(2) 增温装置设置

实验在 FATI 大田（图 2-10）进行。装置由四部分组成，分别为远红外加热部分、动力部分、控制部分和温度监测部分。远红外加热部分由额定功率为 1500W 的远红外加热黑体管（长 1.8m，直径 1.8cm）、铁制支架和白色不锈钢反射罩（长 2m，宽 0.2m）三部分组成。远红外加热黑体管悬挂于距地面 1.5m 处，铁制支架的下面有 3 根 30cm 长的铁管，其中一端的 10cm 弯曲并焊接在一起，形成一个三角形。在三角形的中心再焊接一根 2m 长的铁管，将整个支架固定于土壤中。动力部分为 380V 交流电，由专业电工设计线路并架设。控制部分由微电脑时控开关准时、自动控制，根据需要分为全天、白天（7：00~19：00）和夜间（19：00~翌日 7：00）供电。温度监测部分（型号：ZDR-41，购于杭州泽大仪器有限公司）由 4 个温度传感器（测量精度为±0.1℃）组成，每个传感器的线长 6m，实时自动记录作物冠层的温度数据。

图 2-10 FATI 大田

（3）实验测定

土壤水分用烘干法（105℃）测定。随机在桶中取样装入铝盒，重复 3 次。在室内将装有土样的铝盒称重，称量铝盒加湿土的质量 $W_{湿}$。揭开铝盒盖，放入烘箱中，在 105℃下烘至恒重（12h），从烘箱中取出铝盒，盖好盒盖，称量，即铝盒加烘干土的质量 $W_{干}$。参照式（2-3）计算土壤含水量。

在实验开始向桶中装土前，取土样，自然风干后，分别过 1mm 和 0.25mm 筛，供养分分析使用。土壤有机质用重铬酸钾外加热法；全氮用凯氏定氮法；碱解氮用碱解扩散法；全磷用酸溶-钼锑抗比色法；速效磷用 0～5mol/L 碳酸氢钠浸提-钼锑抗比色法；速效钾用火焰光度计法测定。测定结果以风干基表示。

$$水分利用效率 \ WUE = Y(BM)/[P+I-(W_e-W_i)] \qquad (2-16)$$

式中，Y 为产量；BM 为生物量；P 为降水量；I 为灌溉量；W_i 为初始土壤含水量；W_e 为期末土壤含水量。

$$磷肥生产效率(kg/hm^2) = 籽粒产量(kg/hm^2)/施磷量(kg/hm^2) \qquad (2-17)$$

$$磷肥农学效率 \ NAE(kg/hm^2) = (施磷区产量-不施磷区产量)/施磷量$$

$$(2-18)$$

$$水分利用效率[kg/(hm^2 \cdot mm)] = 籽粒产量/耗水量 \qquad (2-19)$$

作物耗水量 ET 用农田水分平衡法计算，水分平衡方程式为

$$ET = \triangle S + I + P \qquad (2-20)$$

式中，P 为降水量，I 为灌溉量，由水表测定。$\triangle S$ 为土壤储存水变化量，用水层厚度 $\triangle h$ 表示：$\triangle h(mm) = 10\Sigma(\triangle \theta_i \times Z_i) \times i(i,m)$。其中，$\triangle \theta_i$ 为土壤某一层次在给定时段内体积含水量变化；Z_i 为土壤层次厚度，cm；i、m 是从土壤第 i 层到第 m 层。

2.1.5.5　固原干旱气象站

西北半干旱区是我国受气候变化最明显的地区之一，近年来中国气象局兰州干旱气象研究所和宁夏大学研究人员在固原半干旱区就气候变暖及高温胁迫对农田生态系统的影响开展了大量研究，该地区属于典型的半干旱雨养农业区。1960～2014 年全年气温为 6.3～10.2℃，多年平均气温为 7.9℃。1950 年以来气温明显升高（$P<0.01$），特别是 1998 年以后（图 2-11）。1964～2014 年年降水量为 282.1～765.7mm，多年平均降水量为 450.0mm。1950 年以来降水量呈显著下降趋势（$P<0.01$）。小麦、玉米、马铃薯和豆类等是该地区主要的粮食和经济作物。

（1）蚕豆-春小麦-马铃薯增温试验

本研究在中国半干旱区固原干旱气象站进行。年平均降水量为 386mm，集中

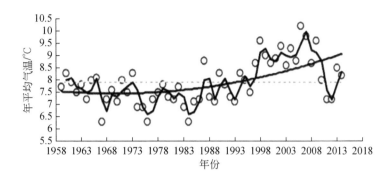

图 2-11   1960~2014 年固原半干旱区气温变化特征

在 7~9 月。年平均气温为 7.2℃，6~8 月的日平均气温分别为 18.2℃、19.8℃和 18.38℃。自 20 世纪 50 年代以来，固原干旱气象站平均气温上升了 0.9℃。在这个地区，旱作农业不灌溉。每年种植一次作物，主要作物是春小麦、玉米、马铃薯、豌豆和小米。豌豆–春小麦–马铃薯是该地区典型的轮作系统。

试验田土壤为黄绵土，土层深厚，耕性良好，土壤有机质含量为 8.6g/kg，全氮含量为 0.43g/kg，全磷含量为 0.68g/kg，全钾含量为 19.6g/kg。试验田前茬作物为玉米，2011 年秋季深翻 25cm，然后将农家肥 22.5t/hm²、尿素 15kghm²、普钙 40kg/hm² 一次性均匀施于地表，再深翻 20cm，保证与土壤充分混匀。马铃薯现蕾期追施尿素 220kg/hm²。实验不采取灌溉，自然降雨能够保证就地入渗。试验田四周用围栏保护，防止动物进入。

（2）豌豆–冬小麦–马铃薯增温试验

固原干旱气象站记录了 2000~2005 年的降水量、气温和蒸发量。在豌豆–冬小麦–马铃薯轮作系统中，从播种到收获阶段，每周测量一次 30cm 深的土壤含水量，每增加 10cm。记录各处理下各作物的生长季节和产量。利用雨量计和灌溉数据计算水分利用率，在估算豌豆–冬小麦–马铃薯轮作系统的水分利用率时也考虑了休耕期的水分损失。

2000~2005 年，在固原干旱气象站大棚内对豌豆–冬小麦–马铃薯轮作系统进行了实验研究。大棚为拱顶式，长 30.0m、宽 7.0m、高 2.2m。通过计算机控制的温度系统连续监测日平均温度。整个豌豆–冬小麦–马铃薯轮作种植了两次（即 2001~2005 年 6 个季节）。每种作物种植 2 年，2000 年和 2003 年种植豌豆，2001 年和 2004 年种植小麦，2002 年和 2005 年种植马铃薯。采用 4 个温度等级和 2 个灌溉等级，给出 8 个不同的实验处理（表 2-4）。

表 2-4　固原干旱气象站豌豆–冬小麦–马铃薯轮作系统大棚大田实验站的 8 个处理

处理	增温/℃	补水/mm			
		豌豆	冬小麦	马铃薯	合计
T1	0	0	0	0	0
T2	0.5	0	0	0	0
T3	1.2	0	0	0	0
T4	2.0	0	0	0	0
T5	0	30	60	40	130
T6	0.5	30	60	40	130
T7	1.2	30	60	40	130
T8	2.0	30	60	40	130

　　使用的所有品种都是该地区的典型品种：豌豆品种为'定豌 2 号'，播种时间为 3 月 15 日，播种密度为 60 万粒/hm²；冬小麦品种为'陇春 15 号'，3 月 15 日采用四行播种机播种，播种密度为 180kg/hm²；马铃薯品种为'陇薯 4 号'，于 4 月 25 日播种，播种密度为 6 万粒/hm²。补灌量有 3 种：豌豆花期补灌 30mm；小麦伸长期和开花期补灌 30mm；马铃薯开花期补灌 40mm。采用滴灌系统，每年施肥两次。试验田分为 8 个小区，每个小区宽 3m、长 6m。用螺旋钻从每个地块取土样（直径 2.5cm，深 20cm）。

（3）冬小麦增温模拟试验

　　2013～2014 年、2014～2015 年，利用红外线加热器加热了一片土地，研究了变暖对冬小麦产量和品质的影响。2009 年 12 月在哥本哈根举行的联合国气候变化大会决定，未来 50 年全球气候变暖将控制在 2.0℃以内（Zheng and Guo，2010）。使用了 5 个增温等级，分别是 0℃、0.5℃、1.0℃、1.5℃和 2.0℃。

　　冬小麦分别于 2013 年和 2014 年 10 月 8 日播种。2014 年和 2015 年 7 月 20～22 日人工收割，并对收获的小麦进行称重。记录了以下特征：收获质量；播种期—苗期、苗期—三叶期、三叶期—越冬期、越冬期—再青期、再青期—伸长期、伸长期—抽穗期、抽穗期—开花期、开花期—成熟期的生长日数；植物密度、收获穗数、每穗粒数、千粒重、产量。粗蛋白质含量采用凯氏定氮法测定，粗脂肪含量采用索氏提取法测定。所有样品均在收获后 1 周内测量。采用张力计法测定土壤含水量，计算水分利用效率。当冬小麦受热时，每个地块都配备了自动温度传感器，以监测距离地面或冠层 10cm、20cm 和 30cm 处的温度。每 20min 记录一次数据，并保存在记录仪（Campbell AR5，±0.1℃）中。

　　2013 年 10 月 5 日建立试验田。每块地块为 8m²（2m×4m），与其他地块间隔

3.0m。实验被安排在随机的完整块中，每组重复三次。每亩[①]地设置 3 个红外加热管，调节支架高度，使红外加热管距作物冠层 1.2m。红外加热管的功率根据需要的增温水平和当地的天气而定。所使用的红外加热管功率分别为 200W、400W、600W、800W 和 1000W。冬小麦在整个生育期（从播种到收获）昼夜都是温暖的。实验场土壤为黄绵土，土层较深，易耕。农场四周有围栏保护，以防止动物伤害。土壤有机质含量为 8.7g/kg，总氮含量为 0.45g/kg，总磷含量为 0.66g/kg，总钾含量为 18.8g/kg。

（4）马铃薯增温实验

1）马铃薯水分利用率的增温实验。在固原干旱气象站采用田间红外辐射增温方法，探讨了增温对马铃薯水分利用率的影响。2009 年 12 月在哥本哈根举行的联合国气候变化大会提出了在未来 50 年将全球气候变暖范围控制在 2.0 ~ 2.4℃的目标（Zheng and Gou，2010）。因此，本实验使用 7 个升温等级，分别为 0℃、0.5℃、1.0℃、1.5℃、2.0℃、2.5℃ 和 3.0℃。田间每个试验田面积为 8m² （2m×4m），跨度为 3.0m，随机复制为 3 个完整区块。每个试验田设置 2 个红外辐射升温管，升温管设置在作物冠层上方 1.2m 高度处，升温管功率根据增温要求和当地气候条件确定。所使用的红外散热器温升管功率分别为 250W、500W、750W、1000W、1250W 和 1500W。温升期是指马铃薯生长完整阶段（从发芽到收获）白天和夜间温度的上升。试验田为黄绵状土壤，土层分明，适宜耕作。实验场用栅栏围起来，防止动物进入。

在马铃薯完全生长阶段的温度上升期，在每个实验小区安装了自动检测传感器，以监测小区中距离地面和马铃薯冠层 10cm、20cm 和 30cm 处的温度。地面和马铃薯冠层的温度数据每 20min 自动记录一次（误差±0.1℃）。试验田土壤有机质含量为 8.5g/kg，全氮含量为 0.41g/kg，全磷含量为 0.66g/kg，全钾含量为 19.5g/kg。

2）马铃薯产量和品质的增温实验。田间增温实验设计采用大田红外线辐射器增温法，开展增温对马铃薯产量和品质的影响研究。依据 2009 年 12 月哥本哈根联合国气候变化大会提出的未来 50 年全球升温幅度控制在 2.4℃内（Zheng and Gou，2010），本研究设计增温 0℃、0.5℃、1.0℃、1.5℃、2.0℃、2.5℃ 6 个处理。

2012 年 4 月 15 日布设田间实验，并进行人工播种马铃薯，马铃薯品种选用 '宁薯 4 号'。选用田间实验小区面积为 8m² （2m×4m），小区间距为 3.0m。每个实验小区设 3 个红外线辐射器增温管，调整支架高度保持红外线辐射器增温管距

---

① 1 亩≈666.7m²。

离作物冠层 1.2m。红外线辐射器增温管功率依据升温要求和当地气候条件确定。实验采用红外线辐射器增温管功率分别为 200W、400W、600W、800W、1000W。增温时间为马铃薯全生育期（从播种到收获）昼夜持续增温。

（5）蚕豆增温实验

1）蚕豆水分利用率的增温实验。对蚕豆水分利用率的增温效应研究采用了现场红外散热器增温方法（Xiao et al.，2013）。2009 年 12 月在丹麦首都哥本哈根举行的联合国气候变化大会上，确定了未来 50 年全球气候变暖幅度控制在 2.0～2.4℃ 的目标（Zheng and Guo，2010）。因此，设计的增温等级为 0℃、0.5℃、1.0℃、1.5℃ 和 2.0℃。实验场每块地面积为 8m^2（2m×4m），每块地间距为 3.0m。每个小区设置 2 个红外辐射暖管，调节支撑高度，使其与作物冠层高度间隔 1.2m。红外辐射暖管功率根据增温要求和当地气温确定。实验中采用的红外散热器加热管电源分别为 250W、500W、750W、1000W、1250W 和 1500W。

设计的增温等级为 0℃、0.5℃、1.0℃、1.5℃ 和 2.0℃。实验场每块地面积为 8m^2（2m×4m），每块地间距为 3.0m。每个小区设置 2 个红外辐射暖管，调节支撑高度，使其与作物冠层高度间隔 1.2m。红外辐射暖管功率根据增温要求和当地气温确定。实验中采用的红外散热器加热管电源分别为 250W、500W、750W、1000W、1250W 和 1500W。蚕豆在整个生育期（从出苗到收获）昼夜不间断加热。实验场土壤为黄绵土，有机质含量为 8.5g/kg，全氮含量为 0.41g/kg，全磷含量为 0.66g/kg，全钾含量为 19.5g/kg。实验场四周用栅栏围起来，以防动物出现。

2）蚕豆产量和品质的增温实验。采用红外辐射器模拟增温实验，研究了增温对蚕豆产量和品质的影响。2009 年 12 月在哥本哈根举行的联合国气候变化大会提出，未来 50 年全球气候变暖应控制在 2.0℃ 以内。因此，本研究在农田增温模拟实验中，采用了 5 个增温水平，分别为 0℃、0.5℃、1.0℃、1.5℃ 和 2.0℃。实验场每块地面积为 8m^2（2m×4m），地块间隔 3.0m，复制在 3 个随机的完整块中。每亩地设置红外辐射暖管，并调整支撑高度，使其距作物冠层 1.2m。红外辐射暖管的功率根据增温处理和当地天气而定。红外散热器加热管额定功率分别为 0W、250W、500W、750W、1000W。蚕豆从播种到收获都是经过加热处理的。

2014～2016 年，蚕豆是在 4 月 20 日人工播种的。播种密度为 180kg/hm。所选品种为‘青蝉 3 号’，种皮为乳白色，是当地的推荐品种。蚕豆分别于 2014 年 7 月 10 日、2015 年 7 月 18 日和 2016 年 7 月 15 日收获。实验场土壤为黄土，土层较深，易耕。农场周围有围栏，以防止动物伤害。土壤有机质含量为 8.3g/kg，全氮含量为 0.44g/kg，全磷含量为 0.68g/kg，全钾含量为 19.1g/kg。

记录苗期、分枝期、出芽期、开花期、结荚期、成熟期及整个生育期所占日数。记录植株密度、单株荚数、每荚粒数、百粒重和产量，并测定种子脂肪、蛋白质、碳水化合物、灰分和能量含量。

脂肪、蛋白质、碳水化合物、灰分、能量含量按国家食品安全标准测定。所有样品都是新鲜的，并在 1 周内测量。在增温期间，每个地块配备自动温度传感器（美国），监测距离地面或冠层 10cm、20cm 和 30cm 处的温度，每 20min 记录一次数据并保存在记录仪中（Campbell AR5，美国；±0.1℃）。

2.1.5.6 保定市古城生态环境与农业气象实验站

（1）研究区概况

田间实验于 2016 年 6～10 月连续两个玉米生长季（2016 年和 2017 年）在中国气象局保定市古城生态环境与农业气象实验站进行。实验站位于保定市，河北省华北平原地区。属温带大陆季风气候，年平均气温为 12.2℃，年平均降水量为 528mm，年平均日照时间为 2264h。实验点土壤类型为砂壤土，全氮含量为 0.98g/kg，全磷含量为 1.02g/kg，全钾含量为 17.26g/kg，pH 为 8.1（Fang et al., 2013）。每个地块的面积为 $8m^2$（2m×4m），地块之间有 3m 深的混凝土隔离墙，以防止土壤水分侧向移动。

（2）实验设计与处理

实验设置夏玉米灌浆期水分胁迫、增温幅度和增温时间 3 个因子，并对每个因子分别实施 3 个水平的水分胁迫：正常灌溉 80% 田间持水量（NI）、轻度干旱 55% 田间持水量（LD）和重度干旱 40% 田间持水量（SD）；温度升高（全天）幅度为 0℃（T_0）、3℃（T_3）、和 5℃（T_5）；增温时间分别为 0d（D_0）、5d（D_5）、7d（D_7）。采用三因素三水平正交法进行实验设计（表 2-5），实验处理如下：①充足灌溉（NI，充足水分）；②充足水分条件下温度升高 3℃，持续 5 天（NIT_3D_5）；③充足水分条件下温度升高 5℃，持续 7 天（NIT_5D_7）；④轻度干旱条件下温度升高 3℃，持续 7 天（LDT_3D_7）；⑤轻度干旱条件下温度升高 5℃，持续 0 天（LDT_5D_0）；⑥轻度干旱条件（LD）；⑦重度干旱条件下温度升高 5℃，持续 0 天（SD，土壤含水量为–40%）；⑧重度干旱条件下温度升高 3℃，连续 0 天（SDT_3D_0）；⑨重度干旱条件下温度升高 5℃，连续 5 天（SDT_3D_5）（表 2-5）。每个处理随机安排 3 个重复，共 27 个样地。灌浆阶段与 NI 的温升情况见表 2-6。由于温度升高 3℃、持续 0 天，以及温度升高 5℃、持续 0 天意味着没有温度处理，LD 处理与 LDT_5D_0 处理相同，SD 处理与 SDT_3D_0 处理相同。

表 2-5　三因素三水平正交实验处理

处理	水分胁迫	增温幅度	增温时间
NI	NI	T_0	D_0
NIT_3D_5	NI	T_3	D_5
NIT_5D_7	NI	T_5	D_7
LD	LD	T_0	D_5
LDT_3D_7	LD	T_3	D_7
LDT_5D_0	LD	T_5	D_0
SD	SD	T_0	D_7
SDT_3D_0	SD	T_3	D_0
SDT_5D_5	SD	T_5	D_5

表 2-6　灌浆期与 NI 相比温度升高

年份	温度处理	冠层面积增温/℃	
		均值	标准差
2016	增温 3℃	2.26	0.58
	增温 5℃	4.45	0.42
2017	增温 3℃	2.38	0.53
	增温 5℃	4.61	0.61

1）实验设置。实验在控水试验田内进行，在试验田内设置大型活动雨棚，防止降水。灌溉期按需灌浆，避免干旱胁迫。这些地块安装了悬挂在地面上的红外散热器作为增温装置（Wan et al.，2009；Fang et al.，2010）。增温样地采用 3 个不锈钢镜面反射式红外辐射器，在离地 3.0m 处进行加热，其照射范围仅覆盖夏玉米冠层。所有加热处理的加热器都设置为 2400W 的辐射输出。与温室和露天室相比，试验田的环境条件与田间条件基本一致。在每个控制地块中，使用一个与红外加热器形状和大小相同的"虚拟"加热器代替红外加热器来模拟遮阳效果（图 2-12）。在每个样本地块中安装一组地温（距离地面 20cm 处温度）和冠层温度自动观测传感器。每 10min 连续观察一次冠层温度和地温变化。

玉米生产田间实验连续两年（2016 年和 2017 年）进行。在试验田种植了中国最受欢迎的玉米杂交种'郑单 958'。试验田的前茬作物是冬小麦，收获后没有可耕地。播种前约半个月测量各地块土壤水分，然后灌溉至各地块相同土壤水分水平，灌水量（Qi et al.，2022）如表 2-7 所示。

图 2-12　实验场地仪器布置

表 2-7　灌水量处理　　　　　　　　　　　　　（单位：m³）

年份	NI	LD（LDT$_5$D$_0$）	SD（SDT$_3$D$_0$）	NIT$_3$D$_5$	NIT$_5$D$_7$	LDT$_3$D$_7$	SDT$_5$D$_5$
2016	0.479	0.323	0.274	0.386	0.352	0.261	0.253
2017	0.481	0.296	0.283	0.412	0.384	0.253	0.268

6 月 17 日播种玉米种子，充分浇水，确保出苗，株距 50cm，行距 25cm（株密度为 8.0 株/m²）。每年播前复合施肥 600kg/hm²，拔节期追施尿素 600kg/hm²，与当地田间施肥水平相当。其余农艺管理均按当地田间方法实施田间管理。

夏玉米营养生长期各处理均正常灌水。这些处理地块灌溉后不再加水。为了降低旋转后雨水侵入的风险，设计了大型移动雨棚。正常灌溉处理维持在 80% 以上的田间持水量。各实验处理均达到灌浆初期控制的土壤水分水平。在 9 月 11 日灌浆期，按实验设计进行增温。增温结束后，夏玉米不再避雨，使夏玉米在自然条件下生长（Qi et al., 2022）。

2）温度观测与测量。利用自动温度传感器记录 20cm 深度的冠层温度和土壤温度。这些温度每天每隔 3h 测量一次。各处理的温升情况见表 2-6。在气温上升 3℃的情况下，树冠区的平均气温（9 月 11 ~ 17 日）比在 NI 条件下高 2.5℃。在气温上升 5℃的情况下，树冠区的平均气温（9 月 11 ~ 17 日）比 NI 条件下高 4.5℃。

3）土壤含水量观测与测量。采用烘箱干燥法测定土壤含水量。采用重量法测定土壤含水量，间隔 10 ~ 100cm。样品在 105℃的烤箱中干燥之前和之后都称重。本研究采用 0 ~ 50cm 深度的土壤相对湿度来描述土壤水分状况。土壤含水量的计算方法详见 Wang 等（2009b）。各处理增温前后土壤含水量如表 2-8 所示。

表 2-8 增温前后土壤含水量 （单位:%）

处理	2016 年		2017 年	
	增温之前	增温之后	增温之前	增温之后
NI	89.8±2	87.3±2	91.5±2	87.3±2
NIT_3D_5	91.3±2	85.7±2	90.8±2	84.6±2
NIT_5D_7	90.6±2	83.5±2	91.2±2	82.5±2
LD（LDT_5D_0）	50.1±2	46.8±2	53.1±2	47.5±2
LDT_3D_7	53.5±2	42.6±2	55.7±2	45.9±2
SD（SDT_3D_0）	44.5±2	43.9±2	42.2±2	41.3±2
SDT_5D_5	46.8±2	43.1±2	44.7±2	42.1±2

4）作物管理。根据《农业气象观测规范》进行物候期观测和生育期产量成分测量。每个地块随机选取 10 株，测定玉米各生育期成熟株高、地上生物量和物候特征，在玉米增温期每两天观测一次。收获时，每个小区采满 10 株，测定百粒重、秃尖比、种子重、穗粗、穗长等产量组成，测定籽粒产量和地上生物量干重。地上生物量干重是通过烤箱在 72℃下干燥新鲜样品 48h 至恒重来测定的。在太阳下将种子晒干至粒重恒定后测定籽粒产量。

5）气象资料。温度、相对湿度、风速、总辐射等气象资料取自保定市古城生态环境与农业气象实验站自动气象站，每隔 1min 采集一次。以 1981～2010 年为气候状态期，对研究区进行气候变化分析。

2016 年和 2017 年的月平均降水量和温度与 1981～2010 年平均纪录的对比见图 2-13。2016 年和 2017 年的年降水量分别为 491.3mm 和 541.9mm，而春季玉米生长期（6 月 1 日～9 月 30 日）的降水量分别为 392.6mm 和 395.7mm（Qi et al., 2022）。1981～2010 年平均年降水量为 496.1mm，而春玉米生长期的平均降水量为 390.6mm。2016 年 7 月降水量达到 269.9mm，2017 年 8 月降水量达到 184.0mm。虽然这些降水量值高于 1981～2010 年 7 月的平均值（153.8mm）和 8 月的平均值（113.9mm），但 2016 年和 2017 年被认为是降水量正常年份。

2016 年和 2017 年春玉米生长期年最高气温分别为 30.5℃和 31.0℃，1981～2010 年平均最高气温为 24.9℃。2016 年 9 月最高气温为 27.8℃，2017 年 9 月最高气温为 28.8℃，1981～2010 年平均最高气温为 26.6℃。2016 年 9 月和 2017 年 9 月的最高气温高于 1981～2010 年平均最高气温，但与春玉米生长期的 1981～2010 年平均气温相比属于正常水平。降水量被认为是正常的，但 2016 年 8 月和 2017 年春玉米生长期出现了高温。

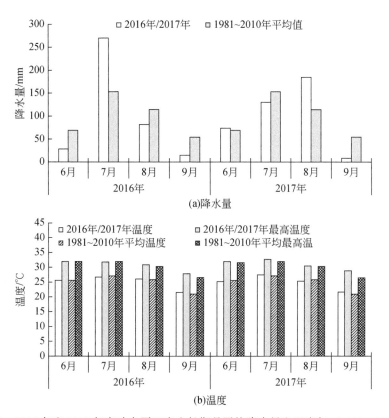

图 2-13 2016 年和 2017 年实验点夏玉米生长期月平均降水量和温度与（1981～2010 年）
平均纪录的比较

2.2　气候变暖及高温胁迫模拟实验应用

　　全球气候变化将使人类面临前所未有的严峻挑战，而"靠天吃饭"的农业是受冲击最大的行业之一，在过去的几十年，全球气候变化对我国部分地区的农业生产产生了重大影响，这必将给未来农业生产带来新的挑战，尤其是极端高温和干旱事件。在过去的几十年，全球气候变化已对我国农业和农业生态系统特别是我国北方旱区农业造成重大影响，其中不少影响是负面或不利的（肖国举等，2007）。近几十年来，全球气候变化对农业及农业生态系统影响的研究成果取得了显著进展，为政府制定和实施应对全球气候变化的战略和决策提供了理论依据。同时，也为农业生产者应对全球气候变化提供了相应的技术对策。

2.2.1 气候变暖对土壤质量的影响

气候变暖已经给土壤环境带来了不良的影响。气候变暖加快了土壤有机碳矿化速率（符淙斌和温刚，2002），加速了微生物对土壤有机质的分解和植物-土壤养分循环，造成土壤肥力下降，土壤盐碱化加剧，导致耕地土壤贫瘠和质量退化。目前，气候变暖对土壤盐碱化影响方面的研究报道不多。

一般认为，自然界本身的变化和人类活动的影响是碳循环平衡发生变化的两个主要原因。在全球气候变化背景下，有关生物地球化学循环和土壤-植物-大气连续体（SPAC）系统水热平衡规律的研究多，但关于气候变化对土壤-作物-大气农田生态系统土壤养分变化规律影响的研究较少。有研究表明，温度和降水量变化对黄土中土壤有机质含量的影响趋势相反。庞奖励等（2001）通过对岐山黄土 Pb、Cu、Zn、Cd、Mn 含量磁化率及粒度的研究，结果表明，这5种元素的变化是气候变化的结果。对这些元素相对含量及元素间比值高低的研究结果表明：黄土母质在分化成土壤的过程中，分化程度、植被的发育程度与当地平均降水量和气温有关。当气温升高 2.7℃时，凋落物的分解速率（影响土壤养分）提高 6.68%~35.83%。另外，在不同温度条件下，Hg 对土壤脲酶动力学特征的影响不同，表现在土壤对脲酶的保护能力随温度升高而有所下降（杨春璐等，2007）。土壤温度升高和降水量的变化使土壤微生物活动发生改变，必然引起土壤养分发生变化。东北高寒地区农田在作物生长期内土壤微生物变化与温度有明显的关系。土壤微生物随温度变化具有单一的峰值，其中细菌和放线菌的高峰值出现在7月，真菌的高峰值出现在6月（苏永春等，2001）。气候变暖将导致生物对土壤有机质的分解加快，从而加速土壤养分的变化，可能造成土壤肥力下降。

2.2.1.1 温度升高对土壤物理性质的影响

对宁夏引黄灌区 0~60cm 土壤层的增温模拟研究表明，宁夏引黄灌区经过一个冬季增温，土壤含水量明显减少（图 2-14）。当冬季增温 0.5~2.5℃时，0~20cm 土壤含水量从 18.5% 减少为 16.2%~12.5%，减少了 12.4%~32.4%；>20~40cm 土壤含水量从 20.5% 减少为 18.0%~19.0%，减少了 7.3%~12.2%；>40~60cm 土壤含水量从 20.6% 减少为 19.1%~19.4%，减少了 5.8%~7.3%。伴随温度的增加，土壤水分蒸发量呈显著增加趋势（图 2-15）。当冬季增温 0.5~2.5℃时，0~60cm 土壤水分蒸发量从 10.4mm 增加到 11.5~28.7mm，增加了 10.6%~176.0%。

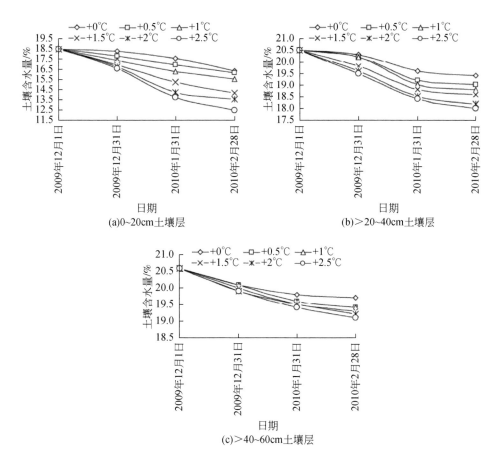

图 2-14　冬季 0～60cm 土壤含水量动态变化

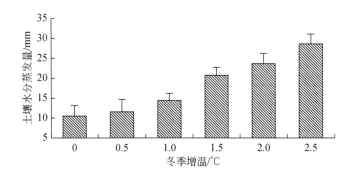

图 2-15　冬季增温与 0～60cm 土壤水分蒸发量的关系

对宁夏引黄灌区西大滩试验站 0～60cm 土壤层含水量的研究表明，宁夏引黄灌区冬季增温越高，土壤含水量减少越明显，土壤水分蒸发越快（图2-16）。冬季增温0.5~3.0℃与未增温比较，0~20cm、>20~40cm、>40~60cm土壤含水量分别减少0.2%~3.9%、0.4%~1.4%、0.3%~0.6%。0~20cm土壤含水量（Y_1）与冬季增温（X_1）之间存在关系为$Y_1 = -0.3214X_1^2 - 0.8364X_1 + 16.532$（$R^2 = 0.9815$）；>20~40cm土壤含水量（$Y_1$）与冬季增温（$X_1$）之间存在关系为$Y_1 = 0.0143X_1^2 - 0.5843X_1 + 19.364$（$R^2 = 0.9878$）；>40~60cm土壤含水量（$Y_1$）与冬季增温（$X_1$）之间存在关系为$Y_1 = 0.0429X_1^2 - 0.3186X_1 + 19.65$（$R^2 = 0.9296$）（图2-16）。

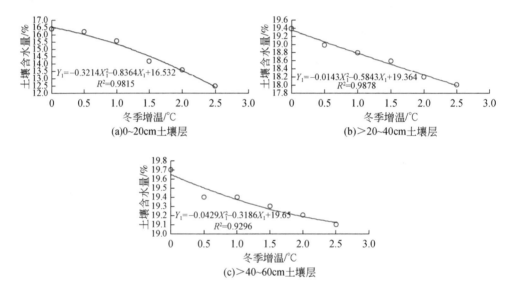

图2-16 冬季增温与0~60cm土壤含水量的关系

2.2.1.2 温度升高对土壤化学性质的影响

（1）土壤盐碱度

与非盐渍土壤相比，盐渍土壤中的作物从土壤中吸收水分或在植物细胞内进行生化调节需要消耗更多的能量，因此根区盐分过多通常会降低作物的生长速度和产量。土壤中的盐分降低了土壤的渗透势，从而减少了根系内外的水势差异，因此减少了土壤水的可用性。土壤中某些离子的浓度或活性过高，会导致作物养分的歧化或缺乏。气候变暖加速土壤水分的蒸发，推动土壤盐分上升，造成土壤盐碱化和盐碱化增加。对宁夏黄河灌区土壤盐分位置的研究表明，随着年平均气温的升高，土壤全盐含量呈显著增加趋势（Xiao et al., 2010）。轻、中、重盐渍化土壤全盐含量分别增加了0.08g/kg、0.13g/kg和0.19g/kg。

（2）土壤盐分变化

肖国举等（2011a）对引黄灌区西大滩试验站的增温模拟研究表明，土壤中如果某些离子浓度过大，会引起一些低浓度营养元素的缺乏。例如，高 Na^+ 浓度可引起 Ca 和 Mg 的缺乏，高 Cl^- 和 SO_4^{2-} 可减少作物对 NO_3 的吸收。土壤盐分离子主要包含 CO_3^{2-}、HCO_3^-、SO_4^{2-}、Cl^-、K^+、Na^+、Ca^{2+}、Mg^{2+}，通常称为八大离子。经过一个冬季增温后，土壤层 0～60cm 盐分离子浓度明显增加，特别是 CO_3^{2-}、HCO_3^-、Na^+、Mg^{2+} 增加更明显（表2-9）。

表 2-9　冬季增温对 0～60cm 土壤盐分的影响

冬季增温 /℃	土壤层深度/cm	全盐含量 /（g/kg）	盐离子含量/（cmol/kg）							
			CO_3^{2-}	HCO_3^-	SO_4^{2-}	Cl^-	K^+	Na^+	Ca^{2+}	Mg^{2+}
0	0～20	3.12	0.40	0.60	3.85	1.39	0.09	5.59	0.30	0.26
	>20～40	3.48	0.40	0.60	3.04	1.78	0.07	5.27	0.32	0.16
	>40～60	3.58	0.40	0.80	1.51	2.57	0.07	4.51	0.32	0.38
	平均	3.39	0.40	0.67	2.80	1.91	0.08	5.12	0.31	0.27
0.5	0～20	3.17	0.48	0.71	3.86	1.38	0.09	5.74	0.31	0.28
	>20～40	3.48	0.40	0.62	3.04	1.78	0.07	5.57	0.32	0.17
	>40～60	3.59	0.41	0.80	1.50	2.58	0.07	5.53	0.33	0.38
	平均	3.41	0.43	0.71	2.80	1.91	0.08	5.28	0.32	0.28
1.0	0～20	3.30	0.53	0.75	3.88	1.39	0.13	5.87	0.30	0.29
	>20～40	3.50	0.42	0.66	3.08	1.78	0.07	5.59	0.32	0.18
	>40～60	3.62	0.43	0.85	1.51	2.59	0.09	4.63	0.32	0.38
	平均	3.47	0.46	0.75	2.82	1.92	0.10	5.36	0.31	0.28
1.5	0～20	3.42	0.58	0.76	3.87	1.39	0.13	6.27	0.33	0.32
	>20～40	3.52	0.43	0.63	3.02	1.78	0.09	5.62	0.33	0.20
	>40～60	3.63	0.43	0.87	1.53	2.56	0.07	4.66	0.32	0.40
	平均	3.52	0.48	0.75	2.81	1.91	0.10	5.52	0.33	0.31
2.0	0～20	3.62	0.62	0.80	3.89	1.40	0.15	8.48	0.34	0.33
	>20～40	3.59	0.46	0.63	3.09	1.80	0.09	5.79	0.32	0.21
	>40～60	3.65	0.44	0.90	1.55	2.57	0.08	4.66	0.33	0.39
	平均	3.62	0.51	0.78	2.84	1.93	0.11	5.64	0.33	0.31

冬季增温 /℃	土壤层深 度/cm	全盐含量 /(g/kg)	盐离子含量/(cmol/kg)							
			CO_3^{2-}	HCO_3^-	SO_4^{2-}	Cl^-	K^+	Na^+	Ca^{2+}	Mg^{2+}
2.5	0~20	3.83	0.81	0.81	3.88	1.38	0.15	6.69	0.33	0.35
	>20~40	3.68	0.62	0.62	3.08	1.81	0.10	5.87	0.34	0.22
	>40~60	3.69	0.92	0.92	1.56	2.55	0..09	4.65	0.32	0.42
	平均	3.73	0.78	0.78	2.84	1.91	0.11	5.74	0.33	0.33

其原因是碱化土壤地下水中 CO_3^{2-}、HCO_3^-、Na^+、Mg^{2+} 含量较高,伴随冬季增温,水分蒸发加快,CO_3^{2-}、HCO_3^-、Na^+、Mg^{2+} 盐分离子移动到土壤层的含量明显增加。伴随冬季增温,土壤层 0~60cm 全盐含量明显增加;冬季增温幅度越大,全盐含量增加越明显。当冬季增温 0.5~2.5℃ 较未增温比较,土壤层 0~20cm、20~40cm、40~60cm 全盐含量分别增加 0.05~0.71g/kg、0~0.20g/kg、0.01~0.11g/kg(表2-10)。

表 2-10 冬季增温与 0~60cm 土壤全盐含量增加量

冬季增温/℃	0~60cm 土壤全盐含量增加/(cmol/kg)			
	0~20cm	20~40cm	40~60cm	平均
0.5	0.05	0	0.01	0.02
1.0	0.18	0.02	0.04	0.08
1.5	0.30	0.04	0.05	0.13
2.0	0.50	0.11	0.07	0.23
2.5	0.71	0.20	0.11	0.34

(3) 土壤碱性变化

土壤碱化度、总碱度和 pH 是评价土壤碱化性质的重要指标。一般认为土壤碱化度、总碱度和 pH 越高,土壤碱性越强,土壤结构越差,作物越难以生长。碱化度15%、总碱度 0.3cmol/kg 和 pH 8.5,是引起土壤结构恶化和影响作物生长的临界参考值。

模拟研究表明,0~60cm 土壤层随着冬季增温等级的升高,土壤碱化度有明显增加趋势(肖国举等,2011b)。冬季增温 0.5~2.5℃ 与未增温比较,土壤层 0~20cm、>20~40cm、>40~60cm 碱化度分别增加 1.2%~4.4%、0.1%~0.4%、0.2%~0.6%(图2-17)。

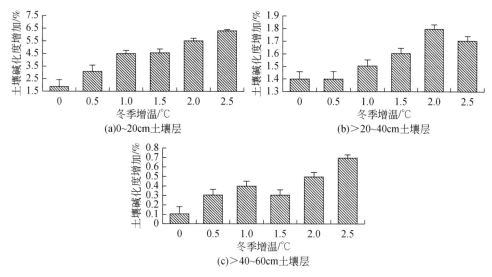

(a)0~20cm土壤层

(b)>20~40cm土壤层

(c)>40~60cm土壤层

图 2-17   冬季增温与 0~60cm 土壤碱化度增加值的关系

2.2.1.3   温度升高对土壤生物性质的影响

温度是加速土壤有机碳矿化的主要驱动因素之一。气候变暖加速了土壤有机碳的矿化速度,导致土壤有机质的微生物分解加速,从而加速了土壤养分的变化。研究表明,温度升高促进土壤有机质分解,导致土壤肥力下降。对岐山黄土 Pb、Cu、Zn、Cd、Mn 含量、磁化率和粒度的研究表明,在黄土母质向土壤分化的过程中,植被的分化程度和发育程度取决于当地的平均降水量和气温。

冬季气温升高导致土壤速效氮含量显著降低;与无温升相比,0.5~2.0℃导致速效氮含量减少 2.45~4.66g/kg [图 2-18(a)]。冬季气温升高导致土壤速效磷含量显著增加;与未增温时相比,增温 0.5~2.0℃时速效磷含量增加 2.92~5.74g/kg [图 2-18(b)]。冬季气温升高对土壤速效钾没有明显影响 [图 2-18(c)]。

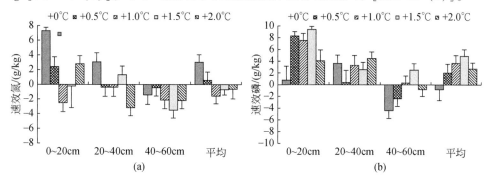

(a)

(b)

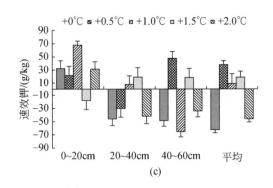

图 2-18 冬季增温与土壤速效氮、磷、钾变化的关系

2.2.1.4 温度升高对土壤痕量元素的影响

气候变暖会通过影响土壤微生物和细胞酶活性而降低微量元素的生物利用率，增加微量元素浓度。李裕等（2011）2007～2009 年连续 3 年在中国气象局兰州干旱气象研究所定西干旱气象与生态环境试验基地，采用人工气候室模拟气候增温实验，研究了未来气候变化温度升高对土壤痕量元素溶解性的影响。结果显示：温度升高改变了耕层土壤中痕量元素的分布动态。痕量元素有效态（DTPA 法提取）含量随温度升高而增加。1℃增温处理使耕层土壤中 Cd、Pb、Cu、Zn 和 Mn 有效态含量相比对照分别提高 5.8%、2.8%、4.4%、90.6% 和 3.6%。3℃增温处理使 Cd、Pb、Cu、Zn 和 Mn 的有效态含量相比对照分别提高了 26.3%、14.7%、19.0%、120.6% 和 112.2%。但 3℃增温处理条件下，耕层土壤所测痕量元素的有效态含量相比 1℃ 处理均有不同程度下降，即 Cd（−6.2%）、Pb（−7.5%）、Cu（−4.4%）、Zn（−42.1%）、Mn（−2.9%）和 Fe（−36.7%）（图 2-19）（李裕等，2011）。

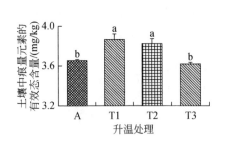

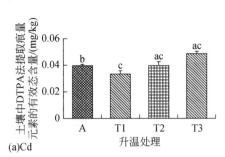

(a)Cd

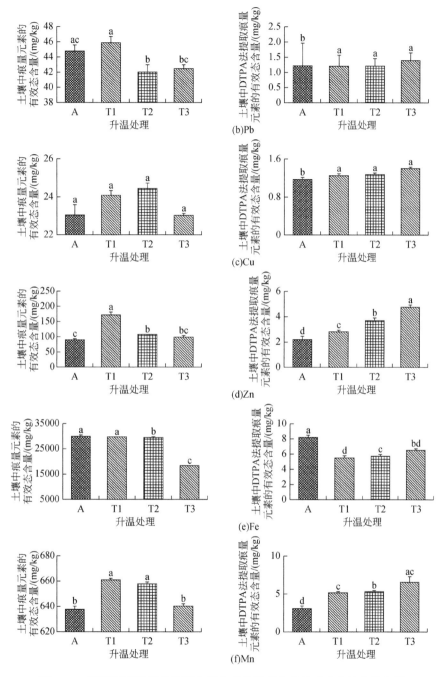

图 2-19　不同温度处理条件下土壤中痕量元素和痕量元素有效态的含量

a、b、c、d 字母不同表明处理之间在统计上差异性显著（$P < 0.05$，ANOVA）；

A、T1、T2、T3 分别为原始温度及增温 1℃、2℃、3℃

如果气候持续变暖，预计到 2050 年，中国西北半干旱旱作农区春小麦籽粒中 Cd 和 Zn 的含量将分别超过可接受值 49% 和 27%，Fe 和 Zn 将以更快的速度从土壤向马铃薯的块茎和叶片转移。气候变化将降低微量元素利用率，降低蛋白质和还原糖含量，显著降低作物品质。

相关分析也发现，DTPA 法提取的 Zn、Cu 和 Mn 的含量与温度（X）呈显著正相关，它们的线性方程分别为

DTPA-Zn = 2.054+0.854X，R^2=0.995（$P<0.01$）；DTPA-Mn = 3.45+1.06X，R^2=0.948（$P<0.01$）；DTPA-Cu = 1.158+0.068X，R^2=0.966（$P<0.01$）。

式中，DTPA-Zn、DTPA-Mn、DTPA-Cu 分别为 DTPA 法提取的 Zn、Cu 和 Mn 的含量，mg/kg；X 为温度，℃；R^2 为相关系数。说明温度对耕层土壤中痕量元素的生物理论具有显著影响。

2.2.2 气候变暖对作物生长发育的影响

2.2.2.1 不同光质对水稻秧苗的影响

在前期实验确定的最优参数组合基础上利用水稻育秧气候箱进行不同光质单因素实验。图 2-20 为利用气候箱不同光质育秧与传统大棚育秧移栽前秧苗长势

(a)蓝色光质处理

(b)红蓝比光质处理

(c)全光谱处理

(d)传统大棚育秧

图 2-20　移栽前水稻秧苗长势

对比图，可以看出与传统育秧相比，气候箱秧苗根系发达，叶片舒展，叶面积较大。对气候箱不同光质处理下秧苗各项指标进行方差分析，F 检验的 P 值除根长（0.2596）、SPAD 值（0.7701）没有显著性差异外，其他各指标均存在显著性差异（$P<0.05$）。

对水稻秧苗检测指标进行 Fisher's LSD 多重比较。3 种处理下的秧苗，根数在红蓝比光质处理下最少，均值为 5.8667 根，达到插秧时的要求；根长均>3cm，茎基部宽>1.28mm，株高 11 ~ 13.05cm，百株干质量全光谱处理下<1.5g，其他两种处理下均满足秧苗标准。根部干物质量与鲜物质量、茎部以上干物质量与鲜物质量、壮苗指数、根冠比、叶面积系数均为蓝色光质处理下最优。SPAD 值转化成叶绿素含量（计算公式：$y = ax - b$，其中 $a = 1.03572$，$b = 1$）在蓝色光质处理下最大，为 1.9208mg/g；红蓝比 3:1 光质处理下最小，为 1.856mg/g。这与 Chen 等（2014）研究不同光源下秧苗叶绿素含量的结果基本一致。红蓝比 3:1 光质处理对秧苗株高、茎部以上鲜物质量均有显著性影响（$P<0.05$）。由此可以得出蓝色光质促进根数、茎基部宽和叶面积的生长，有利于根部干物质、鲜物质和茎部以上干物质积累。红蓝比光能促进秧苗株高和茎部以上鲜物质的积累，与孙庆丽等（2010）的研究结果一致。蓝色光质处理对根数、茎基部宽、根鲜物质量、根干物质量、茎部以上干物质量、壮苗指数、根冠比和叶面积系数均有显著性影响（$P<0.05$），蓝色光质处理下的根数、根长优于其他两种处理。这与 Guo 等（2011）对不同光处理下的秧苗根系形态研究中，蓝色光质处理下的根系最发达的结果一致。由此可见，在该实验因素水平条件下，蓝色光质处理下水稻秧苗形态指标优于其他两种处理。

2.2.2.2 ETs 与 ETa 对大豆生长期的影响

大豆的一生要经历萌发、出苗、幼苗生长、分枝、开花、结荚、鼓粒、成熟等过程。王丹（2016）利用气候箱模拟 ETa 对大豆的影响，研究表明，与对照（CON）相比，ETa 情景下大豆的出苗期推迟 1 天、子叶期推迟 1 天、一节期推迟 2 天、二节期推迟 4 天、三节期推迟 7 天、四节期推迟 8 天、五节期推迟 7 天、六节期推迟 10 天、七节期推迟 11 天，而且没有生长出第八节，总体而言，ETa 使大豆的生长期延长，ETs 情景下大豆的出苗期推迟 1 天、子叶期推迟 1 天、一节期推迟 1 天、二节期一致、三节期提前 1 天、四节期提前 2 天、五节期提前 1 天、六节期一致、七节期推迟 4 天，而且没有生长出第八节，总体而言，ETs 推迟了大豆的出苗期、子叶期、一节期和七节期，大豆从一节期之后生长加快，一直到四节期，五节期之后生长又减慢，一直生长到七节期，ETs 对大豆的生长无显著影响。ETa 和 ETs 比较，出苗期和子叶期没有变化，一节期推迟 1 天、二节期推迟 4 天、三节期推迟 8 天、四节期推迟 10 天、五节期推迟 8 天、六节期推迟 10 天、七节期推迟 7 天，由此可见，ETa 比 ETs 使大豆的生长减慢（表 2-11）。

表 2-11　ETa 与 ETs 对大豆（'中黄 13'）生长期的影响　（单位：天）

处理	出苗期	子叶期	一节期	二节期	三节期	四节期	五节期	六节期	七节期	八节期
CON	7±0	10±0	16±1	23±2	32±2	41±3	47±1	51±1	55±1	59±0
ETa	8±0	11±0	18±0	27±1	39±1	49±1	54±1	61±1	66±0	—
ETs	8±0	11±0	17±1	23±1	31±2	39±4	46±2	51±1	59±4	—

与对照（CON）相比，ETa 情景下大豆的始花期推迟 7 天、盛花期推迟 7 天、始荚期推迟 6 天、盛荚期推迟 6 天、始粒期推迟 8 天、鼓粒期推迟 8 天、成熟期推迟，由于 90 天实验已结束，在 90 天时，ETa 情景下大豆还没有完全成熟，因此成熟期有待考证，总体而言，ETa 使大豆的成熟期推迟，ETs 情景下大豆的始花期提前 2 天、盛花期提前 2 天、始荚期提前 2 天、盛荚期提前 2 天、始粒期提前 2 天、鼓粒期提前 4 天、成熟期提前 2 天，总体而言，ETs 加快了大豆的成熟。ETa 和 ETs 比较，始花期推迟 9 天、盛花期推迟 9 天、始荚期推迟 8 天、盛荚期推迟 8 天、始粒期推迟 10 天、鼓粒期推迟 12 天、成熟期推迟，由此可见，ETa 比 ETs 使大豆的成熟减慢（表 2-12）。

表 2-12　ETa 和 ETs 对大豆（'中黄 13'）花期的影响　（单位：天）

处理	始花期	盛花期	始荚期	盛荚期	始粒期	鼓粒期	成熟期
CON	46±3	46±3	53±2	57±2	61±2	71±2	88±0
ETa	53±1	53±1	59±1	63±3	69±2	79±3	—
ETs	44±1	44±1	51±1	55±1	59±1	67±4	86±0

2.2.2.3　ETs 与 ETa 对大豆不同器官生物量的影响

气候箱模拟昼夜不对称性增温研究表明，第 15 天时根茎叶没有分开测定，所以从 30 天开始进行研究，CON 情景下大豆的根重在第 30 天、第 45 天、第 60 天、第 75 天、第 90 天分别为 0.42g/株、0.97g/株、2.17g/株、2.87g/株、1.02g/株，可以看出，在 CON 情景下大豆的根重逐渐增加，从 75 天开始又下降，ETa 情景下大豆的根重在第 30 天、第 45 天、第 60 天、第 75 天、第 90 天分别为 0.54g/株、1.38g/株、1.52g/株、3.05g/株、1.25g/株，可以看出，ETa 情景下大豆的根重逐渐增加，从 75 天开始又下降，但很明显比 CON 升高，ETs 情景下大豆根重在第 30 天、第 45 天、第 60 天、第 75 天、第 90 天分别为 0.32g/

株、1.21g/株、2.54g/株、3.60g/株、1.07g/株，可以看出，在 ETs 情景下大豆的根重呈现逐渐增加趋势，从 75 天开始又下降，但成熟时的根重比 CON 情景下高。

随着大豆植株的生长，3 种温度情景下大豆的根重均逐渐增加，从 75 天开始下降。与 CON 情景下相比，ETa 情景下大豆的根重增加，第 90 天时增加 18.7%；ETs 情景下大豆的根重增加，第 90 天时增加 4.7%。ETa 和 ETs 比较，在 90 天时 ETa 增加了 14.7%（图 2-21）。

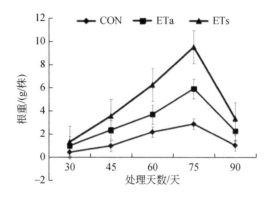

图 2-21　ETa 与 ETs 对大豆（'中黄 13'）根重的影响

气候箱模拟昼夜不对称性增温研究表明，第 15 天时根茎叶没有分开测定，所以从 30 天开始进行研究，CON 情景下大豆的茎重在第 30 天、第 45 天、第 60 天、第 75 天、第 90 天分别为 0.18g/株、0.41g/株、0.59g/株、0.87g/株、0.81g/株，可以看出，在 CON 情景下大豆的茎重逐渐增加，从 75 天开始又下降，ETa 情景下大豆的生物量在第 30 天、第 45 天、第 60 天、第 75 天、第 90 天分别为 0.14g/株、0.26g/株、0.47g/株、0.57g/株、0.60g/株，可以看出，ETa 情景下大豆的茎重逐渐增加，但很明显比 CON 情景下低，ETs 情景下大豆的茎重在第 30 天、第 45 天、第 60 天、第 75 天、第 90 天分别为 0.17g/株、0.42g/株、0.57g/株、0.89g/株、0.77g/株，可以看出，在 ETs 情景下大豆的茎重呈现逐渐增加趋势。

随着大豆植株的生长，3 种温度情景下大豆的茎重均逐渐增加，从 75 天开始 CON、ETs 情景下的茎重下降，ETa 的茎重增加。与 CON 情景下相比，ETa 情景下大豆的茎重减少，在第 90 天时减少 25.2%，ETs 情景下大豆的茎重减少，但是并不显著，在第 90 天时减少 5.0%，ETa 和 ETs 比较，ETa 情景下大豆的茎重减少，在第 90 天时减少 21.3%（图 2-22）。

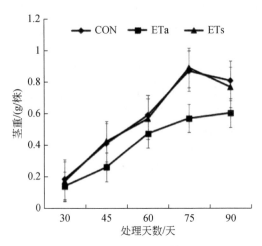

图 2-22 ETa 与 ETs 对大豆（'中黄13'）茎重的影响

气候箱模拟昼夜不对称性增温研究表明，CON 情景下大豆的叶重在第 30 天、第 45 天、第 60 天、第 75 天、第 90 天分别为 0.41g/株、0.89g/株、1.02g/株、1.33g/株、0.44g/株，可以看出，在 CON 情景下大豆的叶重逐渐增加，从 75 天开始又下降，ETa 情景下大豆的叶重在第 30 天、第 45 天、第 60 天、第 75 天、第 90 天分别为 0.37g/株、0.49g/株、1.08g/株、0.98g/株、0.67g/株，可以看出，ETa 情景下大豆的叶重逐渐增加，从 75 天又下降，但 ETa 在 90 天时增幅大于 CON，ETs 情景下大豆的叶重在第 30 天、第 45 天、第 60 天、第 75 天、第 90 天分别为 0.40g/株、0.83g/株、0.95g/株、1.03g/株、0.45g/株，可以看出，在 ETs 情景下大豆的叶重呈现逐渐增加趋势，从 60 天又下降，但成熟时的叶重与 CON 叶重比较变化不明显。

随着大豆植株的生长，3 种温度情景下大豆的叶重均逐渐增加，从 75 天开始下降。与 CON 情景下相比，ETa 情景下大豆的根重增加，在 90 天时增加 18.7%，茎重减少 25.2%，叶重增加 34.3%，豆荚重减少 24.0%，ETs 情景下大豆的根重增加 4.7%，茎重减少 5.0%，叶重减少 2.2%，豆荚重增加 12.7%，ETa 和 ETs 比较，ETa 情景下大豆的根重增加 14.7%，茎重减少 2.1%，叶重增加 3.3%，豆荚重减少 5.1%（图 2-23）。

2.2.2.4 增温对作物叶片形态的影响

增温对开花期前大豆叶片长度、叶片宽度和叶面积等参数具有显著影响（图 2-24）。分枝期，大豆叶片长度变幅为 10.77~14.74cm，增温 0.5~2.0℃ 与 CK 相比，叶片长度分别增加 4.5%、13.37%、29.62%、36.89%，叶片宽度变化随

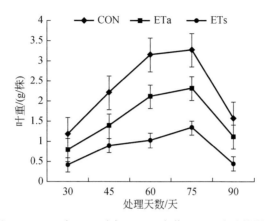

图 2-23 ETa 与 ETs 对大豆（'中黄 13'）叶重的影响

着增温幅度的增加呈现起伏状，其宽度大小为+2.0℃>+1.0℃>+1.5℃>+0.5℃>CK；叶面积有随着增温幅度的增加而增大，但增温 0.5℃和 CK、增温 1.0℃和增温 1.5℃之间不存在显著性差异（$P>0.05$）（图 2-24）。开花期，大豆叶片长度变幅为 13.41 ~ 15.74cm，增温 0.5 ~ 2.0℃与 CK 相比，叶片长度分别增加4.32%、9.62%、11.85%和 17.37%，其中增温 1.0℃和 1.5℃之间差异不显著（$P>0.05$）；叶片宽度大小顺序为：+2.0℃>+1.5℃>+1.0℃>+0.5℃>CK；对照处理叶面积最小，增温 0.5 ~ 2.0℃与 CK 相比，叶面积分别增加 9.62%、24.12%、41.54%、47.34%，增温 1.5℃和 2.0℃处理下叶片宽度和叶面积差异均不显著。开花期后，各增温处理间大豆叶片长度、宽度和叶面积之间无显著性差异（$P>0.05$）。总体上，开花期前，大豆叶片长度、叶片宽度和叶面积随着增温幅度的增加而增加，表明增温对大豆叶片形态有较显著影响，适当增温有利于提高大豆营养生长阶段叶片发育，对生殖生长阶段叶片发育无显著影响（图 2-24）。

不同增温幅度下大豆地下部生物量累积和变化趋势同地上部干物质重。不同生育时期各处理下根系干重的均值大小顺序均为：+2.0℃>+1.5℃>+1.0℃>+0.5℃>+0℃（个别处理间无显著性差异，$P>0.05$），其中，开花期各增温处理下大豆根系生物量累积最快，增温 0℃、0.5℃、1.0℃、1.5℃和 2.0℃与分枝期相比根系干物质重分别增加了 86.5%、51.1%、90.7%、80.6%和 87.9%（$P>0.05$），CK 和增温 0.5℃处理间达到显著性差异。大豆根冠比指地下部根系与地上部干物质累积量的比值，可用来表征光合作用产物在地上地下器官间的分配结构，反映了地上地下的协调关系，增温对大豆不同生育时期根冠比的影响不同：结荚期之前，各增温处理下大豆根冠比均值大小顺序为：+2.0℃>+1.5℃>+1.0℃>+0.5℃>+0℃，鼓粒期和成熟期各处理下大豆根冠比均值大小顺序与前者

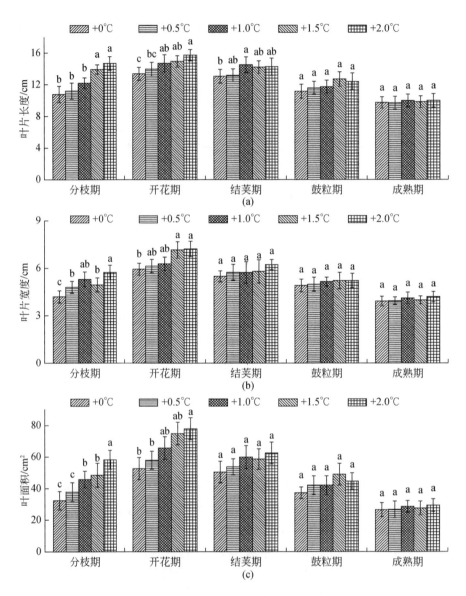

图 2-24　增温对大豆叶片形态的影响

同一时期不同小写字母表示处理间差异显著性（$P<0.05$），下同

相反，其中，成熟期增温 1.0℃ 和 1.5℃ 根冠比均为 0.091；整体来看，大豆根冠比随着生育进程的发展而降低，同一处理从分枝期到开花期根冠比降幅最大，鼓粒期到成熟期降幅最小，在结荚期前大豆根冠比随增温幅度的加大而增大，结荚期后增温使大豆根冠比降低（图 2-25）。

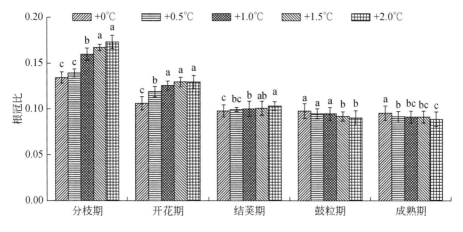

图 2-25　增温对大豆根冠比的影响

2.2.2.5　增温对作物光合作用的影响

红外辐射器对农田增温的模拟实验表明，不同增温条件下蚕豆光合作用和蒸腾作用的变化不同。蚕豆在不同生育期有不同的特点，对环境条件的要求也不同。在萌芽阶段，干物质形成并大量积累，它也是营养生长阶段和生殖生长阶段。增温对固原半干旱区蚕豆的影响表明，温度对蚕豆分枝和出芽的时间有很大的影响，出芽期植株过高会带来过多的阴凉，导致豆荚过多脱落和作物倒伏。植株过矮不利于丰产。蚕豆开花和结荚是同时发生的，开花期和结荚期是蚕豆各器官争夺同化产物最激烈的重要生长阶段。研究表明，中国半干旱区蚕豆的光合作用和蒸腾作用在苗期、分蘖期、出芽期、开花期和结荚期显著加快（图 2-26）。随着温度升高，即增温 0℃、0.5℃、1.0℃、1.5℃ 和 2.0℃，蚕豆的光合作用变化不大，但蒸腾作用变化明显。

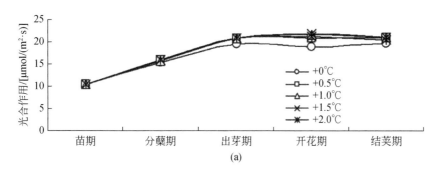

(a)

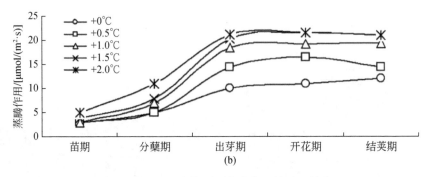

图 2-26 蚕豆光合作用和蒸腾作用的增温效应

蚕豆光合作用和蒸腾作用在不同增温条件下发生变化，当增温 0.5~1.5℃时，光合作用明显快于蒸腾作用。当增温 1.5~2.0℃时，蚕豆苗期和分蘖期光合作用明显快于蒸腾作用，但出芽期、开花期和结荚期蒸腾作用与光合作用基本一致（图 2-27）。

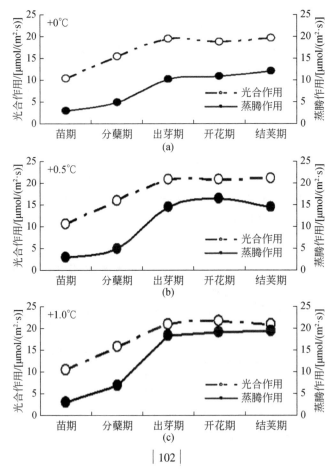

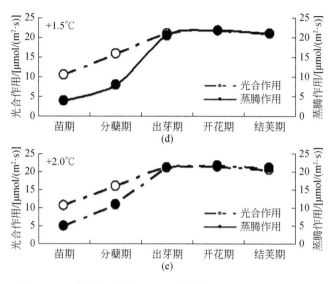

图 2-27　不同增温条件下蚕豆光合作用和蒸腾作用的变化

2.2.2.6　增温对作物干物质的影响

（1）增温对春小麦干物质重的影响

春小麦苗期温度升高 0.5~1.5℃，春小麦干物质重均高于对照，2017 年分别较对照增加 30.65%、18.66%、0.84%，2018 年分别较对照增加 22.07%、13.44%、0.61%，差异显著（图 2-28）；拔节期仅温度升高 0.5℃干物质重较对照高，2017 年、2018 年分别较对照增加 54.92%、41.73%，温度升高 1.0~2.0℃不利于干物质累积，2017 年、2018 年分别较对照降低 2.37%~58.30%、1.80%~56.31%；抽穗期温度升高 0.5℃干物质重较对照高，2017 年、2018 年分别较对照增加 14.52%、12.47%，温度升高 1.0~2.0℃不利于干物质累积，2017 年、2018 年分别较对照降低 24.18%~47.18%、20.76%~40.50%（图 2-28）；抽穗期后，温度升高 0.5℃，春小麦干物质重虽较对照有所降低，但与对照差异不显著，温度升高 1.0~2.0℃春小麦干物质重大部分显著低于对照，且增温幅度越大，干物质累积越少（图 2-28）。

（2）增温对大豆干物质累积的影响

干物质累积量直接反映出大豆发育的健壮程度。增温 0~2.0℃处理下，大豆各器官干物质重均呈上升趋势［图 2-29（f）］。分枝期，增温 1.0℃处理下，大豆在茎秆中的干物质累积量最多，高达 1528.86kg/hm²，占总干物质累积量的 59.0%，对照和增温 0.5℃以及增温 1.5℃和增温 2.0℃相比各器官干物质累积量相近；开花期，各增温处理间，大豆干物质在各器官累积趋势相同；结荚期，增

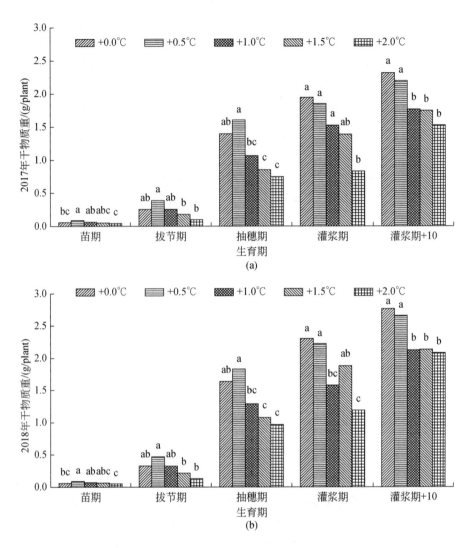

图 2-28 增温对春小麦不同生育期干物质重的影响

温 0.5℃ 和增温 1.5℃ 处理下，大豆干物质在豆荚中累积较多，分别达到 497.71kg/hm² 和 441.68kg/hm²，对照处理下荚果中的干物质累积量最少，此阶段，大豆营养器官中干物质累积量也持续增加；鼓粒期大豆以生殖生长为主，荚果中干物质累积量逐渐增加，但营养器官干物质重仍略微增加，这一时期，各增温处理下，荚果中的干物质累积量占总干物质累积量的比例分别为 19.24%、19.60%、16.40%、16.03%、14.42% （$P>0.05$）；成熟期，大豆各营养器官干物质累积量逐渐下降，以叶片干物质累积量下降最快，营养物质流向结实器官，其中，对照处理下营养器官干物质累积量下降 42.67%，荚果干物质累积量增加

68.84%，增温 0.5℃、1.0℃、1.5℃ 和 2.0℃ 荚果干物质累积量分别增加
56.54%、57.43%、57.51%、60.37%（$P<0.05$），在大豆生长发育后期，随着
增温幅度的增大，与 CK 相比，根系和茎秆中的干物质累积量占比越多，荚果
越少。

大豆各生育期地上部干物质累积变化量见图 2-29。在大豆分枝期对照处理下
的植株干物质重为 2021kg/hm²，增温 0.5℃、1.0℃、1.5℃ 和 2.0℃ 大豆的干物
质重分别比对照增加了 7.27%、10.49%、13.21% 和 17.32%（$P<0.05$），处理
间除个别处理外均达到显著性差异 [图 2-29（f）]；大豆在分枝期到开花期之间
干物质累积速度最快，增温 0℃、0.5℃、1.0℃、1.5℃ 和 2.0℃ 处理下大豆开花
期干物质重较分枝期分别增加了 144.24%、132.06%、136.0%、144.78% 和
151.15%（$P<0.05$），增温 0.5℃ 处理下的干物质重虽大于对照，但未达到显著
性差异（$P>0.05$）；开花期后 4 个增温处理的大豆干物质重均显著大于对照，增
加幅度为+2.0℃>+1.5℃>+1.0℃>+0.5℃>+0℃；成熟期各处理干物质重均低于
鼓粒期，但处理间仍是增温幅度越大干物质累积越多。表明增温幅度在 0～2.0℃
有利于该地区大豆地上部干物质累积（图 2-29）。

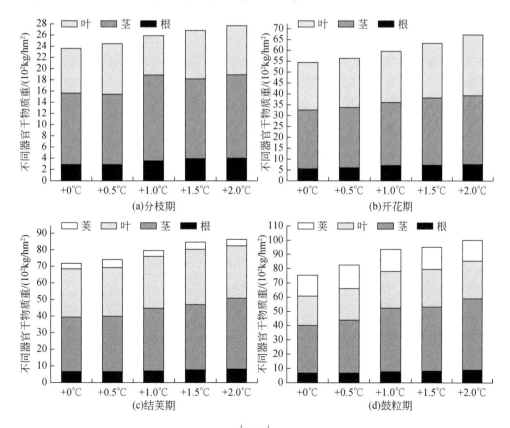

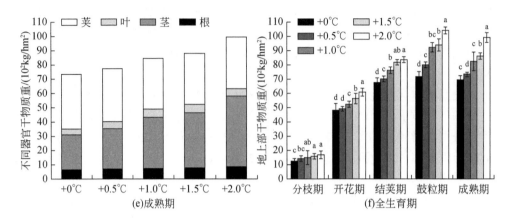

图 2-29 增温对大豆不同生育期各器官及地上部干物质重的影响

2.2.2.7 气候变暖及高温胁迫对作物产量及产量组成的影响

（1）增温对冬小麦产量及产量组成的影响

2013～2014 年增温对冬小麦产量及产量组成的影响表明，当增温 0.5～2.0℃时，冬小麦产量提高 2.4%～7.9%（表 2-13）。当增温 0.5～1.0℃时，冬小麦产量的增长率增加。当增温 1.0℃以上时，产量提高了 2.4%～4.0%，但增加率下降。冬小麦产量由收获的穗数、每穗粒数和千粒重决定。气候变暖显著影响冬小麦每穗粒数和千粒重。当增温 0.5～1.0℃时，每穗粒数和千粒重增加；当增温 1.0℃以上时，千粒重降低（表 2-13）。

表 2-13　增温对冬小麦产量及产量组成的影响

增温/℃	项目	收获穗	穗长/cm	每穗粒数	千粒重/g	实际产量/(kg/hm²)	增产/%
0	2013～2014 年	390.5	6.7	20.5	43.6	3008.2	—
	2013～2015 年	409.1	6.9	20.2	44.0	3019.4	—
	平均值	399.8ᵃ	6.8ᵃ	20.4ᵃ	43.8ᵃ	3013.8ᵃ	—
0.5	2013～2014 年	396.0	7.0	20.0ᵃ	44.6	3210.0	—
	2013～2015 年	405.6	7.2	20.7	46.6	3241.0	—
	平均值	400.8ᵃ	7.1ᵃ	20.4ᵃ	45.6ᵃ	3225.5ᵇ	7.0
1.0	2013～2014 年	410.3	7.0	20.0	45.5	3201.3	—
	2013～2015 年	430.9	7.4	21.2	47.5	3301.3	—
	平均值	420.6ᵃ	7.2ᵃ	20.6ᵃ	46.5ᵇ	3251.3ᵇ	7.9

增温/℃	项目	收获穗	穗长/cm	每穗粒数	千粒重/g	实际产量/(kg/hm²)	增产/%
1.5	2013~2014年	398.2	6.5	18.2	42.1	3165.0	—
	2013~2015年	401.4	6.4	19.6	42.1	3105.6	—
	平均值	399.8ᵃ	6.5	18.9ᵇ	42.1ᵃ	3135.3ᵃ	4.0
2.0	2013~2014年	399.8	6.5ᵃ	18.8	42.0	3010.0	—
	2013~2015年	399.9	—	18.8	42.6	3162.4	—
	平均值	399.9ᵃ	—	18.8ᵇ	42.3ᵃ	3086.2ᵃ	2.4

注：每列不同字母表示 $P \leqslant 5\%$ 时差异显著。

（2）增温对马铃薯产量及产量组成的影响

增温总体有利于提高马铃薯产量。当增温 1.5~2.5℃时，马铃薯增产 1.0%~3.5%（表2-14）。马铃薯产量由收获株数、平均每株薯块数、平均每块薯重决定。研究表明，增温对马铃薯平均每株薯块数、平均每块薯重产生了明显的影响。随着增温梯度越高，马铃薯平均每株薯块数呈下降趋势，但平均每块薯重增加。当增温 1.0~2.5℃时，马铃薯平均每株薯块数减少 0.6~2.0块；当增温 1.5~2.5℃时，马铃薯平均每块薯重增加 128.3~156.5g（图2-30）。

表2-14 增温对马铃薯产量及产量组成的影响

增温/℃	收获株数/(万株/hm²)	平均每株薯块数	平均每块薯重/g	实际产量/(t/hm²)	增产/%
0	5.25ᵃ	5.6ᵃ	98.3ᵃ	2.86ᵃ	—
0.5	5.25ᵃ	5.8ᵃ	98.5ᵃ	2.86ᵃ	—
1.0	5.25ᵃ	5.0ᵃ	96.0ᵃ	2.87ᵃ	—
1.5	5.25ᵃ	4.3ᵇ	128.3ᵇ	2.89ᵃ	1.0
2.0	5.25ᵃ	4.1ᵇ	135.8ᵇ	2.94ᵃ	2.8
2.5	5.25ᵃ	3.6ᵇ	156.5ᶜ	2.96ᵃ	3.5

注：每列不同字母代表在 $P \leqslant 5\%$ 时差异显著。

（3）增温对大豆产量及产量组成的影响

增温 1.5℃以内，增温幅度越大，大豆结荚数、产量和收获指数下降越明显（图2-31）。增温 0.5℃、1.0℃、1.5℃和 2.0℃大豆结荚数较 CK 分别减少了 2个、4个、6个、7个，降幅分别为 6.3%、12.5%、18.8%和 21.9%，但增温 0.5℃和1.0℃、增温 1.5 和2.0℃处理间无显著性差异（$P>0.05$）；百粒重随增温幅度加大而增加，增温 0.5℃、1.0℃、1.5℃和 2.0℃分别增加了 0.2g、0.68g、0.72g 和 1.3g，较 CK 分别增加 1.3%、4.4%、4.7%和 8.4%，CK 和增

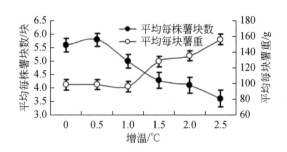

图 2-30　增温与马铃薯平均每株薯块数和平均每块薯重的关系

温 0.5℃、增温 1.0℃和 1.5℃处理间不存在显著性差异，各增温处理产量较 CK 分别降低 205.3kg/hm²、261.5kg/hm²、492.8kg/hm² 和 430.5kg/hm²，降幅分别为 6.59%、8.40%、15.82% 和 13.82%，增温 1.5℃时大豆产量最低；增温 0.5℃和 1.0℃、增温 1.5℃和 2.0℃产量无显著性显著（$P>0.05$）；增温 0.5℃、1.0℃、1.5℃和 2.0℃使大豆收获指数分别下降 0.0557、0.0993、0.1403 和 0.1723，较 CK 分别降低 11.93%、21.26%、30.04% 和 36.90%，除增温 1.5℃ 和 2.0℃处理间差异显著（$P<0.05$）（图 2-31）。

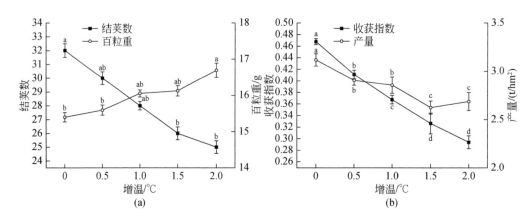

图 2-31　增温对大豆产量及产量组成的影响

(4) 高温胁迫及干旱对夏玉米产量及产量组成的影响

高温与干旱互作对玉米产量组成的影响在生育期表现出差异（表 2-15）。齐月等于 2016 年 6~10 月在中国气象局保定市古城生态环境与农业气象实验站连续两个玉米生长季（2016~2017 年）开展的实验表明，干旱通过对产量组成造成的负效应降低玉米产量。

表 2-15　不同处理对玉米产量及产量组成的影响

年份	处理	穗长/cm	穗宽/cm	无籽率/%	百粒重/g	籽粒产量/(g/m²)	收获指数/%	生物量/(g/m²)
2016	NI	12.78^a	4.53^a	1.11^c	32.39^a	114.70^a	48.00^a	19011.10^a
	NIT$_3$D$_5$	12.93^a	4.58^a	1.55^{ab}	32.80^a	1141.07^a	48.77^a	19552.10^{ab}
	NIT$_5$D$_7$	12.61^a	4.50^a	1.65^a	30.27^b	1012.28^b	47.31^a	16761.43^b
	LD（LDT$_5$D$_0$）	6.89^b	3.38^b	1.67^{bc}	28.13^c	242.25^c	37.59^b	5156.10^c
	LDT$_3$D$_7$	6.96^b	3.41^b	1.86^{bc}	28.46^d	247.56^c	41.62^b	5758.30^c
	SD（SDT$_3$D$_0$）	6.26^b	2.77^c	1.82^{bc}	20.55^d	84.26^d	18.67^b	3609.95^c
	SDT$_5$D$_5$	5.38^b	2.276^d	1.97^{bc}	18.96^d	65.44^c	16.85^b	3518.77^c
2017	NI	13.13^a	4.61^a	1.95^a	34.28^a	1177.14^a	55.76^a	16888.65^a
	NIT$_3$D$_5$	13.65^a	4.67^a	1.49^b	34.64^a	1258.64^a	56.16^a	17928.48^a
	NIT$_5$D$_7$	12.65^a	4.47^a	1.37^b	32.39^a	1140.70^a	55.65^a	16310.08^a
	LD（LDT$_5$D$_0$）	8.04^b	3.05^b	1.47^b	21.39^d	210.48^b	37.02^b	4548.35^{bc}
	LDT$_3$D$_7$	8.18^b	3.23^b	1.20^b	24.76^c	254.72^b	39.40^b	5448.22^b
	SD（SDT$_3$D$_0$）	5.07^c	2.34^c	1.07^c	19.21^e	61.52^b	19.57^c	2515.15^{cd}
	SDT$_5$D$_5$	4.94^c	2.06^d	1.27^{bc}	17.28^f	48.73^b	15.08^c	2484.57^d

温度升高 2.3℃ 促进了玉米的生长，而在土壤水分充足的条件下，温度升高 4.5℃ 抑制了玉米的生长。

高温和干旱的协同效应严重影响了玉米的产量组成，造成其严重减产。与 NI 相比，LDT$_3$D$_7$ 籽粒产量和 HI 分别显著降低 78.4% 和 21.3%，SDT$_5$D$_5$ 籽粒产量和 HI 分别显著降低 95.1% 和 47.1%。LDT$_3$D$_7$ 与 LD 相比，籽粒产量和 HI 分别提高了 11.6% 和 8.6%，而 SDT$_5$D$_5$ 与 SD 相比，产量和 HI 分别显著降低了 21.6% 和 16.3%，穗长、穗厚、百粒重和生物产量均显著降低。

（5）高温胁迫及干旱对夏玉米灌浆速率的影响

籽粒灌浆过程直接影响籽粒的形成。灌浆期高温与干旱的交互作用对夏玉米的灌浆速率有显著影响（图 2-32）。齐月等于 2016 年 6～10 月在中国气象局保定市古城生态环境与农业气象实验站连续两个玉米生长季（2016～2017 年）开展的实验表明，籽粒干重随着灌浆过程的进行而逐渐增加。干旱胁迫抑制了籽粒灌浆速率，缩短了籽粒灌浆时间。与 NI 相比，LD 灌浆速率显著降低 70.8%，SD 灌浆速率显著降低 88.1%（Qi et al.，2022）。

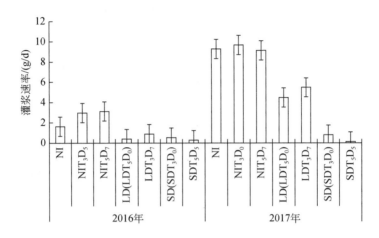

图 2-32　夏玉米灌浆期灌浆速率对高温与干旱互作的响应

　　适宜的温度提高了夏玉米的灌浆速率,而在水分充足的情况下,高温和干旱降低了籽粒灌浆速率。与 NI 相比,NIT_3D_5 的灌浆速率提高了 6.6%,而 NIT_5D_7 的灌浆速率降低了 8.2%。高温和干旱的协同作用抑制了夏玉米的灌浆,显著降低了籽粒灌浆速率。与 NI 相比,LDT_3D_7 灌浆速率显著降低 58.5%,SDT_5D_5 灌浆率显著降低 95.4%。与 LD 相比,LDT_3D_7 的灌浆速率平均提高了 76.9%,而 SDT_5D_5 的灌浆速率平均降低了 66.2%。

　　与 LD 相比,轻度干旱有利于籽粒灌浆;与 SD 相比,重度干旱有利于高温抑制籽粒灌浆。灌浆期,NI 和 LD 条件下的偏好温度(升高 2.3℃)促进了碳水化合物的茎向籽粒的运输,促进了淀粉的合成,提高了夏玉米产量。干旱胁迫抑制了籽粒的灌浆速率,缩短了籽粒灌浆时间,降低了光合产物向收获器官的运输效率,导致玉米籽粒产量降低。籽粒形成过程中胚乳细胞数量减少,影响淀粉合成,导致籽粒灌浆期高温胁迫降低籽粒产量。

2.2.2.8　增温对作物品质的影响

(1) 增温对小麦品质的影响

　　冬小麦籽粒品质主要由蛋白质和脂肪含量决定。冬小麦品质随气温升高而显著变化(图 2-33)。温度增加 0.5~2.0℃,蛋白含量显著增加,而脂肪含量显著降低。冬小麦蛋白质含量(Y)与增温(X)的相关性可表示为 $Y = 0.0171X^2 + 0.0697X + 1.5246$ ($R^2 = 0.9413$)[图 2-33(a)]。脂肪含量(Y)与增温(X)的相关性可表示为 $Y = -0.0029X^2 - 0.003X + 0.1506$ ($R^2 = 0.8095$)[图 2-33(b)]。这些结果表明,未来气候变暖将显著影响冬小麦产量和品质,建议在西北地区选育适应性冬小麦。

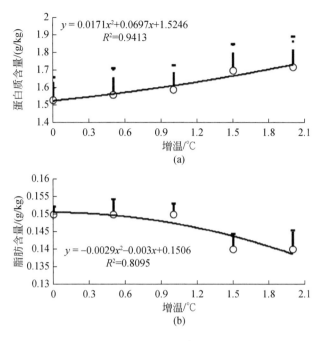

图 2-33　增温对冬小麦蛋白质和脂肪含量的影响

（2）春小麦籽粒中痕量元素的含量

中国气象局兰州干旱气象研究所定西干旱气象与生态环境试验基地人工气候室的模拟增温的研究表明，小麦中痕量元素含量因品种差异和温度升高而不同（图 2-34）。双因素方差分析发现，籽粒中 Cd、Fe、Zn 和 Cu 含量与小麦品种和温度升高差异极显著（$P<0.01$）。温度升高 1℃、2℃ 和 3℃ 处理下，'西旱 1 号'籽粒中 Cd 含量与对照处理相比分别下降了 20.5%、27.7% 和 43.4%，同时，'西旱 2 号'籽粒中的 Cd 含量与对照处理相比下降幅度较小，分别下降了 9.7%、11.1% 和 11.1%，而'西旱 3 号'籽粒中 Cd 含量与对照处理相比分别下降 6.0%、10.5% 和 13.4%。同样，温度升高 1℃、2℃ 和 3℃ 处理下，'西旱 1 号'籽粒中 Cu 含量与对照处理相比分别下降了 11.2%、5.9% 和 30.4%，而'西旱 2 号'籽粒中 Cu 含量与对照处理相比分别下降了 8.3%、18.0% 和 25.1%，'西旱 3 号'籽粒中 Cu 含量与对照处理相比分别下降了 10.3%、15.6% 和 10.8%。

但 Fe 和 Zn 的情况却不同，温度升高 1℃ 和 2℃ 处理下生长的 3 个小麦品种籽粒中 Fe 和 Zn 含量随温度升高而增加（图 2-34）。例如，温度升高 1℃ 和 2℃ 处理下，'西旱 1 号'籽粒中 Zn 含量分别比对照处理增加 28.9% 和 35.8%，而 3℃处理下，3 种小麦籽粒中 Zn 含量、'西旱 1 号'和'西旱 3 号'中 Fe 含量与 2℃

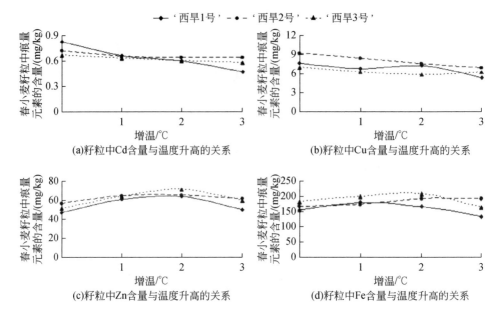

图 2-34　春小麦籽粒中痕量元素含量与温度升高变化的关系

处理相比均有不同程度下降。说明温度升高的情况下，不同品种的小麦对 Cd、Fe、Zn 和 Cu 的吸收和转移能力具有显著差异性，尽管转移潜力随温度升高幅度和品种差异而异（表 2-16）。为进一步分析温度升高对不同小麦品种吸收 Cd、Pb、Fe、Zn 和 Cu 的影响，利用回归分析分析了温度（X）和不同品种小麦籽粒中 Cd、Pb、Fe、Zn 和 Cu 含量（Y）的关系，结果总结于表 2-16。

表 2-16　春小麦籽粒中 Cd、Fe、Zn 和 Cu 含量和温度的关系

元素	春小麦	回归方程	R^2	预估值[a]
	'西旱 1 号'	$y=-0.114x+0.811$	0.970	0.59
Cd	'西旱 2 号'	$y=-0.025x+0.7$	0.698	0.65
	'西旱 3 号'	$y=-0.03x+0.665$	0.978	0.61
	'西旱 1 号'	$y=-0.658x+7.737$	0.708	6.29
Cu	'西旱 2 号'	$y=-0.775x+9.11$	0.997	7.64
	'西旱 3 号'	$y=0.26x^2-1.042x+6.948$	0.990	5.91

元素	春小麦	回归方程	R^2	预估值[a]
Zn	'西旱 1 号'	$y=-6.81x^2+21.764x+46.959$	0.989	63.73
	'西旱 2 号'	$y=-2.9375x^2+10.366x+56.655$	0.982	65.75
	'西旱 3 号'	$y=-6.01x^2+21.026x+51.161$	0.952	69.41
Fe	'西旱 1 号'	$y=-14.858x^2+37.326x+154.23$	0.988	171.51
	'西旱 2 号'	$y=-1.445x^2+14.087x+163.68$	0.916	185.23
	'西旱 3 号'	$y=-14.95x^2+39.8x+181.05$	0.913	202.70

注：按照秦大河等（2002）预估 2050 年平均温度升高 1.9℃的预测。x 为温度，℃；y 为春小麦籽粒中元素含量，mg/kg（DW）。

根据秦大河等（2002）对西北半干旱地区 2050 年年均温度升高 1.9℃的预测，如果春小麦生长时期日均温也比现在平均升高 2.2℃，依据现在观察到的小麦籽粒中元素含量的变化，那么到 2050 年西北半干旱地区春小麦籽粒中 Cd、Cu、Zn 和 Fe 的含量范围将分别在 0.59～0.65mg/kg、5.91～7.64mg/kg、63.73～69.41mg/kg 和 185.23～202.70mg/kg，与小麦国家质量标准中 Cd（0.1mg/kg）、Cu（10mg/kg）和 Zn（50mg/kg）最大许可限量比较，未来气候变化的情景下，西北半干旱地区春小麦籽粒中 Cd、Zn 含量起码将分别超越限量标准值 490% 和27%，而 Cu 含量将会在安全要求的范围内。

（3）增温对大豆品质的影响

以大豆籽粒干基（不含水分）为准，分别测量并计算大豆籽粒中的脂肪、脂肪酸组分和蛋白质含量，并进行差异显著性分析。研究表明，随着增温幅度的增加，大豆中脂肪含量分别较 CK 增加 1.97%、3.05%、3.31%、5.74%（$P<0.05$），蛋白质含量较 CK 分别增加 5.30%、4.92%、4.42%、7.75%，增温1.0℃和 1.5℃处理间不存在显著性差异（表 2-17）；豆蔻酸、棕榈酸、硬脂酸、花生酸、山嵛酸等饱和脂肪酸含量随增温幅度的增加呈上升趋势（表 2-17）；表明适当增温有利于提高该地区大豆籽粒中饱和脂肪酸和蛋白质含量。油酸和花生一烯酸等单不饱和脂肪酸含量也随增温幅度的增加呈上升趋势，增温 1.0℃处理亚油酸含量最高，CK、增温 0.5℃、增温 1.5℃和增温 2.0℃处理较其减少0.49%、0.46%、0.46%和 0.38%（$P<0.05$）（CK、增温 0.5℃和 1.5℃处理间无显著性差异），亚麻酸含量随增温幅度的增加呈下降趋势（表 2-17）；棕榈一烯酸含量随着增温幅度的增加呈现先降后升的趋势，表明增温对大豆籽粒中不同种类不饱和脂肪酸含量的影响不同（表 2-17）。

表 2-17　不同增温幅度下大豆品质指标测定值及均值差异显著性分析

(单位：g/100g)

品质指标	增温幅度				
	+0℃	+0.5℃	+1.0℃	+1.5℃	+2.0℃
脂肪	17.960^d	18.313^c	18.507^{bc}	18.555^b	18.991^a
豆蔻酸 C14：0	0.014^c	0.014^c	0.015^b	0.016^a	0.016^a
棕榈酸 C16：0	1.922^e	1.962^d	2.004^c	2.028^b	2.077^a
棕榈一烯酸 C16：1	0.015^{ab}	0.014^b	0.014^b	0.015^{ab}	0.016^a
硬脂酸 C18：0	0.694^e	0.726^d	0.754^c	0.770^b	0.792^a
油酸 C18：1	3.837^e	4.136^d	4.198^c	4.347^b	4.654^a
亚油酸 C18：2	9.506^c	9.509^c	9.553^a	9.509^c	9.517^b
亚麻酸 C18：3	1.580^a	1.480^d	1.497^b	1.435^c	1.429^e
花生酸 C20：0	0.067^e	0.073^d	0.076^c	0.079^b	0.081^a
花生一烯酸 C20：1	0.034^e	0.038^c	0.038^c	0.040^b	0.042^a
山嵛酸 C22：0	0.070^d	0.076^c	0.078^c	0.082^b	0.085^a
蛋白质	29.627^c	31.196^{ab}	31.086^b	30.936^b	31.922^a

注：同一行不同小写字母表示不同处理间差异显著（$P<0.05$）。

（4）增温对马铃薯品质的影响

马铃薯块茎品质主要取决于块茎中干物质、淀粉、蛋白质、糖类和维生素等物质的含量。利用红外辐射器模拟农田增温实验研究表明，随着温度升高，马铃薯块茎中干物质和淀粉含量呈明显的增加趋势，粗蛋白质和还原糖呈明显的减少趋势，维生素 C 呈先增加后减少趋势（图 2-35）。马铃薯干物质含量（y）与增温（x）之间存在 $y=0.1714x^2+0.7771x+22.406$（$R^2=0.8753$，$P<0.01$），马铃薯淀粉含量（$y$）与增温（$x$）之间存在 $y=0.8114x^2-0.2549x+71.956$（$R^2=0.8495$，$P<0.01$）。增温 0.5~2.0℃ 处理下，马铃薯干物质含量从 22.4% 增加到 24.5%，淀粉含量从 72.1% 增加到 74.4%，表明增温有利于马铃薯干物质和淀粉的积累。但是，增温 0.5~2.0℃ 处理下，马铃薯粗蛋白质含量从 1.82% 减少到 1.52%，还原糖含量从 0.24% 减少到 0.22%，表明增温对马铃薯粗蛋白质和还原糖产生不利影响。马铃薯粗蛋白质含量（y）与增温（x）之间存在 $y=0.1286x^2-0.4071x+1.8203$（$R^2=0.9999$，$P<0.01$），马铃薯还原糖含量（$y$）与增温（$x$）之间存在 $y=0.0117x^2-0.0304x+0.2427$（$R^2=0.6577$，$P<0.01$）关系。当温度升高小于 1.3℃ 时，马铃薯中维生素 C 含量增加；而当温度升高大于 1.5℃ 时，则降低。因此，气候变暖对维生素 C 含量的积累也有不利影响（Xiao et al.，2013）马铃薯维生素 C 含量（y）与增温（x）之间存在 $y=-1.0429x^2+$

$2.7077x+8.4846$（$R^2=0.6684$）关系（图2-35）。

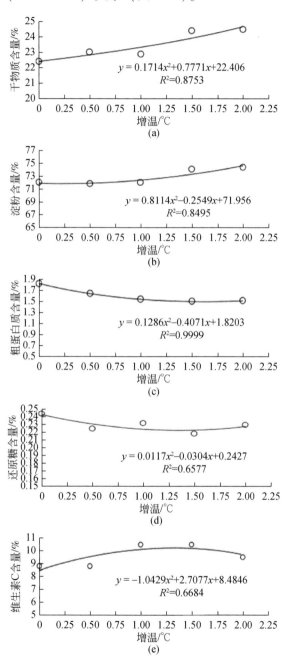

图2-35　增温对马铃薯块茎主要成分含量的影响

2.2.3 气候变暖对农田生态系统结构稳定性的影响

气候变化引起农业生态系统组成、结构和功能以及生物多样性发生变化。气候变暖意味着外界农业生态系统输入更多的能量，能量的获得为生物多样性提供了更广泛的资源基础，允许更多的物共存（王长科等，2005）。农业生态系统的组成改变将直接导致农业生态系统结构和功能的变化。气候变化通过影响作物的生理过程、种间相互作用，甚至改变物种的遗特性，进而影响农业生态系统的种类组成、结构和功能，由于不同物种对全球气候变化的反应有较大差异，因此可以预计农业生态系统的种类组成将随全球气候变化而发生显著改变。大气温度高可能使农业生态系统的呼吸量提高，从而降低农业生态系统的碳储存量。同时，降水量的改变、海面的上升也会在很大程度上影响农业生态系统的功能。气候变暖将有利于病菌产生、繁殖和蔓延，从而使农田生态系统的稳定性降低（赵慧霞等，2007）。

工业革命以来，气候经历了一系列变化，包括气温升高、干旱加剧和冬天变暖。未来的气候将变暖，干旱将变得更加严重。这将导致作物病虫害加剧，土壤退化，雨水资源利用减少，作物生长环境受到严重影响，农业生态系统稳定性减弱，粮食产量波动加大，作物种植结构调整困难，粮食营养和安全受到威胁，粮食生产成本增加，粮食安全存在风险和不确定性。采取科学措施积极应对气候变化，是降低西北地区粮食安全风险的重要战略。

气候变化会增加干旱的频率和持续时间（Ponce-Campos et al.，2013）。干旱和半干旱地区占全球陆地面积的45%，供养着全球38%的人口，是生态和水资源系统最脆弱的地区之一（Ye et al.，2015）。工业革命以来，全球干旱地区平均增温0.94℃，高于全球平均增温0.74℃。除南美洲外，各大洲干旱地区的气温上升幅度均高于全球平均气温上升幅度。工业革命以来，全球降水量突变主要发生在干旱和半干旱地区（Tollefson，2015）。自20世纪60年代以来，西非半干旱地区的降水量减少，萨赫勒地区的降水量减少了20%～40%。全球干旱和半干旱地区有10%～20%的土地严重退化，极干旱地区面积翻了一番，干旱地区面积接近30%。大规模干旱在北美洲、非洲导致陆地生态系统、碳平衡和粮食安全发生重大变化（Piao et al.，2010）。

不同物种对全球气候变化的响应不同，农业生态系统的组成将随着全球气候变化而发生显著变化。气候变暖促进了农业生态系统的呼吸活动，加速了土壤有机碳的矿化，减少了生态系统中的碳储量。气候变暖加速土壤有机质分解，促进土壤离子变化，加剧土壤污染。气候变暖加速了土壤水分蒸发，增加了土壤耕作层的盐碱损伤。气候变暖可以通过影响土壤微生物活性来改变土壤中微量元素的溶解度、作物生长速率、光合作用速率和细胞酶活性。这意味着气候变化将改变农业生态系统的组成、结构、功能和生物多样性，降低生态系统的稳定性。

参 考 文 献

符淙斌，温刚 . 2002. 关于中国北方酸化的几个问题 . 气候与环境研究，7（1）：22-29.

高俊凤 . 2006. 植物生理学实验指导 . 北京：高等教育出版社 .

侯雯嘉，耿婷，陈群，等 . 2015. 近 20 年气候变暖对东北水稻生育期和产量的影响 . 应用生态学报，26（1）：249-259.

李娜 . 2019. 模拟增温对宁夏盐碱地春小麦生长发育及养分利用的影响研究 . 银川：宁夏大学 .

李裕，张强，王润元，等 . 2011. 气候变暖对春小麦籽粒痕量元素利用率的影响 . 农业工程学报，27（12）：96-104.

牛书丽，韩兴国，马克平，等 . 2017. 全球变暖与陆地生态系统研究中的野外增温装置 . 植物生态学报，31（2）：262-271.

庞奖励，黄春长，张治平 . 2001. 陕西省岐山黄土高原剖面中的铅、铜、锌、镉、锰元素和气候变化 . 中国沙漠，21（2）：151-156.

秦大河，丁一汇，王绍武，等 . 2002. 中国西部生态环境变化与对策建议 . 地球科学进展，17（3）：314-319.

权龙哲，张明俊，何诗行，等 . 2017. 锁式立体水稻育秧气候箱研制 . 农业工程，7（4）：127-132.

权龙哲，何诗行，张明俊，等 . 2018. 闭锁式立体水稻育秧环境参数优化试验 . 农业工程，8（4）：45-52.

史云云 . 2020. 模拟增温对宁夏引黄灌区盐碱地大豆生长特性的影响研究 . 银川：宁夏大学 .

苏永春，勾影波，张忠恒，等 . 2001. 中国东北重度寒带地区土壤动物和微生物的生态学特征 . 生态学报，21（10）：1613-1619.

孙庆丽，陈志，徐刚，等 . 2010. 不同光质对水稻幼苗生长的影响 . 浙江农业学报，22（3）：321-325.

谭凯炎，房世波，任三学 . 2012. 增温对华北冬小麦生产影响的试验研究 . 气象学报，70（4）：902-908.

王长科，刘洪滨，罗勇 . 2005. 气候变化对农业和农业系统的影响 . 科学中国人，11：24-26.

王丹，乔匀周，董宝娣，等 . 2016. 昼夜不对称性与对称性升温对大豆产量和水分利用的影响 . 植物生态学报，40（8）：827-833.

王静，许兴，肖国举，等 . 2016. 脱硫石膏改良宁夏典型龟裂碱土效果及其安全性评价 . 农业工程学报，32（2）：141-147.

肖国举，张强，王静 . 2007. 全球气候变化对农业生态系统的影响研究进展 . 应用生态学报，（8）：1877-1885.

肖国举，张强，张峰举，等．2011a. 增温对宁夏引黄灌区春小麦生产的影响．生态学报，31 (21)：6588-6593.

肖国举，张强，李裕，等．2011b. 冬季增温对土壤水分及盐碱化的影响．农业工程学报，27 (8)：46-51.

杨春璐，孙铁珩，和文祥，等．2007. 温度对土壤脲酶受汞抑制的动力学的影响．环境科学，28 (2)：278-282.

叶子飘，于强．2007. 一个光合作用光响应新模型与传统模型的比较．沈阳农业大学学报，(6)：771-775.

张源沛，胡克林，李保国，等．2009. 银川平原土壤盐分及盐渍土的空间分布格局．农业工程报，25 (7)：19-24.

赵慧霞，吴绍洪，姜鲁光．2007. 自然生态系统响应气候变化的脆弱性评价研究进展．应用生态学报，18 (2)：445-450.

朱军涛．2016. 实验增温对藏北高寒草甸植物繁殖物候的影响．植物生态学报，40：1028-1036.

朱军涛，郑家禾．2022. 昼夜不对称变暖对陆地生态系统的影响．生态学杂志，41 (4)：777-783.

Baigorria G A, Jones J W, O'Brien J J. 2008. Potential predictability of crop yield using an ensemble climate forecast by a regional circulation model. Agricultural and Forest Meteorology, 148 (8/9)：1353-1361.

Chen C C, Huang M Y, Lin K H, et al. 2014. Effects of light quality on the growth, development, and metabolism of rice seedlings (*Oryza sativa* L.). Research Journal of Biotechnology, 9 (4)：15-24.

Fang S B, Tan K Y, Ren S X. 2010. Winter wheat yields decline with spring higher night temperature by controlled experiments. Scientia Agricultura Sinica, 43：3251-3258.

Fang S B, Ren S X, Tan K Y. 2013. Responses of winter wheat to higher night temperature in spring as compared within the whole growth period by controlled experiments in North China. Journal of Food Agriculture and Environment, 11：777-781.

Guo Y S, Gu A S, Cui J. 2011. Effects of light quality on rice seedlings growth and physiological characteristics. Chinese Journal of Applied Ecology, 22 (6)：1485-1492.

Huang Y, Feng G, Dong W J. 2011. Temporal changes in the patterns of extreme air and precipitation in the various regions of China in recent 50 years. Acta Meteorologica Sinica, 69：125-136.

Li Y, Zhang Q, Wang R Y, et al. 2012. Temperature changes the dynamics of trace element accumulation in *Solanum tuberosum* L. Climatic Change, 112：655-672.

Nijs I, Kockelbergh F, Teughels H, et al. 1996. Free air temperature increase (FATI)：a new tool to study global warming effects on plants in the field. Plant, Cell & Environment, 19：495-502.

Piao S L, Ciais P, Huang Y, et al. 2010. The impacts of climate change on water resources and agriculture in China. Nature, 467 (2)：42-51.

Ponce-Campos G E, Moran M S, Huete A, et al. 2013. Ecosystem resilience despite large-scale altered hydroclimatic conditions. Nature, 470（1）: 1-4.

Porter J R, Xie L, Challinor A J, et al. 2014. Food security and food production systems// IPCC. Climate Change 2014: Impacts, Adaptation, and Vulnerability. Part A: Global and Sectoral Aspects. Contribution of Working Group Ⅱ to the Fifth Assessment Report of the Intergovernmental Panel on Climate Change. Cambridge & New York: Cambridge University Press: 485-533.

Qi Y, Zhang Q, Hu S J, et al. 2022. Effects of high temperature and drought stresses on growth and yield of summer maize during grain filling in North China. Agriculture, 12: 1948.

Sánchez B, Rasmussen A, Porter J R. 2014. Temperatures and the growth and development of maize and rice: a review. Global Change Biology, 20: 408-417.

Shi G X, Yao B Q, Liu Y J, et al. 2017. The phylogenetic structure of AMF communities shifts in response to gradient warming with and without winter grazing on the Qinghai-Tibet Plateau. Applied Soil Ecology, 121: 31-40.

Tollefson J. 2015. Climate change China backs cap-and-trade. Nature, 526（7571）: 13-14.

Wan S Q, Xia J Y, Liu W X, et al. 2009. Photosynthetic overcompensation under nocturnal warming enhances grassland carbon sequestration. Ecology, 90: 2700-2710.

Wang Y W, Li P C, Cao X F, et al. 2009a. Identification and expression analysis of miRNAs from nitrogen-fixing soybean nodules. Biochemical and Biophysical Research Communication, 378: 799-803.

Wang N, Zhang M, Huang B, et al. 2009b. Relationship discussion between soil moisture change with maize yield in east of Gansu Province. Chinese Agricultural Science Bulletin, 25（21）: 320-323.

Xiao G J, Zhang Q, Li Y, et al. 2010. Impact of climatic warming on soil salinity and irrigation amount of Yellow River irrigation areas in Ningxia Hui Autonomous Region. Transactions of the Chinese Society of Agricultural Engineering, 26（6）: 7-13.

Xiao G J, Zheng F J, Qiu Z J, et al. 2013. Impact of climate change on water use efficiency by wheat, potato, and corn in semiarid areas of China. Agriculture, Ecosystems & Environment, 181: 108-114.

Xiong W, Lin E, Ju H, et al. 2007. Climate change and critical thresholds in China's food security. Climatic Change, 81（2）: 205-221.

Ye J B, Xiao Z L, Li C H, et al. 2015. Past climate change and recent anthropogenic activities affect the genetic structure and population demography of the greater long-tailed hamster in northern China. Integrative Zoology, 10（5）: 482-496.

Zheng A, Guo G. 2010. Thought about the new situation and new task of climate change in China after Copenhagen Climate Change Conference. Advances in Climate Change Research, 6（2）: 79-82.

第 3 章 降水量变化及干旱胁迫的模拟实验

3.1 降水量变化及干旱胁迫模拟实验方法

降雨是世界上绝大部分地区农业用水的基本来源。除水生作物（如水稻）外，对于一般大田作物来说，降雨的主要作用是补充作物生长所必需的土壤水分，从而减少作物的灌溉需水量。在我国北方地区水资源日益紧缺，提高降水利用效率是该地区旱作农业稳产高产的基本保证。中国是一个农业大国，《2021年全国水利发展统计公报》显示，中国灌溉面积达 7831.5 万 hm^2，但灌溉水有效利用系数仅有 0.568，与世界现今水平的 0.7~0.8 相比仍有较大差距（耿思敏等，2022）。由于降雨不稳定，在干旱地区很难进行田间水分亏缺实验。因此，设计大型移动雨棚，以降低雨水干扰水实验的风险。这与控制用水应用，可以为作物供水提供明智的安排。

3.1.1 降雨模拟器模拟实验

人工降雨设备是农田生态系统实验中的重要供水设备，为农田水文中降雨入渗、水土流失、溶质运移等研究提供了有效的降雨模拟手段，避免了天然降雨的不确定性，人工降雨影响实验结果的准确性。人工降雨设备主要分为针头式、悬线式、管网式与喷头式4类，其在农田水文学研究领域主要应用在土柱实验、土槽实验以及大田实验中，针头式人工降雨设备在土柱实验中应用较多，喷头式人工降雨设备在土槽实验和大田实验中应用最为广泛，管网式和悬线式人工降雨设备在农田水文相关实验中应用较少，今后人工降雨设备还有望进一步向自动化、智能化、精准化和便携化发展。

3.1.1.1 降雨模拟器的分类

人工降雨设备中降雨模拟器类型可分为4种，分别为针头式人工降雨设备、悬线式人工降雨设备、管网式人工降雨设备、喷头式人工降雨设备。针头式人工降雨设备由进水管、雨盒、分流筒、分流管和针头等组成,水滴通过针头末端滴落。悬线式人工降雨设备与针头式人工降雨设备类似,其雨滴发生器为棉线、纤维线等悬线。管网式人工降雨设备是在平行的细管上钻取小孔,通过施压使水流通过小孔实现降雨。喷头式人工降雨设备通过施压使水从喷孔或者喷嘴喷出,按照水流喷射方向不同,又分为上喷式、下喷式和侧喷式。目前应用最为广泛的人工降雨设备类型为针头式与喷头式,悬线式与管网式的应用相对较少。不同类型人工降雨设备的降雨原理及其特点如下。

3.1.1.2 降雨模拟器的降雨原理及特点

针头式人工降雨设备的降雨原理及特点:根据降雨研究需求,制定不同形状的降雨盘,并在降雨盘上布置一定数量的针头,针头可采用医用、工业卡胶、兽用等形式,其降雨原理为储水设备与降雨盘的水位差。常用的针头式人工降雨设备采用流量计、电磁阀或其他阀件配合针头孔径大小来控制降雨强度。其优点为:降雨强度的变化范围宽、下限低,降雨均匀性高、降雨稳定等;缺点为:受水质影响针头易堵塞、降雨首末不稳定、降雨控制面积较小、雨滴粒径偏大且单一等。

悬线式人工降雨设备的降雨原理及特点:在盛水的降雨箱底板打上均匀的小孔,在孔中插入规格一致的悬线,悬线种类有棉线、纤维线、细玻璃、黄铜管等。悬线式人工降雨设备的降雨原理与针头式人工降雨设备类似,都是利用水位差来供水,雨强大小采用流量计、电磁阀或其他阀件配合悬线种类来控制降雨。其优点为:降雨强度的下限低、降雨均匀性高、降雨稳定等;缺点为:降雨首末不稳定、降雨控制面积较小、达雨滴终点速度需要高度较高、雨滴粒径远大于天然降雨等。

管网式人工降雨设备的降雨原理及特点:在一些平行的细管上钻上一系列小孔,通过水泵等施压设备,将水以一定的初始速度从孔中喷出,以雨滴的形式落到地面。管网式人工降雨设备通过不同孔径和供水压力来控制降雨强度大小。其优点为:降雨可控性好、性能稳定、可承担较大面积、雨强可变、具有类似天然降雨的雨滴粒径组成等;缺点为:雨点分布固定、雨滴粒径灵活性差、不易控制,若水质较差,管上的小孔容易堵塞等。

喷头式人工降雨设备的降雨原理及特点:供水系统通过水泵等加压设备从供水箱中吸水,水流通过供水管道被输送至喷淋系统,喷淋系统连接喷头,喷头根据实际需求来连接转动机实现一定角度的摆动,产生模拟降雨。喷头式人工降雨设备通过控制供水压力以及喷头的型号来调节降雨强度大小。其优点为:较低的安装高度即可达到所需的雨滴终点速度,具有类似天然降雨的雨滴粒径组成,装卸容易、运输方便等；缺点为：单喷头人工降雨设备的降水面积小、组合喷头的降雨分布均匀性低等。

不同类型人工降雨设备所表现出来的雨滴初始速度、降雨均匀性、应用条件等性质也有所不同。各种人工降雨设备的特性详见表3-1。

表3-1　不同人工降雨设备及其性质

类型	雨滴发生器	性质					
		A	B	C	D	E	F
针头式	针头	Y	Y	A_1	R_1	I/O	1/2/3
悬挂式	悬线	Y	Y	A_2	R_2	I/O	—
管网式	钻有小孔的细管	N	N	A_3	R_3	I/O	2
喷头式	喷头	N	N	A_4	R_4	O	2/3

注：A 表示雨滴初始速度是否为 0，是，Y，否，N；B 表示降雨是否均匀，是，Y，否，N；C 表示控制面积（m^2），A_1 针头式，$0.007 \sim 6.3 m^2$，A_2 悬线式，$0.05 \sim 1 m^2$，A_3 管网式，$8.75 \sim 25.44 m^2$，A_4 喷头式，$0.30 \sim 600 m^2$；D 表示降雨强度（mm/h），R_1 针头式，$0 \sim 450 mm/h$，R_2 悬线式，$360.0 \sim 1002 mm/h$，R_3 管网式，$1.4 \sim 240 mm/h$，R_4 喷头式，$0.4 \sim 380 mm/h$；E 表示主要应用条件，室内，I，室外，O；F 表示主要应用领域，1，土柱实验，2，土槽实验，3，大田实验。

（1）捷克共和国降雨模拟实验

1）研究区概况及测试作物。2016～2021 年在捷克共和国中部私人农场使用降雨模拟器作为量化径流系数和土壤流失比的直接方法，测量不同土壤保护策略的效果（Kavka et al.，2018）。在确定的大田作物上使用降雨模拟器是获取植被保护效果数据的一种方法。模拟降雨在试验田中以作物和裸露的土壤为参考。地块大小为（8m×2m），测量径流和沉积物输送。土壤流失率是在作物发育的三个阶段测量的，还测量播种前和收获后阶段的土壤流失率。所有测量数据都提供了整个季节的土壤保护信息。

研究是在捷克共和国中部（50.21°N，14.01°E）的一个私人农场经营的农田中开展的，位于布拉格西北约30km处。该地区的地势特点是坡度适中，整个试验田向北，坡度为9%，海拔为320m。关于降水量，该地区的年平均降水量为500mm，冬季降雪期很短。年平均气温为 8.5℃。从地质学的角度来看，该地区的特征是白垩纪和二叠纪–石炭纪的亚水平沉积层。根据分类学，土壤是壤土坎比索尔，这是捷克共和国农田上最常见的土壤类型（Zádorová and Žek，2018）。表土层受到长期集约化农业活动的强烈影响。土壤上层具有相对结构性（团聚体稳定性在55%～65%），有机碳含量仅为1.49%。地平线的顶层 B（深度为15～30cm）由农业技术压实，低孔且无结构。根据美国农业部的分类，粒度分布将土壤定义为壤土，但一些样本表明向砂质黏壤土转变。

实验地块是使用该地区典型的标准耕作建立的。作物研究所协助播种行作物（玉米、高粱和向日葵），并在植被季节监测所有作物，包括处理杂草和害虫。对于每个运动，根据 Kavka 等（2018）定义的方法准备耕作休耕。这意味着从休耕地块上清除所有植被，通过旋转机在斜坡方向将地块耕作到 10cm 深度，并通过 50kg 轧机压实。轧机宽 50cm，压力约为 20kPa。这确保了在每个实验中比较实验地块和裸土地块的初始条件相同。

为了表示植被的全部规模和土壤保护随时间的变化，最好每周进行一次实验，但这种策略将显著改变土壤水分状况和作物条件。此外，它在技术上要求极高。Wischmeier 和 Smith（1978）定义了 5 个作物阶段来代表季节性作物的生长发育。第一阶段是苗床期，接下来 3 个阶段是作物的上升期，最后一个阶段是收获后期。因此，我们同意遵循每种作物和每个植被季节进行三次实验的策略，以代表初始生长阶段、主要生长阶段和成熟。这些物候阶段由 BBCH 量表最佳定义（Meier et al.，2018）。BBCH 量表由两位代码 00～99 组成，其中 00 表示播种前，99 表示收获后。该规模分为 10 个亚组，每个亚组代表一个主要发育阶段（如叶发育、茎伸长、开花、成熟）。第一次实验在 BBCH 30 之前进行，第二次实验在 BBCH 61 之前进行，最后一次实验在收获前进行。

2016～2021 年 6 个季节中，总共在实验区进行了 384 次实验（表 3-2）。其中，由于实验数据评估的技术问题，在数据处理过程中不得不删除 29 次实验。总共使用了 355 次实验来计算径流、泥沙运移和土壤流失率。该数据集包含 71 个代表休耕地条件的成功测量，收集基础数据以比较土壤保护效果。26 次补充试验代表了其他条件，如各种苗床变异（用于可变耕作系统）、雨后无人管理的休耕地块、季节土壤压实以及谷物和行作物收获后的情况。

表 3-2　2016～2021 年全年的实验次数　　　　（单位：次）

作物	2016 年	2017 年	2018 年	2019 年	2020 年	2021 年	总计
玉米	0	6	6	6	20	22	60
高粱	0	0	0	0	26	18	44
向日葵	6	2	6	0	10	8	32
小麦	0	10	6	0	6	0	22
苜蓿	2	12	8	0	0	0	22
芥菜	4	4	4	4	4	0	20
油菜籽	2	12	0	0	2	0	16
豌豆	6	0	6	0	0	4	16

作物	2016 年	2017 年	2018 年	2019 年	2020 年	2021 年	总计
荞麦	0	8	0	4	0	0	12
大麦	6	0	4	0	0	0	10
蕾丝花	0	0	4	4	0	0	8
黑麦	0	0	0	0	4	0	4
其他	0	4	16	6	0	0	26
裸露的土壤	14	20	18	8	16	16	92
总计	40	78	78	32	88	68	384

注："其他"是指苗床变异、雨后无人管理的休耕地块、季节土壤压实以及谷物和行作物收获后的情况。

就作物而言,重点比较玉米的常规情景和保护情景。测试了经典的深耕和斜坡定向播种;等高播,使用冬季保护性覆盖作物,如冬季黑麦和油菜籽;然后干燥,覆盖和浅耕播种;或干燥,覆盖和直接播种到覆盖作物中。

2)实验设置。布拉格捷克技术大学的 8m 长的现场喷水灭火系统降雨模拟器建于 2011 年,经过密集的现场使用后进行了多次创新(Davidová et al.,2015)。目前,正在使用标准化的降雨和数据收集方法开发一种用于双尺度测量的系统(Kavka et al., 2018)。有 8 个 FullJet 40WSQ 喷嘴,距离地面 2.0m,相距 1.2m。该地块大小为 2m×8m,沿斜坡最长的边缘,过雨实验区保证了所有现场模拟的克里斯琴森(Christiansen)均匀性指数为 80% 以上。实验地块由 30cm 高的金属板构成,锤击在土壤表面以下 15cm 处,以防止陆流进入或离开实验区。底部边缘通过金属板浓缩到样品收集管中。每次实验前,所有漏水都经过仔细检查和密封。模拟降雨强度为 60mm/h(1.0mm/min),动能为 10J/($m^2 \cdot mm$)。在每次模拟运行期间,使用收集区域为 200m^2 的倾斗雨量计检查降雨强度。第二个连续记录的变量是第一个喷嘴的水压,由数字压力传感器监控。

对于每次实验,始终执行一对模拟实验。在初始条件下进行第一个实验,保证 3 天内没有自然降雨。在结果中,这被称为"干"。降雨强度为 60mm/h。如果立即开始地表径流,则应用 30min。或者在地表径流开始后 30min 降雨。接下来暂停 15min,第二次实验使用相同的设置在完全饱和的土壤上开始,也是在地表径流开始后 30min 降雨。在结果中,这被称为"湿"。

对于每次实验,从地表径流开始的那一刻起,每隔 12.2min 收集 5 个径流样品。样品体积在 1~2L,具体取决于径流速率,以 0.1s 的精度测量样品提取时间(t),称量每个样品,然后通过体积评估计算径流(Q)。随后,过滤和风干每个样品，并定义沉积物质量（m）和样品体积（V）。沉积物浓度（ρ）和沉积物通量（SF）分别使用式（3-2）和式（3-3）计算：

$$Q = V/t \tag{3-1}$$

$$\rho = m/V \tag{3-2}$$

$$\mathrm{SF} = (m/V) \times (V/t) \tag{3-3}$$

此外，在每次模拟期间都会测量以下参数和变量，这些参数和变量不是本书的主要关注点：初始土壤容重、体积土壤湿度、地表径流速度、有机碳含量和粒度分布。收集实验数据并将其存储在联合数据库中（Beitlerová et al., 2021; Devátý et al., 2020）。

3）数据准备。对于每个样品，每间隔 2.5min 计算运输的沉积物量。通过这种方式，在整个实验过程中监测流速、沉积物浓度和沉积物质量的变化。在下一步中，从数据中删除明显的异常值，如由采样或实验室分析期间的错误导致的异常值。

模拟 30min 后的累积泥沙输运值用于估算土壤流失率（SLR），公式如下：

$$\mathrm{SLR} = G_{\mathrm{V},30}/G_{\mathrm{F},30} \tag{3-4}$$

式中，$G_{\mathrm{V},30}$ 和 $G_{\mathrm{F},30}$ 分别为截至植被和休耕（裸土）模拟第 30min 之前输送的累积沉积物量。30mm/h 后总降雨强度足以评估捷克共和国天气条件下的作物覆盖系数（Hanel et al., 2016）。这是针对每个实验（裸露的土壤/植被和干燥/潮湿条件）进行的。干燥和潮湿条件取平均值（Mistr et al., 2018）。因此，SLR 是针对每个物候阶段导出的，由 BBCH 表示。每日单反值是从这些数据派生出来的。然后使用每日 SLR 值在侵蚀计算器中计算 C 因子。侵蚀计算器是农民和农业农村部用于评估侵蚀的网络应用程序。年度 C 因子（C_{f}）值根据式（3-5）计算：

$$C_{\mathrm{f}} = \sum \mathrm{SLR}_i \times R_i \tag{3-5}$$

式中，SLR_i 为作物部分土壤流失率或田间实际情况；R_i 为 R 因子在 R 因子年总值（表示为100%）中对应时期的比例，按照原始通用土壤流失方程（USLE）计算。周期的持续时间取决于给定位置的 R 因子分布的准确性。R 因子（Mistr et al., 2021）主要分布在 4～10 月（表3-3）。

表3-3　捷克共和国 R 因子的月度分布　　　　（单位：%）

因子	4 月	5 月	6 月	7 月	8 月	9 月	10 月
R	1.1	13.2	25.3	30.4	21.1	6.6	1.9

（2）固原干旱气象站

1）研究区概况。1960～2009 年固原半干旱区降水量、温度、马铃薯生长期、产量、农田土壤含水量数据由中国气象局提供；农作物产量和气象数据同时记录。固原是中国典型的半干旱区，位于 35.14° N ~ 36.38° N、105.20° E ~ 106.58°E。1960 ~ 2009 年年平均温度为 7.9℃，范围为 6.3 ~ 10.2℃。1960 ~ 2009 年气温急剧上升，特别是 1998 年以后（图 3-1）。1960 ~ 2009 年年平均降水量范围为 282.1 ~ 765.7mm，年平均降水量为 450.0mm。1960 ~ 2009 年年平均降水量呈减少趋势（图 3-2）。固原是典型的半干旱雨养区，一年一季，主要种植小麦、玉米、马铃薯。

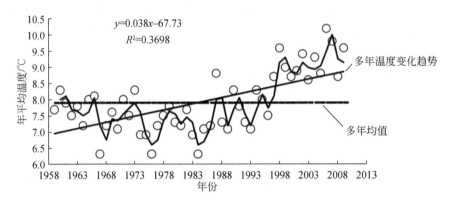

图 3-1　1960 ~ 2009 年固原半干旱区年平均温度变化

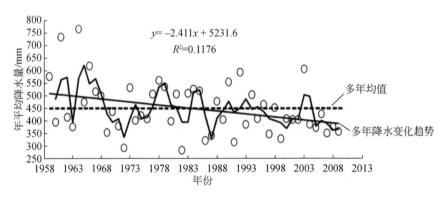

图 3-2　1960 ~ 2009 年固原半干旱区年平均降水量变化

2）实验设计与方法。为了模拟研究降水量对马铃薯水分利用效率的影响，采用了雨棚和日本 DIK 人工降雨模拟器。人工降雨模拟器的有效降雨面积为 8m²（2m×4m），有效降雨高度为 2 ~ 3m，有效降雨强度为 5 ~ 80mm/h，雨滴大小变化为 1.7 ~ 3.0mm。模拟雨滴直径与标准化雨滴直径的误差为 1.3%。据预测，中国西北半干旱区未来降水量的总趋势将减少 2 ~ 4mm 或略微增加最多 3mm。以长期年平均降水量 450.0mm 和马铃薯全生育期降水量 338mm 为参考值,设计年平均降水量 310mm、380mm、450mm、520mm、590mm 和 660mm,马铃薯生育期降水量分别为 232mm、285mm、338mm、390mm、443mm 和 495mm。中国半干旱区降雨强度分别为 <5mm、5～10mm、10～20mm、20～30mm、30～40mm、40～50mm 和 >50mm;5～50mm 范围的降水量 >85%。模拟降水量设置在 5～50mm,包括 5mm 降水量和 50mm 降水量。固原半干旱区马铃薯各生育期降水量由各生育期降水量与全生育期降水量的比例决定;确立了马铃薯全生育期模拟降水量和降雨时间方案。

(3) 关中平原杨凌试验站

1) 研究区概况。田间实验于 2015 年 10 月～2017 年 6 月在陕西杨凌西北农林科技大学节水灌溉试验站(34°17′N、108°04′E,海拔为 506m)进行,共种植两季冬小麦。试验站所在地区位于关中平原旱作区,属于暖温带季风气候区,年内降水量分布不均,冬小麦生育期内降水量较少。实验区土壤为壤土,1m 深土层土壤 pH 为 8.14,有机碳含量为 8.20g/kg,全氮含量为 0.62g/kg。

在 2015～2016 生长季冬小麦抽穗前后的日平均太阳辐射强度分别为 10.42MJ/(m²·d)、19.44MJ/(m²·d),而在 2016～2017 年生长季冬小麦抽穗前后日平均太阳辐射强度分别为 10.22MJ/(m²·d)、20.85MJ/(m²·d),此外,两年冬小麦生育期内累积太阳辐射分别为 2880.86MJ、2914.05MJ;在气温方面,2015～2016 年小麦抽穗前后的日平均气温分别为 7.1℃、19.2℃,而 2016～2017 年生长季小麦抽穗前后日平均气温分别为 7.3℃、20.6℃;冬小麦两个生长季内生育期平均气温分别为 9.2℃、9.7℃。整体而言,2016～2017 生长季比 2015～2016 生长季有更多的辐射和积温(图 3-3)。

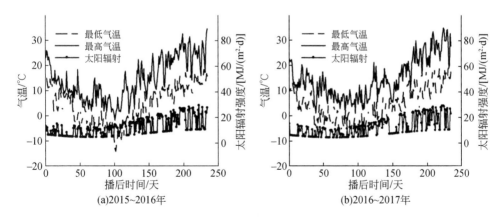

图 3-3 2015～2016 年和 2016～2017 年两季冬小麦生育期内逐日气温和逐日太阳辐射强度

2）田间实验设计。实验供试冬小麦品种为关中地区主栽品种之一的'小偃22'，播种日期分别为 2015 年 10 月 15 日和 2016 年 10 月 16 日，播种方式为条播，播种深度为 5~6cm，种植行距为 25cm，种植密度为 400 万株/hm²。为了保障小麦能够均匀出苗，各实验小区在播种前 7 天灌水 100mm。各处理均在播前施用 140kg/hm²N 和 50kg/hm²P₂O₅ 作为底肥，生育期内不再追肥。实验小区规格为 4m×2m，各小区之间铺设 1.5m 深的聚乙烯塑料隔离层以防止侧渗。实验小区上方建有活动遮雨棚，降水时关闭以杜绝降水对实验结果的影响。

将冬小麦整个生育期划分为越冬期、返青期、拔节期、抽穗期和灌浆期 5 个不同生长阶段，每相邻 2 个生长阶段连续受旱。根据冬小麦各个生育期的需水情况分别设置 4 个不同的处理：生育前期的返青+拔节受旱（ES）、生育后期的抽穗+灌浆受旱（LS）、全生育期不灌水（WS），以及每个生长阶段充分灌水处理（CK）作为对照。每个处理设置 3 个重复，在遮雨棚下按完全随机区组实验设计布设小区（表3-4）。陕西关中地区冬小麦全生育期需水量为 400~500mm，本研究选择 400mm 作为 CK 处理的灌溉定额，实验分 5 次灌溉，灌水定额为 80mm，灌水方式为畦灌，采用水表计量灌水量，两年的实验处理相同。

表 3-4 不同生长阶段冬小麦受旱试验灌水处理　　　（单位：mm）

处理	越冬期 （12 月 15 日）	返青期 （3 月 15 日）	拔节期 （4 月 15 日）	抽穗期 （5 月 1 日）	灌浆期 （5 月 15 日）
CK	80	80	80	80	80
ES	80	0	0	80	80
LS	80	80	80	0	0
WS	0	0	0	0	0

3.1.2 田间喷灌降雨模拟实验

为减少大型喷灌机的喷灌水分蒸发漂移损失，将低压喷头改装成按适当间距布置的大流量压力补偿滴灌管，使大型喷灌机自走时拖拽滴灌管，实现边移动边滴灌。移动滴灌系统融合了大型喷灌机与滴灌的技术优势，具有较高的节水潜力。将现有大型喷灌机上的低压喷头改装为大流量压力补偿滴灌管，充分利用大型喷灌机的自走特点，通过喷灌机桁架拖拽以适当间距布置的滴灌管在地表移动，形成移动滴灌系统并实现大面积的自动化灌溉。移动滴灌系统融合了大型喷灌机与常规滴灌系统的技术优势，与低压喷灌相比，可避免空中的水分蒸发漂移损失，干旱条件下可降低 35% 的土面蒸发（Kisekka et al., 2017），节水 10%~20%（Derbala，2003）。

3.1.2.1 关中平原杨凌试验站

（1）研究区概况

2019~2020 年在希腊北部塞萨洛尼基地区（40°34′11.4″N、22°59′16.0″E，海拔为 30m）利用玉米开展的干旱胁迫实验。实验场地土壤类型为黏土壤土，pH 为 7.8（1∶2 水），土壤有机质含量为 23g/kg，NO_3^--N 含量为 23.8mg/kg，P 含量为 29.6mg/kg，速效钾含量为 800mg/kg。在现场设置的自动气象站每天记录天气情况，并以两年的月平均值显示天气数据（图 3-4）。

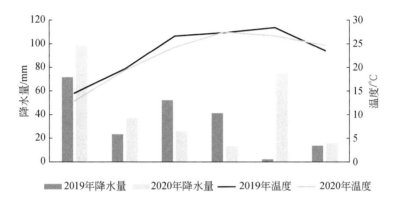

图 3-4　2019 年和 2020 年塞萨洛尼基田间实验地区的主要天气因素

（2）实验设计

实验设计为完全随机区组设计（RCBD），共 4 次重复（区）。处理为：①对照 100% 蒸散发；②70% 蒸散发；③40% 蒸散发。使用玉米杂交品种‘先锋 1291’（‘粮农组织 700’）；这在希腊广泛用于青储饲料生产。2019 年 4 月 2 日和 2020 年 5 月 5 日，用圆盘耙耕耘土壤，为播种做准备。2019 年 4 月 4 日和 2020 年 5 月 8 日使用四排气动播种机进行播种，播种速度为 80.000 株/hm²。实验面积为 2345m²。每块地大小为 5.6m×20m，总占地面积 112m²。2019 年 4 月 17 日和 2020 年 5 月 26 日记录了玉米植株的生长，而收获则分别在 2019 年 8 月 10 日和 2020 年 9 月 14 日进行。采用滴灌系统，滴灌间距为 50cm，每滴灌水量为 4L/h。滴灌管道每隔一排就放置一排。在灌溉系统的开始安装了一个比重计，以测量该地块接收的水量。具体而言，每个处理的水量为：对照组（100% ET）300m³/hm²，70% ETc 处理 210m³/hm²，蒸散 50% 处理 150m³/hm²。当作物蒸散（ETc）造成的土壤水分损失达到 50mm 时进行灌溉，而只有当超过 4mm/d 时才考虑降雨。

3.1.2.2　定西干旱气象与生态环境试验基地

（1）研究区概况

实验于 2017 年 4～9 月分别在中国气象局兰州干旱气象研究所定西干旱气象与生态环境试验基地（定西，代表典型半干旱区）、武威荒漠与生态农业气象试验站（武威，代表典型干旱区）进行。定西（104°37′E，35°35′N），海拔为1896.7m，年平均气温为 6.7℃，年平均降水量为 386.0mm，是典型的半干旱气候区，光照较多，雨热同季，降水量少且集中在 6～8 月，气候干燥；武威（102°53′E，37°53′N），海拔为 1534.8m，年平均气温为 8.1℃，年平均降水量为171.0mm，地处黄土、青藏、蒙新三大高原交会地带，是典型的干旱气候区，长期高温干旱，降水量稀少且集中在 6～9 月。

（2）实验设计

定西试验品种为'承单 20 号'，于 2017 年 4 月 20 日播种，该品种为中熟品种，抗倒性和抗旱性好，产量高，适合在雨养旱作区种植；武威试验品种为'科河 28 号'，于 4 月 26 日播种，该品种为中晚熟品种，产量高，适宜在甘肃河西、中部及陇东地区种植。两地播种方式均为点播播种，实验均设置 3 个处理：CK处理，整个生育期供水充足，作为对照；T1 处理，从抽雄期（土壤含水量为田间持水量的 75%±5%）开始限制供水，直至生育期结束；T2 处理，大田自然干旱的对照处理（土壤含水量为田间持水量的 75%±5%），播前灌足水分以保证出苗和苗期生长，之后无任何水分增减处理。每个处理均设置 3 个小区重复，每个重复取样 2 株进行观测。

定西试验田面积为 189m²，行间距为 50cm×35cm，播种深度约 10cm，播前施尿素 225kg/hm、磷肥 600kg/hm，2017 年生育期内降水量为 293.1mm，较 1980～2010 年历史同期（375.1mm）明显偏少；武威试验田面积约 165m²，行间距为30cm×25cm，播种深度为 15～20cm，播前灌溉底墒水 2000m³/hm，施尿素225kg/hm、磷二铵 187.5kg/hm，灌头水时追施尿素 225kg/hm，2017 年生育期内降水量 86.6mm，较 1980～2010 年历史同期（180.0mm）明显偏少。

3.1.2.3　半干旱区宁夏海原试验站

（1）研究区概况

在海拔 1854m 的半干旱区海原试验站（36°34′N，105°39′E）进行了田间实验。年平均降水量约 400mm，主要发生在 7～9 月。6～8 月的日平均气温分别为18.2℃、19.8℃和 18.3℃。年平均气温为 7.2℃。交错的丘陵和沟壑形成了这一地区的主要地理形态，在这里，雨养农业是没有灌溉的。作物种植一年一季，春小麦是主要的粮食作物。试验田土壤为黄土壤土，pH 为 6.8。有效氮（N）含量为 36.9mg/kg，总氮含量为 89.1mg/kg，有效磷（P）含量为 5.21mg/kg，总磷含量为 28.4mg/kg，有机质含量约为 10g/kg。

（2）实验设计

'79121-15' 是典型的雨养春小麦品种，于 2000～2003 年每年 3 月 15 日播种，播种密度为 230kg/hm²。大田实验分为两组进行。一组是采用覆膜垄沟播法进行雨水收集的田间实验。每覆膜垄沟地块由四行覆膜垄沟和 3 行垄沟组成（图 3-5）。垄沟上的塑料薄膜是宽度为 1.0m 的白色塑料薄膜。冬小麦种子是用三行播种机在犁沟进行播种的，播种深度为 6cm，行距为 15cm。另一组是采用穴播方法进行雨水收集的田间实验。每个覆膜垄沟地块由 3 行带孔的覆膜垄沟和 4 行窄沟组成（图 3-6）。垄沟上的塑料薄膜为白色，宽度为 1.2m。小麦种子被种植

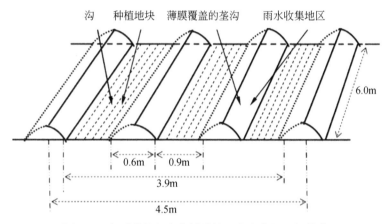

图 3-5　在覆膜的垄沟中播种的雨水收集的田间耕作

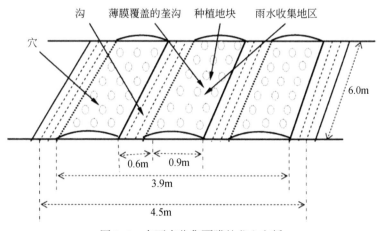

图 3-6　在雨水收集覆膜的垄上穴播

在被薄膜覆盖的垄沟上，每行间隔 15cm。雨养春小麦采用穴播机播种。每个地块宽 4.5m、长 6.0m，在 3 个完整的地块中随机重复。在雨养春小麦全生育期，每组按照不同补灌水平分为 5 个处理（表 3-5）。

表 3-5　雨养春小麦全生育期不同灌溉水平　　　　（单位：mm）

处理	PR	UR	ISI				
			三叶期	拔节期	开花期	灌浆期	合计
Tr. 1	223	196	0	0	0	0	0
Tr. 2	223	196	13	21	6	0	40
Tr. 3	223	196	13	21	16	0	50
Tr. 4	223	196	13	21	16	9	59
Tr. 5	223	196	13	21	20	16	70

注：PR 为雨养春小麦整个生育期的实际降水量；UR 为雨养春小麦全生育期对降水量的利用；ISI 为补充灌溉指标。

（3）覆膜垄沟播种和集雨

肖国举在中国半干旱区，雨养春小麦广泛采用集雨垄沟播种。该栽培技术不仅实现了田间雨水收集在时间和空间的分布，而且实现了从无效雨水利用向有效雨水利用的转变。同时，降低了土壤干湿比，降低了土壤水分蒸发损失。作为小区种植，沟渠与薄膜覆盖的山脊被用作雨水收集地块。这就形成了典型的种植技术，即典型的雨水收集栽培技术，即在薄膜覆盖的田埂之间的沟渠中。计算种植小区雨水收集量：

$$\Delta\theta_n = S_1 R\omega + S_2 R_- (AE+D)_n \tag{3-6}$$

式中，$\Delta\theta_n$ 为集雨量，mm；S_1 为覆膜垄集雨小区面积，m^2；S_2 为垄沟集雨小区面积，m^2；R 为降雨和补灌量，mm；AE 为实际蒸发量，mm；D 为排水导致的土壤水分损失，mm；ω 为集雨商。

$$\omega = \frac{R_a}{R_n} \tag{3-7}$$

式中，ω 为集雨商，为实验值，以不同集雨地块为单位测量；R_a 为集雨地块或种植地块的集雨量，mm；R_n 为实际降水量，mm。节水播种机的功能决定了雨养春小麦田土壤干湿效率的高低。以雨养春小麦种植为研究对象，计算了雨养春小麦农田节水补灌效率：

$$W = E_n S_n \cdots P_n \tag{3-8}$$

式中，W 为节水补灌效率，%；E_n 为雨水收集效率，%；S_n 为补灌节水效率，%；P_n 为土壤干湿效率，%。

（4）覆膜的田埂播种和集雨

覆膜垄孔播是田间栽培集雨的一部分，可由覆膜垄孔播机进行。在覆膜垄和沟的邻近，覆膜垄不仅是雨水收集地，也是种植地。为提高覆膜垄雨水的收集效果，将覆膜垄上的线播改为覆膜垄上的孔播。计算了覆膜垄洞播雨水收集效率：

$$E_n = \frac{S_0}{S_1 \omega} \tag{3-9}$$

式中，E_n 为雨水收集效率，%；S_1 为覆膜垄集雨小区面积，m^2；S_0 为覆膜垄上的孔洞面积，m^2；ω 为集雨商。由式（3-10）可计算出覆膜垄穴播的土壤干湿效率。由式（3-8）可计算出雨养春小麦田栽培的节水补灌效率：

$$P_n = \frac{2S_3 + S_4}{2L_1 L_2} \tag{3-10}$$

式中，P_n 为土壤干湿效率，%；L_1 为相邻孔间距，m；L_2 为相邻线孔间距，m；S_3、S_4 为孔间距，m^2。

3.1.2.4 半干旱区宁夏固原干旱气象站

（1）研究区概况

以宁夏固原为研究区，其位于 35.14°N ~ 36.38°N、105.20°E ~ 106.58°E。该地区以深层黄土和河绿土为主，耕地为主。1960 ~ 2009 年，年平均气温范围为 6.3 ~ 10.2℃，平均气温为 7.9℃。近年来，特别是 1998 年以后，气温明显升高（$P<0.01$）。1960 ~ 2009 年，年降水量在 282.1 ~ 765.7mm，降水量年际波动较大。年降水量的 61.8% ~ 72.5% 集中在 7 ~ 9 月。1960 ~ 2009 年的平均降水量为 448.6mm，呈显著下降趋势（$P<0.01$）。主要作物为小麦、马铃薯和玉米，一年一季，是典型的半干旱雨养农业区。

在固原半干旱区马铃薯完全生长阶段的温度上升期，在每个实验小区安装了自动检测传感器，以监测小区中距离地面和马铃薯冠层 10cm、20cm 和 30cm 的温度。地面和马铃薯冠层的温度数据每 20min 自动记录一次（误差±0.1℃）。试验田土壤有机质含量为 8.5g/kg，全氮含量为 0.41g/kg，全磷含量为 0.66g/kg，全钾含量为 19.5g/kg。

（2）耗水量计算

小麦播种—发芽、发芽—拔节、拔节—开花和开花—收获期土壤含水量数据；利用 1960 ~ 2009 年马铃薯的播种—发芽、发芽—开花、开花—收获期和玉米的播种—发芽、发芽—喇叭口、喇叭口—收获期计算农田用水量：

$$ET_{1-2} = \sum \gamma_i H_i (\theta_{i1} - \theta_{i2}) + P_0 + M + K, (i = 1, 2, \cdots, n) \tag{3-11}$$

式中，ET_{1-2} 为阶段耗水量，mm；i 为土层数；n 为土壤总层数，分为 0 ~ 20cm、

20~40cm、40~60cm、60~80cm 和 80~100cm 总共五层；γ_i 为第 i 层土壤干容重，kg/cm³；H_i 为第 i 层土壤厚度，cm；θ_{i1} 和 θ_{i2} 分别为各阶段开始和结束时第 i 层土壤含水量，以无水土壤质量百分比（%）表示；P_0 为有效降水量，mm；M 为当期灌溉量，mm；K 为当期补充地下水，mm。在研究区，由于作物未得到灌溉，地下水在地下 5m，故忽略式（3-11）中的 M 和 K。

（3）用水量计算

$$WUE = Y/ET \qquad (3\text{-}12)$$

式中，WUE 为水分利用效率，kg/(hm²·mm)；Y 为作物产量，kg/hm²；ET 为作物在生育期的实际耗水量，mm，即各阶段耗水量之和（Ponton et al., 2006）。

3.1.2.5 华中农业大学红壤试验站

（1）研究区概况

陈家宙（2007）等 2005 年在湖北咸宁华中农业大学红壤试验站利用'掖单13'开展田间小区玉米干旱实验，研究玉米对红壤干旱的反应以及红壤干旱程度定量表达和干旱阈值。田间实验玉米品种为'掖单13'，小区土壤为第四纪红色黏土发育的红壤，pH 为 6.52，表层有机质含量很低，仅为 3.11g/kg，速效氮、磷、钾含量分别为 22.5mg/kg、2.9mg/kg、143.8mg/kg。土壤质地为黏土（美国制），各土层土壤物理性质见表 3-6。用压力膜仪测量土壤水分特征曲线，以 −30kPa 基质势对应的含水量为田间持水量，以 −1.5MPa 基质势对应的含水量为萎蔫含水量，超过萎蔫点的含水量视为有效含水量。

表 3-6 供试土壤部分性质

土层/cm	容重/(g/cm³)	田间持水量/(cm³/cm³)	萎蔫含水量/(cm³/cm³)	粒径组成		
				0.05~2mm	0.002~0.05mm	<0.002mm
0~10	1.14	0.3394	0.2059	7.77	37.42	54.81
10~20	1.24	0.3175	0.2033	7.91	36.28	55.81
20~30	1.41	0.3424	0.2329	8.88	28.51	62.61
30~40	1.33	0.3353	0.2242	8.78	29.28	61.94
50~60	1.46	0.3547	0.2431	8.55	31.10	60.35

（2）实验方法

该地区 7~9 月为高温少雨的干旱季节。实验地块平坦，用不透水的铝塑板分隔为 24 个面积相等的矩形小区，每个小区面积为 3.24m²（2.7m×1.2m）。高120cm 的铝塑板垂直插入地下 110cm，露出地表 10cm，小区之间互不串水。播种前施足基肥，施肥量为尿素 360kg/hm²、过磷酸钙 1000kg/hm²、氯化钾 240kg/

hm^2，不再追肥。小区 5 月 25 日播种玉米，播种前和出苗后一段时间内，通过监测含水量和灌水，保证各小区土壤水分状况相近并且供水充足，经实测实施干旱前各小区 0～60cm 土层含水量略低于田间持水量，玉米生长没有受到水分胁迫。从玉米拔节中期开始（7 月 15 日，播种后 50 天）通过遮雨棚防雨和人工控制灌水进行土壤干旱处理，设置 6 种干旱水平，即分别连续干旱 12 天、21 天、25 天、28 天、33 天和 36 天后恢复灌水到实施干旱之前的水分状况，各处理分别记为 D12、D21、D25、D29、D33、D36，重复 3 次。

每个小区内各埋入 1 根 PR1 型分层测水仪探管，实验过程中，每日 9：00 左右用 FDR 土壤水分测量仪（英国 Delta-T 公司生产）测量 0～10cm、10～20cm、20～30cm、30～40cm、40～50cm、50～60cm 各层土壤体积含水量，取 3 次测量平均值。每个小区选定 5 株玉米，定期跟踪测量株高、茎粗、叶片面积等形态指标和叶片气孔导度，取 15 次平均值作为测量结果，玉米收割后考种，并分层挖出 0～30cm 土层全部活根系计数。玉米形态用常规方法测量，叶片气孔导度用 LI-1600 型气孔计测量。

3.1.3 智能温室降雨模拟实验

（1）实验材料与方法

Du 等（2015）等以 8 个玉米品种为研究材料，开展反复干旱对玉米产量的影响。实验材料是从云南省农业科学院粮食作物研究所购得的'天诺 888''云诺 6 号''云瑞 999''云瑞 6 号''云瑞 47''云瑞 88''云优 105''云天育 2 号' 8 个玉米品种。

实验土为红壤，采自当地农田，土壤层为 0～20cm。土壤的主要理化性状：pH 为 5.7，有机质含量为 37.12g/kg，有效磷含量为 53.55mg/kg，总磷含量为 2.50g/kg，总钾含量为 3.4g/kg，有效钾含量为 139.2mg/kg，总氮含量为 1.39g/kg，有效氮含量为 89.68g/kg。

（2）实验设计

实验于 2013 年 6～8 月在云南省农业科学院农业环境与资源研究所温室进行。采用盆栽实验法，对每个品种分别进行重复干旱处理和正常供水处理。每个处理重复 3 次，共 48 罐，所有处理均采用随机区组设计。将实验土混合均匀，通过筛子（3mm）筛除石子、杂物后装入直径 28cm、高 35cm 的塑料盆中。每个花盆垫 18kg 风干土，含水量为 16.7%。每盆播玉米种子 20 粒，出苗后保留 10 株生长稳定的健壮苗。播种前，每盆施 10g "施可丰" 缓释复合肥 [$m(N)：m(P_2O_5)：m(K_2O)=24：10：14$] 作基肥。在干旱胁迫下，正常灌溉至三叶期。

每天 8：00 控制并记录供水，称重采用 ES-30 KTS 电子天平（最小量为 1g）。当 50% 幼苗在水分胁迫下永久枯萎时恢复灌溉，并在 72h 后测定存活率。随后进行第二次抗旱处理。再次，当 50% 幼苗在水分胁迫下永久枯萎时恢复灌溉，并在 72h 后测定存活率。同时，结合生理指标和形态指标对玉米品种苗期抗旱性进行评价。

3.1.4 气候室降雨模拟实验

3.1.4.1 中国气象局兰州干旱气象研究所定西干旱气象与生态环境试验基地

模拟实验在人工气候室进行。人工气候室长 28.8m、宽 20m、高 4.85m，室内占地面积为 594m²，由智能控制系统、遮阳系统、自然通风系统、强制降温系统、滴灌系统、固定微喷系统、CO_2 补气系统、补光系统和加温系统组成（图 3-7）。运行过程中智能控制系统通过对各子系统的远程调控操作，使温湿度、降水量和 CO_2 等气候因子维持在实验设计的水平。

图 3-7 人工气候室

本研究升温处理主要有四大系统。一是智能控制系统，由监控计算机、PLC 温室控制器、室外气象站，以及温度传感器、湿度传感器、光照传感器和 CO_2 传感器组成。计算机设计实验气候因子参数，由智能控制系统对所控制的各种设备进行开启、关闭和启停远程控制操作。二是自然通风系统，由内、外遮阳系统组成，在智能控制系统控制下自动开启和关闭，既可以使室内气温比室外低4～7℃，又可以控制室内气温比室外高2～3.5℃。三是强制降温系统，由安装在每个室内的湿帘墙、水循环系统和2台9FJ-1250型大流量轴流风机组成，主要用于盛夏季节室外温度达30℃以上的时期降温。四是夜间和冬季升温的加温系统，由CL（W）DR0.12整体式常压电热锅炉和直径为75mm的圆翼型散热器组成。

为了确保实验正常进行，从2007年开始，在计算机上设定1℃、2℃和3℃增温处理，连续3年运行人工气候室，经测试各项运行指标达到实验要求。正式实验从2010年开始，各处理使用同样土壤，实验开始前对各处理土壤进行抽样分析，理化指标pH、有机质、CEC和湿度差异不显著（$P>0.05$）。实验设双因素等重复实验见表2-2，处理小区大小为1.5m×8.0m，行距为20cm。春小麦品种选用'西旱1号''西旱2号''西旱3号'，各品种重复2次，肥料在小麦生长季节施用2次。

3.1.4.2 引黄灌区春小麦实验

马树庆（2015）等2010～2011年春季在中国东北玉米主产区榆树市农业气象试验站开展玉米分期播种-土壤水分控制实验，建立基于苗情的玉米春旱指标和春旱减产评估模式。实验地距气象观测场20m，试验田土壤、气候和玉米栽培条件在东北玉米带具有代表性（王琪等，2011）。土壤水分和分期播种处理耦合，每年设正常、偏晚和晚播3个播期处理，以便在3个温度层面探究水分胁迫的影响。以当地适宜播期为第1播期，以后每隔7天设1期。供试品种为当地主推的'先玉335'，属中熟品种。采用当地普遍采用的垄作等距点播方式，每穴播一粒种子；垄距为62cm，株距为15cm，定苗后株距为30cm，密度为5～6株/m²，与普通玉米田一致。以每公顷复合肥800kg标准施肥，播种时将其作为底肥一次性施入，田间管理水平也与当地常规生产水平相当。

每个播期设4个水分处理和一个对照（雨养），用雨棚和灌水控制土壤水分。共建3个挡雨棚，用于3期播种。挡雨棚为一面坡自然通风式（王琪等，2011），无雨时（多数时间）棚膜收起，有雨盖棚时四周保持开放通风，以避免温室效应。观测土壤湿度、玉米出苗期、保苗率、七叶前后的株高、叶龄、生物量和单产。每个棚内并列设4个水分处理小区，每个小区面积为8.5m²。小区四周埋35cm深隔水膜，防止水分相互渗透。使用喷壶人工喷灌，播种至七叶期不同处理灌水3～6次，每次灌水量为2000kg，使4个处理小区0～20cm土层的目标土壤湿度分别在15%、17%、19%和21%左右，分别标记为重旱、中旱、轻旱和不旱。水分处理时段为播种前 10 天至七叶普遍期，各小区水分处理期 30 ~ 45 天不等，然后全部恢复雨养。生长中后期若出现干旱，适量灌水，使土壤湿度保持在 18% 以上，以保证中后期不出现严重干旱。

3.1.5 干旱胁迫模拟实验

(1) 研究区概况

2017 年干旱胁迫实验在中国气象局定西干旱气象与生态环境试验基地开展，该基地位于黄土高原半干旱雨养农业区的定西市安定区（104°37′E、35°35′N；海拔为 1896.7m），属于典型的半干旱气候，年平均气温为 6.7℃，年日照时数为 2433.0h，年太阳总辐射为 5923.8MJ/m²。该地区降水量分布不均匀，年平均降水量为 386.0mm，集中在 6 月 ~ 8 月。供试土壤为黄绵土，土质疏松，保水保肥能力差，易发生干旱。

(2) 实验设计

供试玉米当地常规品种为'承单 20 号'。采用盆栽实验法，盆内径为 29cm、高为 45cm。从大田采集 0 ~ 50cm 层土壤，风干过筛装盆（每盆装土 14kg），盆装土平均容重为 1.15g/cm³，田间持水量为 25.5%，萎蔫系数为 5.5%。实验设置两个水分处理：对照处理（CK），全生育期土壤相对湿度在 80.0% 以上；控水处理（WS），七叶期之前正常灌溉，土壤相对湿度保持在 80.0% 左右，七叶期（播种后第 23 天）开始控水，控水后第 4 天观测的土壤相对湿度约 47.8%。每个处理设 10 组重复，共 20 盆，于 2017 年 6 月 18 日播种，每个桶内播 3 ~ 4 粒，播种深度约 5cm，三叶初期定苗，保留 1 株。观测时段气温为 25.5℃，利用 Li-6400XT 光合作用观测系统（LI-COR Biosciences Inc.，USA）控制叶片温度，每个处理设置不同叶温，分别为适宜温度（25℃）、高温（35℃）及极端高温（40℃）（CK 处理对应 CK ~ 25、CK ~ 35 及 CK ~ 40；WS 处理对应 WS ~ 25、WS ~ 35 及 WS ~ 40）。播种前记录好每个盆栽空桶的质量，开始处理前 3 天每天 19：00 进行称重，记录每个盆栽质量，按照实验设计，土壤水分低于设置时进行补水，下雨时拉上遮雨棚遮雨，所有处理田间管理措施保持一致。

(3) 测定项目与方法

利用 Li-6400XT 光合作用观测系统测定玉米顶部第一片展开叶的光合生理指标，包括叶片净光合速率（P_n）、蒸腾速率（T_r）、胞间 CO_2 浓度（Ci）和气孔导度（G_s）等气体交换参数，并计算得出气孔限制值 L_s（$L_s = 1 - Ci/Ca$，其中 Ca 为大气中 CO_2 浓度）及叶片水分利用效率（WUE；$WUE = P_n/T_r$）。

在春玉米播种后第 27 天（控水后第 4 天）进行光合观测，春玉米处于营养生长阶段的七叶期需水量大，对水分变化响应敏感。利用 Li-6400XT 红蓝光源测定光响应曲线，设置光合有效辐射（PAR）为 0μmol/（m² · s）、25μmol/（m² · s）、50μmol/（m² · s）、75μmol/（m² · s）、100μmol/（m² · s）、150μmol/（m² · s）、200μmol/（m² · s）、400μmol/（m² · s）、600μmol/（m² · s）、800μmol/（m² · s）、1000μmol/（m² · s）、1200μmol/（m² · s）、1500μmol/（m² · s）、1800μmol/（m² · s）、2100μmol/（m² · s）、2400μmol/（m² · s）16 个点，以及叶室 CO_2 浓度为（400±5）μmol/mol。08：00 ~ 12：00，叶片在设置的不同温度下用 1800μmol/（m² · s）的光强诱导 30 ~ 40min，待光合参数稳定后，设置自动测量程序进行测量，每个处理重复测定 3 次。

3.2 降水量变化及干旱胁迫模拟实验方法应用

干旱灾害是世界上危害最广泛、持续时间最长且影响面最广、最严重的气象灾害（IPCC，2014；韩兰英等，2020）。全球气温升高加速生态系统水循环，导致降水格局变化，极端干旱和极端降水事件增加（张强等，2020）。干旱半干旱区是干旱灾害最频发和损失最严重的地区之一，水分胁迫严重威胁粮食和生态安全。水分影响作物的光合性能，降低作物叶片光合速率，叶片光合速率随水分胁迫加强而不断下降。水分胁迫对粮食和生态安全产生严重威胁，是影响农田生态系统结构、功能的主要非限制因子，进而影响农田生态系统的碳循环及结构稳定性。

3.2.1 降水量变化对土壤质量的影响

土壤干旱导致的作物水分胁迫是世界范围内常见的农业灾害，是制约作物生长及产量形成的最重要因素之一（Bodner et al.，2015）。土壤干旱持续时间和速度（强度）不同，对作物的影响不同，而且由于土壤水与作物的关系是动态的，静态的土壤含水量并不能全面反映这种复杂的临界状况。因此，用土壤含水量表达干旱阈值并不恰当，需要一种动态的指标来评价土壤的干旱程度，确定土壤干旱阈值。土壤侵蚀已经在全球范围内被确定为对环境的主要威胁。人类活动和农业实践是农田土壤侵蚀过程的明显加速器（Poesen，2017）。保护性耕作以及作物覆盖，可以明显减少此类情况。水土流失导致的欧洲各国土壤碳因子下降幅度较大的是爱沙尼亚（-11%）、法国（-8%）、葡萄牙（-7%），相比之下，保加利亚（13%）、希腊（5%）、波兰（4%）、爱尔兰（3%）均有所增加。

在输沙方面，水土保持技术的作用更为明显。2016 ~ 2021 年在捷克利用降雨模拟器对传统耕作的玉米种植区的研究表明平均有 2.7kg 泥沙被搬运。等高耕作将运输的泥沙量减少 70%，达到 0.9kg；浅耕可以减少 85% 运输量，至 0.4kg；直接播种减少 96% 运输量至 0.1kg。水土保持技术主要是保护土壤免受降雨干扰，减少径流的作用较小，径流较低，并且泥沙输运量较低（图 3-8）。在 BBCH第二阶段（BBCH 31~60），与玉米植株的发育有关，在这一阶段，植株的叶面积最大。

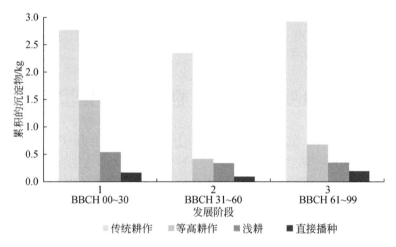

图 3-8　不同耕作方式对玉米输沙量的影响

数据为干湿条件的平均值

为了推导 C 因子，本研究必须首先测量每个植物发育阶段的土壤流失率（由 BBCH 表示）。土壤流失率也可以与其他实验研究进行比较。在捷克官方设计项目中使用的 C 因子值与本研究结果相似。本研究结果表明，只有浅耕的 C 因子比目前使用的值低。但存在较高的标准偏差（表 3-7）。这在基于自然的实验中很常见，因为相关的不确定性和少量的重复。

表 3-7　玉米耕作变异体的土壤流失率（干湿条件的平均值）

玉米变量	BBCH00~30		BBCH31~60		BBCH61~90		C 因子
	土壤流失率	标准差	土壤流失率	标准差	土壤流失率	标准差	
传统耕作	0.385	0.342	0.373	0.249	0.387	0.342	0.36
等高耕作	0.206	0.229	0.033	0.029	0.051	0.058	0.28
浅耕	0.045	0.002	0.031	0.039	0.027	0.032	0.09
直接播种	0.003	0.004	0.006	0.006	0.011	0.020	0.04

即使在裸露的土壤条件下，降雨–径流关系也比实际的泥沙输送更容易复制。在初始样地非饱和（"干"实验）下，径流率为 62%，变异系数为 25%。在初始样地饱和条件下（"湿"实验），径流率增加到 81%，变异系数降至 12%。从这些数值可以看出，在"湿"实验条件下，降雨模拟器实验的可比性和变异性更好。在土壤流失和输沙方面，由于土壤侵蚀过程更加复杂，变化更大（Kinnell，2016）。仅经 30~33min 强降雨后，单片侵蚀造成的土壤流失量相当于 5.19Mg/hm²。"干"和"湿"实验条件下的变异系数分别为 42% 和 32%。这表明，土壤流失量的变异性几乎是径流变异性的两倍。

水土保持技术对径流减少有影响。虽然传统播种的玉米在"干"和"湿"实验条件下的平均径流率为 50%，但水土保持技术分别将等高耕作、浅耕和直接播种的径流率降低到 33%、32% 和 20%。我们必须考虑到上述结果约 25% 的可变性。径流率越低意味着地表径流越少，因此水流功率越低，土壤侵蚀越少。这使得水土保持技术减少土壤流失的效果显而易见。以传统耕作方式播种的玉米，平均产生 2.7kg 泥沙，相当于 1.63Mg/hm²（地块面积为 16m²）。水土保持技术的使用将其减少到 0.54Mg/hm²。采用土壤保持技术，等高耕作、浅耕和直接播种的土壤水分含量分别降至 0.54Mg/hm²、0.25Mg/hm² 和 0.09Mg/hm²。

由于较大的可变性，从有限的一组实验中计算 C 因子是一个挑战。然而，对土壤流失率的分析证明了水土保持技术在泥沙运移方面的有效性。本研究得出的 C 因子值比官方使用值低 25%，浅耕条件下低 55%。在所有这些情况下，我们必须考虑到基于休耕地实验中检测到的变异性的值大约 40% 的不确定性。

3.2.2 降水量变化及干旱胁迫对作物生长发育的影响

作物对土壤水分胁迫有复杂的调控反馈机制，土壤水分亏缺并不总是降低产量，适度的水分亏缺有些作物并不减产（赵丽英等，2004）。在特定的作物和栽培条件下，土壤干旱应当存在一个临界状况（许振柱等，2003），在此临界状况之前作物对干旱产生适应性的变化，生理过程没有受到明显影响，恢复正常供水后不减产；干旱程度超过这一临界状况，作物将受到永久性的损害，恢复正常灌水后生理指标也不能正常恢复，产量显著降低，这一临界状况称为土壤干旱阈值，它是调亏灌溉的依据（孟兆江等，2006）。

3.2.2.1 降水量变化和干旱胁迫对苗情的影响

（1）水分胁迫对玉米苗情的影响

马树庆（2015）2010~2011 年在中国东北开展的玉米分期播种和水分胁迫

控制实验表明，玉米出苗期和七叶期等发育期为普遍期，叶龄、株高和生物量为玉米苗达到七叶后的一次观测值。由于观测时次不同，生物量均取 6 月 15 日观测值，株高和叶龄均为 6 月 20 日的观测值，此时玉米生育期最晚的小区已经通过七叶期。结果表明，对照、不旱、轻旱、中旱、重旱的土壤湿度、叶龄、株高、生物量和产量均呈递减趋势，各处理间差异明显。两年各处理玉米生长中后期气温较高，都达到成熟，中、后期没有受到低温或干旱影响（2010 年后期出现短期干旱，灌水后及时解除旱情），因而两年各小区玉米产量主要取决于春旱引起的苗情变化。

（2）水分胁迫对幼苗成活率的影响

幼苗成活率综合反映了水分胁迫条件下玉米植株失水速率及其复水后的恢复速率，与苗期抗旱性密切相关。Du 等（2015）的研究表明，连续两次干旱后，各品种的成活率均显著下降，不同品种的成活率差异较大，反映了品种的抗旱性（表3-8）。'云瑞47'苗的成活率最高，平均为73.33%；其次是'云天育2'和'云游105'，成活率分别为71.67%和70.00%；'云瑞88'幼苗成活率最低，平均值为48.33%。

表3-8 干旱胁迫下玉米幼苗成活率　　　　　　　　（单位:%）

玉米品种	第一次干旱处理后的成活率	第一次干旱处理后的成活率	反复干旱处理后的存活率
'天诺888'	76.67	60.00	68.33
'云诺6'	73.33	60.00	66.67
'云瑞999'	70.00	60.00	65.00
'云瑞6'	73.33	30.00	51.67
'云瑞47'	73.33	73.33	73.33
'云瑞88'	76.67	20.00	48.33
'云游105'	73.33	66.67	70.00
'云天育2'	76.67	66.67	71.67

3.2.2.2 降水量变化和干旱胁迫对作物叶片的影响

（1）水分对作物叶片气孔导度的影响

陈家宙（2007）2005 年在华中农业科技大学开展的水分胁迫实验表明，气孔导度对土壤干旱和复水有明显反应。可以看到，在 D12 处理复水时（其他处理还在继续干旱），D12 处理气孔导度最大，是其他处理平均值的 2.5 倍，差异极显著（图 3-9）。在 D21 处理复水时，D21 处理和 D12 处理气孔导度较大，是其他几个还没有复水的处理（D25、D28、D33、D36）的 2 倍，组间差异显著；而且 D21 处理复水后气孔导度有补偿恢复，稍大于（差异不显著）已经提前复水的 D12 处理的气孔导度（图 3-9）。D25、D29 处理复水时也有类似的恢复和短期的补偿恢复现象。但干旱处理时间继续延长，严重干旱处理的情况则有所变化，D33 处理和 D36 处理复水时气孔导度虽有所恢复，但恢复之后的气孔导度值远小于干旱时间少于 33 天的几个处理，且差异显著，表明在本实验条件下，干旱时间超过 33 天，玉米叶片气孔调节机制已经受到了严重影响，复水后不能完全恢复。

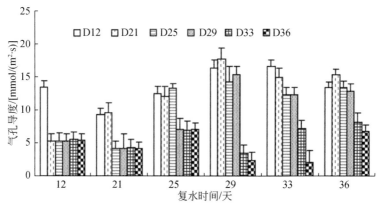

图 3-9　不同复水时间下玉米的气孔导度

上述结果说明几个问题。第一，干旱使气孔导度降低；第二，干旱时间不长时，玉米复水后气孔导度可以正常恢复，而且初始复水时还有一定的补偿效应，之后灌水补偿现象不明显，说明补偿恢复属短期现象；第三，干旱超过一定时间后再复水，气孔导度虽仍有所恢复但不能达到正常水平，补偿恢复现象消失，气孔导度对土壤干旱产生阈值反应。本实验条件下玉米气孔导度的红壤干旱阈值就是持续干旱时间达到 33 天。

（2）叶片光合参数对干旱胁迫和叶温变化的响应

2017 年，齐月等（2023）在中国气象局定西干旱气象与生态环境试验基地开展的盆栽水分控制实验表明，干旱胁迫下春玉米七叶期不同叶温的光响应曲线如图 3-10 所示，在一定 PAR 范围内，叶片净光合速率（P_n）随 PAR 的增加而增大，当 PAR$>$1000μmol/(m^2·s) 时，CK 处理 P_n 增速放缓；当 PAR$>$500μmol/(m^2·s) 时，WS 处理 P_n 增速较慢，光响应曲线逐渐趋于平缓，直至达到光饱和。WS 处理 PAR 达到光饱和的阈值较 CK 下降，降幅约为 20%。WS 处理 P_n 在 PAR 高值区 [$>$500μmol/(m^2·s)] 显著小于 CK 处理，表明干旱胁迫对春玉米

P_n 有较大影响。

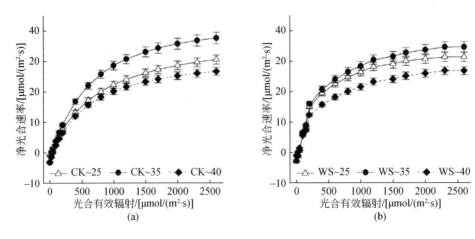

图 3-10　CK 处理（a）和 WS 处理（b）下不同叶温春玉米七叶期叶片光响应曲线

表 3-9 表明，对于干旱胁迫下不同叶温叶片 P_n 的变化，WS 处理 P_n 均表现为高温（35℃）>适宜温度（25℃）>极端高温（40℃）的变化趋势（齐月等，2023）。当 PAR>1000μmol/（m^2·s）时，CK 和 WS 处理各温度（除 25℃外）间 P_n 存在显著差异，WS～25、WS～35 处理 P_n 分别较 CK～25、CK～35 差异较小，WS～40 处理 P_n 较 CK～40 差异显著（$P<0.05$）。主要由于相对于水分条件，春玉米对温度的变化响应更敏感，适宜温度促使春玉米净光合速率提高，当温度过高时，玉米叶片通过自身调节来响应光强的变化而引起净光合速率的变动。WS～40 处理 P_n 较 CK～40 显著减小（$P<0.05$），春玉米叶片表现出明显光抑制现象（齐月等，2023）。

表 3-9　不同处理春玉米七叶期叶片光响应生理特征参数

处理	最大净光合速率	表观量子率	光补偿点	光饱和点	暗呼吸速率	决定系数
CK～25	31.355±2.382[a]	0.039±0.008[a]	20.8±1.162[a]	2246.4±35.421[b]	3.7771±0.143[b]	0.9999±0.000
CK～35	31.355±2.382[a]	0.065±0.005[a]	22.0±2.532[a]	2433.6±29.831[a]	3.2248±0.085[ab]	0.9998±0.002
CK～40	40.032±0.544[b]	0.033±0.007[b]	22.0±2.532[a]	2512.2±22.451[b]	3.0620±0.183[b]	0.9999±0.000
WS～25	32.206±2.563[a]	0.083±0.003[b]	26.0±1.522[bc]	1367.6±32.158[d]	3.0620±0.183[b]	0.9944±0.006
WS～35	35.513±1.427[b]	0.059±0.006[a]	26.0±2.427[a]	1482.5±33.142[a]	3.0620±0.183[b]	0.9944±0.006
WS～40	27.521±2.568[a]	0.059±0.006[a]	20.8±3.251[b]	1482.2±33.142[a]	3.6354±0.106[a]	3.6354±0.106[a]

注：小写字母表示通过 0.05 的显著性检验，但不同字母表示不同处理间差异显著，相同字母则表示差异不显著。

3.2.2.3 干旱胁迫对作物形态的综合影响

(1) 干旱胁迫对不同玉米品种形态指标的影响

Du 等 (2015) 的研究表明, 重复干旱胁迫下除'云天育 2'外的 7 个玉米品种的叶面积均显著低于对照。'云瑞 6'叶面积降幅最大 (88.36%), '天诺888'最小 (72.24%), 这说明干旱胁迫对玉米叶片生长有不利影响。

水分胁迫影响养分的输送, 表现为作物根冠比的变化。重复干旱胁迫后, 8个玉米品种的根冠比均较对照有不同程度提高, 且品种间差异显著 (表 3-10)。与对照相比, '云瑞 88'的根冠比增幅最大。'天诺 888''云诺 6''云端 999'是 8 个中较小的。这说明干旱胁迫对不同玉米品种的根冠比有不同的影响。

表 3-10 干旱胁迫下玉米幼苗形态指标

玉米品种	株高/cm		叶面积/cm²		根冠比		根鲜重/g	
	正常	干旱	正常	干旱	正常	干旱	正常	干旱
'天诺888'	119.4±1.1[f]	31.4±0.5[b]	240.3±3.23[f]	66.7±0.32[c]	0.1	0.1	19.4±0.2[a]	2.6±0.1[e]
'云诺6'	126.9±3.4[e]	27.8±0.5[d]	232.4±5.1[f]	60.5±0.8[d]	0.1	0.1	19.0±0.6[b]	3.1±0.1[c]
'云瑞999'	150.5±0.9[bc]	24.2±0.1[f]	262.2±5.0[e]	67.0±2.4[c]	0.1	0.1	13.5±0.3[d]	2.4±0.1[f]
'云瑞6'	140.7±2.5[d]	26.7±0.4[e]	274.9±3.3[d]	32.0±1.3[d]	0.08	0.1	15.3±0.5[c]	2.8±0.1[d]
'云瑞47'	154.4±2.2[b]	30.1±0.6[c]	306.1±6.0[c]	70.1±0.7[b]	0.08	0.2	14.1±0.4[d]	3.6±0.1[b]
'云瑞88'	130.1±2.8[e]	26.2±1.0[e]	336.0±3.9[b]	41.0±0.9[f]	0.06	0.2	10.5±0.01[e]	1.9±0.1[g]
'云游105'	147.7±4.5[c]	27.1±0.5[de]	302.6±3.6[c]	56.37±1.1[e]	0.07	0.2	9.2±0.6[f]	2.3±0.1[f]
'云天育2'	168.1±2.7[a]	36.1±0.4[a]	439.2±3.7[a]	110.8±2.2[a]	0.05	0.1	15.8±0.2[c]	4.8±0.1[a]

玉米品种	茎鲜重/g		根干重/g		茎干重/g	
	正常	干旱	正常	干旱	正常	干旱
'天诺888'	175.2±0[c]	21.9±0.5[c]	7.0±0.7[a]	0.8±0.1[bc]	36.9±0.2[c]	2.4±0.02[d]
'云诺6'	175.2±4.1[c]	23.9±0.9[b]	5.5±0.2[cd]	0.6±0[d]	35.2±0[d]	2.2±0.1[de]
'云瑞999'	138.5±2.4[d]	16.9±0.0[e]	4.7±0.4[de]	0.8±0.1[c]	30.2±0[f]	1.5±0.04[f]
'云瑞6'	195.2±4.1[b]	20.2±0.0[d]	5.1±0.3[cd]	0.8±0.1[c]	41.5±0.5[d]	3.3±0.1[de]
'云瑞47'	178.5±0.9[c]	20.2±0.0[d]	4.0±0.4[ef]	0.9±0.02[b]	36.9±0.3[c]	5.1±0.03[b]
'云瑞88'	190.2±3.6[b]	13.5±0.5[f]	3.7±0.2[f]	0.5±0.03[d]	33.5±0.5[e]	1.5±0[f]
'云游105'	130.0±2.2[e]	16.9±0.2[e]	2.9±0.01[f]	0.8±0.04[bc]	33.5±0.3[e]	2.1±0.1[e]
'云天育2'	356.9±2.4[a]	61.9±0.5[a]	6.0±0.2[b]	1.4±0.01[a]	73.5±0.1[a]	10.3±0.1[a]

注: 同列不同小写字母表示在 0.05 水平上差异显著。

不同玉米品种的地上部（包括茎叶、籽粒）鲜重和根鲜重与对照相比均有不同程度的下降，且品种间差异显著（Du et al., 2015）。与对照相比，'云瑞88'茎鲜重降幅最大（92.90%），'云天育2'茎鲜重降幅最小（82.66%），'天诺888'根鲜重降幅最大（86.60%），'云天育2'最低（69.62%）。这说明干旱胁迫对玉米植株生长发育有抑制作用，且抑制程度因品种而异。

植株茎干重反映了幼苗的生长状况，是干物质积累能力的一个指标。重复干旱胁迫后，各品种茎干重均有所下降，但品种间存在差异。与对照相比，'云瑞88'和'云瑞999'的茎干重降幅较大，分别为95.52%和95.03%。'云瑞47'和'云天育2'的茎干重降幅较小，分别为86.18%和85.99%。

植株根干重反映了幼苗根系的生长状况，与玉米的抗旱性直接相关。反复干旱胁迫后，'云瑞47'和'云天育2'的根干重降幅较小，分别为77.50%和76.67%；'天诺888'和'云诺6'号根干重降幅较大，分别达到88.57%和89.09%。这说明干旱胁迫对茎干重和根干重的影响不同。

两年的玉米分期播种和田间土壤水分控制实验数据分析表明，春季玉米播种至七叶期持续春旱导致出苗晚、出苗率低、植株矮、叶片生发和单株生物量积累缓慢。在春旱条件下，玉米产量与出苗期、出苗率、苗期株高、叶龄和生物量均显著相关，其关系可用线性函数或二次函数来模拟。玉米出苗期较正常出苗期推迟1天，产量下降2.9%，出苗率降低10%，玉米单产依次下降9.2%，株高、叶龄和根茎叶干重每下降10%，玉米单产分别下降13.4%、11.1%和5.5%左右。玉米春旱减产程度取决于玉米出苗情况和幼苗生长状况等诸多要素的综合影响，在玉米拔节后无严重灾害的条件下，建立玉米产量对出苗期、保苗率、幼苗株高、叶龄（或生物量）的综合反应模式可以定量预测玉米春旱减产率，多数样本评估（预测）误差在±5%以内，绝对平均误差在6.5%左右。

（2）干旱胁迫对红壤区玉米植株形态的影响

陈家宙（2007）2005年在华中农业科技大学开展的水分胁迫实验表明，土壤干旱影响玉米的株高、茎粗和叶面积等形态指标，但是在土壤干旱到一定程度后，这些形态指标才显著降低，对土壤干旱存在阈值反应。受干旱的影响，玉米株高在其后的拔节—抽穗期的增长量减少，D21、D25、D29、D33和D36处理的增长量分别是D12处理增长量的98.7%、98.2%、89.0%、87.4%和69.1%，可见干旱时间越长，玉米株高越矮（图3-11）。但是，实验结果同时表明，D25、D21、D12处理间株高在统计上并无显著性差异，干旱持续时间达到29天后才明显下降（图3-11）。这表明玉米株高对土壤干旱存在阈值反应，在土壤干旱达到一定程度之前，株高并没有受到明显抑制。

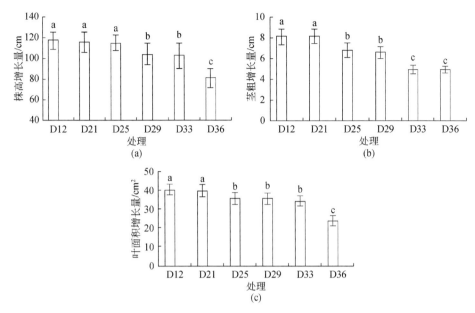

图 3-11　不同处理对玉米植株几种形态的增长量的影响

玉米根系对土壤干旱也有明显的反应，表 3-11 是玉米收割时 0～30cm 土层活根的情况。可以看到，与地上部形态一样，连续干旱使玉米总根数、根重和根体积都减少，总体而言，D12 处理和 D21 处理与其他处理差异显著，而这两个处理之间无显著差异，表明干旱时间超过 21 天之后，根系生长受到明显抑制，即对土壤干旱产生阈值反应。表 3-11 结果显示，不同处理总根数之间的差异主要来自土壤上层，干旱处理下 0～10cm 表层根数减少较多，而对 20～30cm 根数影响不明显。

表 3-11　不同干旱处理下的玉米收割时的活根状况

| 处理 | 根重 /g | 根体积 /cm³ | 不同土层根数 | | | 总根数 |
			0～10cm	10～20cm	20～30cm	
D12	7.25[a]	5.8[a]	36.4[a]	24.1[a]	8.3[a]	68.9[a]
D21	7.18[a]	5.8[a]	38.3[a]	22.5[a]	7.7[a]	68.5[a]
D25	7.30[a]	5.4[a]	26.8[b]	14.3[bc]	8.2[a]	49.3[b]
D29	4.37[b]	4.2[b]	26.2[b]	10.8[c]	8.5[a]	45.5[b]
D33	4.20[b]	4.2[b]	21.1[c]	19.2[a]	7.4[a]	47.7[b]
D36	4.09[b]	4.0[b]	19.5[c]	18.3[a]	6.8[a]	44.6[b]

3.2.2.4 干旱胁迫对作物生理生化指标影响

（1）干旱对作物叶绿素的影响

杨阳等（2022）2017 年在干旱半干旱区定西和武威开展的玉米干旱胁迫实验表明，干旱胁迫不同程度降低了干旱半干旱区玉米叶绿素含量，其中干旱区自然干旱条件下（T2 处理）灌浆期叶绿素含量下降最明显（图 3-12）。半干旱区拔节—灌浆期，T1、T2 处理玉米叶绿素含量均相比 CK 处理降低，灌浆期 T2、T1 处理分别显著减少 12.1%、9.0%；干旱区 T1 处理与 CK 处理在抽雄期差异显著（$P<0.05$），玉米叶绿素含量较 CK 处理增加 20.6%，七叶—灌浆期 T2 处理与 CK 处理相比有所减少，拔节期、抽雄期、灌浆期分别减少 63.7%、74.7%、46.3%（图 3-12）。由此可见，不同气候区不同干旱条件下玉米叶片叶绿素含量均受到抑制，干旱灌溉区更明显。

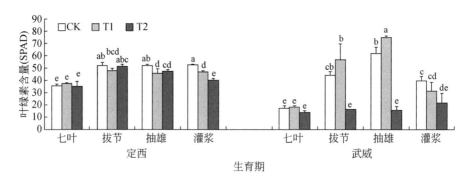

图 3-12　不同干旱胁迫对半干旱区定西和干旱区武威不同生育期玉米叶绿素含量的影响

（2）干旱对作物光合作用的影响

Maria 等（2022）2019～2020 年在希腊北部利用玉米开展的干旱胁迫实验表明，光合效率受"年份"（Y）（$P<0.001$）、"灌溉"（I）（$P=0.003$）、"生育期"（GS）（$P<0.001$）和"年份×生育期"（$P<0.001$）的双向交互作用的影响。不同年份的光合效率在第一生育期最高，平均值为 0.758（表 3-12）。在这两年的实验中，最低值出现在第二生长阶段（2019 年和 2020 年分别为 0.762 和 0.706）。不同处理中，蒸散 50% 处理的荧光值最低，平均值为 0.726。相反，蒸散 100% 处理的值最高，平均值为 0.766。蒸散 70% 处理的平均值为 0.747。

表 3-12　2019 年和 2020 年两个生育期的光合效率

灌溉措施	2019 年	2020 年	平均值
生育期 1	0.799[a]	0.718[c]	0.758[a]

续表

灌溉措施	2019 年	2020 年	平均值
生育期 2	0.762[b]	0.706[c]	0.734[b]
总平均值	0.780	0.712	
LSD$_{0.05}$生育期×年份		0.021	
生育期的显著性（P 值）			<0.001
年份的显著性（P 值）		<0.001	
蒸散 50%	0.770[a]	0.683[a]	0.726[a]
蒸散 70%	0.772[a]	0.722[b]	0.747[b]
蒸散 100%（对照）	0.800[b]	0.732[b]	0.766[c]
LSD$_{0.05}$灌溉			0.019

注：生育期 1，花期生长期；生育期 2，花期后 20 天生长期。根据 LSD 标准，相同字母后的均值在 0.05 水平上无统计学显著性差异。

（3）干旱胁迫对叶面积和光有效辐射动态变化的影响

水分胁迫对 LAI 的影响直接导致了冠层 PAR 截获率的差异。在低 LAI 的条件下，冬小麦冠层 PAR 截获率主要受天气情况和太阳高度角的影响（Hipps et al.，1983），水分胁迫对其影响不大。此外，由于冬小麦从拔节期开始封行，传感器才能准确测量到冠层上下的 PAR 差异，因此主要分析了拔节期到收获时的冠层 PAR 截获率的变化情况。2015 ~ 2016 年和 2016 ~ 2017 年生长季 WS 处理的 PAR 截获率低于其他 3 个处理（图 3-13），而且差异明显。在返青期和拔节期（播后 140 ~ 180 天），两年的 ES 处理与 CK 处理的 PAR 截获率并无明显差异，而 LS 处理的 PAR 截获率均高于 CK 处理。而在抽穗期和灌浆期（播后 180 ~ 230 天），ES 处理则始终低于 CK 处理，而 LS 处理与 CK 处理无明显差异。CK、ES、LS 和 WS 处理两年的最大冠层截获率平均值分别为 90%、88%、79% 和 42%（图 3-13），这表明冬小麦营养生长阶段受旱对其 PAR 截获率有更严重的影响，这与前述研究结论相似。

2015 年 10 月 ~ 2017 年 6 月在陕西杨凌西北农林科技大学开展的节水灌溉实验表明，水分胁迫对冠层 PAR 截获率的影响主要通过影响叶面积来体现。消光系数描述植物冠层结构以及冠层截获光能力，受种植结构、太阳高度角、叶倾角分布等因素的影响（Monsi，1953）。计算所得 CK、ES、LS 和 WS 处理的消光系数分别为 0.23、0.29、0.32 和 0.16，即 4 个处理的平均值为 0.25。而高晓飞等（2004）的研究结果显示冬小麦消光系数介于 0.50 ~ 0.85，与之相比，本研究得到的结果要小得多。消光系数在一定程度上反映了大田作物群落结构和受光态势。4 个处理中，WS 处理的消光系数最小，说明该处理叶片生长很差，冠层透

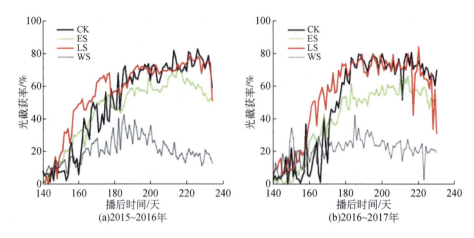

图 3-13   2015～2016 年和 2016～2017 年生长季不同受旱阶段冬小麦冠层 PAR 截获率

射率高，实际观测中，该处理小麦叶片短小，数量少，水分胁迫对冠层的发育产生了明显的负面影响。消光系数对冠层 PAR 截获率的估算有直接影响，而冠层 PAR 截获率能否准确计算对作物干物质的模拟至关重要，但是作物生长模型往往不考虑地理因素、气候条件及管理因素的差别，而将消光系数作为一个常量对待，这可能会使模型模拟结果产生误差。

大田条件下，作物产量与冠层截获入射辐射能力以及辐射转化为干物质的效率密切相关（Li et al.，2008）。冠层 PAR 截获率是评价冠层辐射截获能力的有效指标，LAI 是影响冠层 PAR 截获能力最重要的因子（图 3-14）。作物通过叶片将到达冠层的光合有效辐射截获并通过光合作用转化为干物质，这个过程的转化效率被定义为辐射利用效率（RUE）。作物的干物质生产和冠层 PAR 截获率与辐射利用效率密切相关。

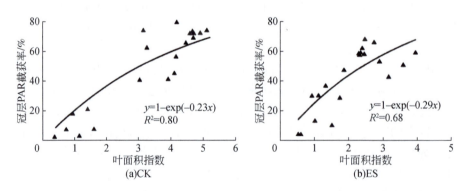

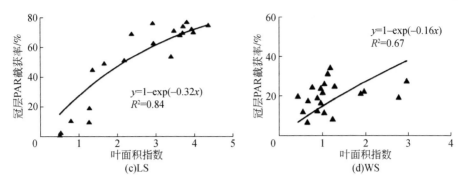

图 3-14 不同受旱阶段处理下冬小麦冠层 PAR 截获率和 LAI 的关系

3.2.2.5 干旱胁迫对作物生物量和产量的影响

（1）干旱胁迫对作物生物量和生长速率的影响

2015 年 10 月～2017 年 6 月在陕西杨凌西北农林科技大学开展的节水灌溉实验表明，不同处理的冬小麦收获期地上部生物量介于 411～1724g/m² （表 3-13）。2015～2016 年生长季冬小麦拔节期，WS 处理与其他处理的生物量有显著的差异。在抽穗期，ES 处理与 LS、WS 处理相比有显著差异，而与 CK 处理没有显著差异。从冬小麦进入抽穗期直到灌浆期开始，营养生长基本停止，CK 处理的生物量最大，生物量明显比其他 3 个处理增加快，同时 ES 和 LS 处理的生物量除抽穗期外差异不大。从拔节期开始到抽穗期结束，阶段性水分胁迫对干物质积累的影响并不明显。然而，从灌浆期开始一直到冬小麦收获，ES 和 LS 处理的地上部生物量累积速率显著高于 WS 处理，在收获时，CK 处理地上部生物量分别比ES、LS 和 WS 处理高 6.5%、6.6% 和 226.0%。2016～2017 年生长季的冬小麦生物量和上一生长季有相似的趋势，冬小麦收获期地上部生物量 CK 处理分别比 ES、LS、WS 处理高 10.4%、11.3%、160.4%。在收获期，CK、ES、LS 和 WS 处理两年的平均地上部生物量分别为 1532g/m²、1410g/m²、1403g/m²、537g/m²。本研究表明全生育期受旱显著影响冬小麦地上部生物量的积累，而在冬小麦的某个发育阶段受旱，对其生物量累积并不会有显著差别。2016～2017 年生长季的最终地上部生物量要显著高于 2015～2016 年生长季，主要原因可能是因为2016～2017 年生长季的冬小麦生育期内日平均气温较高，冬小麦生育期内有更高的积温（Cooper 1979；Wilson et al., 1973）。

研究中 4 种处理的作物生长速率与地上部生物量表现出相同的规律（表 3-14）。地上部生物量和作物生长速率之间相关性较好（图 3-15）。充分灌水的 CK 处理的作物生长速率显著高于其他 3 个处理，最低的是全部受旱的 WS 处理，而 ES 和 LS 处理之间差异不大，CK 处理的作物生长速率分别比 ES、LS 和 WS 处理高 13%、15% 和 222%。整个实验中，全生育期受旱和生殖阶段受旱对冬小麦生长速率的负面作用更大。

表 3-13 2015~2016 年和 2016~2017 年生长季不同处理下冬小麦各生育期地上部生物量

（单位：g/m²）

生长季	处理	拔节期	抽穗期	开花期	灌浆期	收获期
2015~2016 年	CK	100ᵃ	185ᵃᵇ	957ᵃ	1291ᵃ	1340ᵃ
	ES	101ᵃ	238ᵃ	818ᵇ	964ᵇ	1258ᵃ
	LS	88ᵃ	152ᵇ	557ᵇ	677ᵇ	1257ᵃ
	WS	43ᵇ	72ᶜ	305ᶜ	380ᶜ	411ᵇ
2016~2017 年	CK	214ᵃ	455ᵃ	984ᵃ	1652ᵃ	1724ᵃ
	ES	157ᵇ	388ᵃ	815ᵃ	1401ᵇ	1562ᵃ
	LS	180ᵃᵇ	400ᵃ	674ᵇ	1400ᵇ	1549ᵃ
	WS	113ᶜ	209ᵇ	433ᶜ	501ᶜ	662ᵇ

表 3-14 2015~2016 年和 2016~2017 年生长季不同处理下冬小麦的作物生长速率

［单位：g/(m²·d)］

处理	2015~2016 年	2016~2017 年
CK	18.9ᵃ	23.5ᵃ
ES	16.2ᵇ	21.5ᵇ
LS	15.9ᵇ	21.3ᵇ
WS	5.5ᶜ	7.8ᶜ

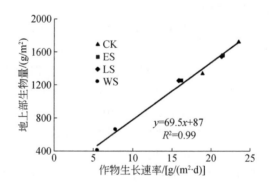

图 3-15 地上部生物量与作物生长速率的关系

（2）干旱胁迫对作物产量的影响

杨阳等（2022）2017 年在干旱半干旱区定西和武威开展了玉米干旱胁迫实验，根据田间测定，选取影响玉米的株高（x_1）、单株叶面积（x_2）、叶片重（x_3）、茎粗（x_4）、果穗长（x_5）、果穗粗（x_6）、秃尖长度（x_7）、芯重（x_8）、粒重（x_9）及百粒重（x_{10}）10 个农艺性状进行主成分分析（表 3-15）。可以看出，前两个主成分的累计贡献率为 87.63%，可以概括 10 个农艺性状的总信息量。第一主成分特征值为 5.14，贡献率 51.41%，特征值最大，说明第一主成分对原变量反映的综合能力最强。其中，果穗粗（x_6）、秃尖长度（x_7）、茎粗（x_4）及叶片重（x_3）权重系数较大（表 3-16），说明第一主成分可以作为玉米生长因子。随着果穗粗（x_6）、秃尖长度（x_7）、茎粗（x_4）及叶片（x_3）增加，玉米长势越强，而株高与玉米生长因子呈负相关，由此可见，株高过高将会影响果穗长、果穗粗、粒重和百粒重，因此，选择株高、单株叶面积、茎粗适宜的品种对产量构成因素影响较大。

表 3-15　干旱区武威玉米产量构成因素相关矩阵的特征值、贡献率及累计贡献率

主成分	特征值	贡献率/%	累计贡献率/%
1	5.14	51.41	51.41
2	3.62	36.22	87.63

表 3-16　干旱区武威玉米 10 个农艺性状的主成分载荷矩阵

农艺性状	第一成分	第二成分
x_1	−0.0908	−0.3926
x_2	0.3812	−0.2615
x_3	0.4021	−0.1361
x_4	0.4130	−0.0190
x_5	0.3645	0.2086
x_6	0.4369	0.0581
x_7	0.4206	−0.1401
x_8	0.0721	0.4174
x_9	0.0892	0.4988
x_{10}	0.0184	0.5187

第二主成分特征值为 3.62，贡献率 36.22%。其中，粒重（x_9）和百粒重

（x_{10}）的权重系数较大，说明第二主成分可以作为玉米粒重因子；株高（x_1）、单株叶面积（x_2）、叶片重（x_3）、茎粗（x_4）及秃尖长度（x_7）的权重系数为负值，因此，叶片较大、生长较高的植株会影响玉米产量的构成，种植时不宜选择。

陈家宙等（2007）2005 年在华中农业科技大学开展的水分胁迫实验表明，土壤干旱对玉米的各种影响最终都会在产量上表现出来，确定土壤干旱阈值应当以产量为主要依据。玉米产量构成及产量对土壤干旱也有明显的阈值反应。干旱超过 12 天后，玉米单穗干重、单穗粒重、产量显著降低；干旱超过 25 天后，玉米穗长、秃尖长度、单穗粒数、百粒重显著降低。进一步比较不同处理的产量显示，D21、D25、D29、D33、D36 处理的产量分别是 D12 处理的 95.2%、95.2%、72.0%、69.1%、50.0%。如果以产量显著降低 5% 为减产标准，则在本实验条件下，干旱时间不超过 25 天玉米都没有减产，此时的土壤干旱程度即为红壤–玉米干旱阈值。

（3）干旱胁迫下生物量与产量的关系

植株生物量是幼苗生长进程和植株繁茂程度的综合反应。干旱降低幼苗干物质积累速率，进而影响植株中、后期的生长和最终产量。2010～2011 年在中国东北开展的玉米分期播种和水分胁迫控制实验表明，玉米苗期相对根茎叶干质量与玉米产量的关系极为密切，其中总干质量与单位面积产量的关系为极显著的对数函数关系 [图 3-16（a）]，苗期（6 月 15 日）单株总干质量每减少 1g，产量下降 820～850kg/hm^2；单株相对根干质量与相对产量的关系为极显著（$P<0.01$）的二次曲线关系 [图 3-16（b）]，相对根干质量在 75% 以下，根干质量每减少 10%，相对产量约下降 6%，但相对根干质量在 75% 以上，相对产量随着相对根干质量减少而减少的趋势明显趋缓，说明干旱对根生长的抑制作用要比对地上茎叶的抑制作用弱，在相对茎叶干质量较小的情况下，相对根质量增加对产量影响不大。相对茎叶干质量和相对总干质量与相对产量的关系均为极显著（$P<0.01$）的线性关系，单株幼苗相对茎叶干质量和相对总干质量每减少 10%，相对产量下降 5% 左右 [图 3-16（c）、（d）]。

玉米种子吸收到足够的水分并在一定的温度范围内才能出苗，播种后严重干旱会出现"炕种"现象，延迟出苗期。2010～2011 年在中国东北开展的玉米分期播种和水分胁迫控制实验表明，正常温度条件下，播种至出苗期间土壤湿度由 25% 左右降至 16% 左右，播种至出苗间隔时间由 10 天左右延长到 20 多天。东北地区由于积温不足，无霜期较短，玉米出苗期明显推迟会引发延迟型冷害，导致成熟前遇到霜冻而减产（马树庆等，2006）。播种至出苗时间越长，产量越低。出苗期推迟时间和相对产量数据可以在不同播种期和年份间比较，两者关系显著

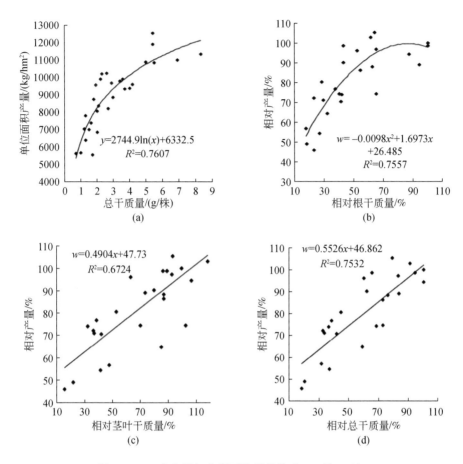

图 3-16　玉米产量与苗期干物质的关系（6 月 15 日）

［图 3-17（a）］（$n=30$，$P<0.05$），R^2 为 0.4797，出苗期每推迟 1 天，玉米减产
2.9%（马树庆等，2015）。

根据品种特性，实验每穴播 1 粒种子，因此出苗率即保苗率，是苗情好坏的
重要指标。东北玉米带玉米播种后遇到严重干旱会"芽干"，出苗率明显下降
（马树庆等，2013），导致减产。玉米出苗率与相对产量的关系呈极显著（$n=30$，
$P<0.01$）的线性关系［图 3-17（b）］，出苗率每下降 10 个百分点，相对产量下
降 983.4kg/hm²，减产 9.2% 左右（马树庆等，2015）。

株高也是玉米幼苗长势的主要指标之一。干旱导致玉米幼苗植株矮小，进而
影响玉米之后的生长和最终产量。6 月 20 日观测的玉米相对株高与相对产量关
系极显著（马树庆等，2015）［图 3-17（c）］（$P<0.01$），相对株高每下降 1cm，
相对产量下降 136.5kg/hm²，相对株高每下降 10%，减产 13.4% 左右。

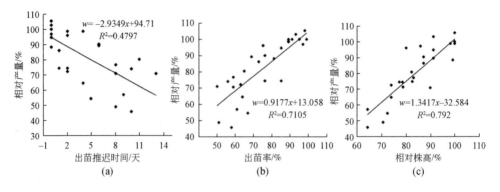

图 3-17 玉米相对产量与出苗推迟时间（a）、出苗率（b）、相对株高（c）的关系

　　株高是反映作物在胁迫下是否正常生长的重要指标之一。重复干旱胁迫下各玉米品种株高均低于对照（正常供水），'天诺 888'株高降低了 73.68%，'云瑞 999'降低了 83.89%。这说明重复干旱胁迫对玉米生长有不利影响。重复干旱胁迫显著抑制株高，且品种间差异较大。抗旱性强的品种受抑制程度较低，而抗旱性弱的品种受抑制程度较高。

　　叶龄是玉米幼苗生长快慢和长势好坏的重要指标。干旱和低温都导致玉米幼苗叶片生发缓慢，延迟生长（崔震海等，2005），进而影响玉米最终产量。6 月 20 日观测的玉米植株叶龄差与相对产量关系显著，玉米苗期生长每滞后 1 片叶，相对产量下降 1400～1500kg/hm² （图 3-18）。叶龄差（与同年同一播种期的雨养对照的叶片数之差）和相对叶龄与相对产量的关系均为显著的线性关系，如图 3-19 所示，植株每少 1 片叶，减产 17.8%；相对叶龄每下降 10%，相对产量下降 11.1% 左右。

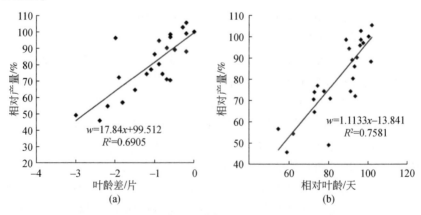

图 3-18 玉米相对产量与苗期叶龄的关系（6 月 20 日）

3.2.2.6 干旱胁迫对作物水分利用率的影响

某品种在各项抗旱性指标上均表现不佳,用单一指标评价抗旱性是片面的。多指标综合评价可得出科学可靠的结论。为更好地说明 8 个玉米品种苗期抗旱性,采用标准差系数分配加权法对其苗期抗旱性进行综合评价(表 3-17)。D 值为抗旱性下各品种抗旱性的综合评价值,D 值越高说明该品种抗旱性越强。8 个玉米品种苗期抗旱性依次为'云瑞 47'>'云天育 2'>'云游 105'>'天诺 888'>'云诺 6'>'云瑞 999'>'云瑞 6'>'云瑞 88'。

3.2.2.7 干旱胁迫对作物蒸散及作物系数的影响

蒸散是陆面水分循环的重要分量和水分消耗的主要途径,直接影响农业和生态系统的需水特征,是水资源规划和管理必须考虑的重要因素之一(Groisman et al.,2004)。张强等(2015)将位于黄土高原典型半干旱区的中国气象局定西干旱气象与生态环境试验基地春小麦农田的蒸渗仪、蒸发皿、超声涡动仪的观测资料及常规气象观测资料相结合,分析了黄土高原半干旱区实际蒸散量与联合国粮食及农业组织推荐作物系数与蒸发皿蒸发量之间的差异性及其随干旱胁迫度的变化关系。研究了该地区春小麦参考蒸散量与蒸发皿蒸发量比值和实际蒸散量与蒸发皿蒸发量比值随干旱胁迫度的变化特征及春小麦作物系数对干旱胁迫的响应规律,并对联合国粮食及农业组织推荐的作物系数进行了改进。

(1)研究资料

定西干旱气象与生态环境试验基地是"黄土高原陆面过程试验研究"(LOPEX)的代表性观测站之一,是我国开展大型蒸渗仪观测时间最长的观测站之一,该站地处甘肃定西市郊区(35°35′N、104°37′E),属于黄土高原西南部,海拔为 1896.7m,其年平均降水量和年平均蒸发量分别约为 386mm 和 1200mm,为典型半干旱气候区,该站地貌具有典型的丘陵地貌特征,观测场为比较平坦的农田,主要种植春小麦和马铃薯等耐旱作物(图 3-19),春小麦播种和收割日期分别在 3 月中旬和 7 月中旬,全生育期为 130 天左右。结合小麦的生育期持续日数和联合国粮食及农业组织推荐的各阶段的作物系数,划分 3 月 1 日~4 月 4 日为生长初期阶段(播种—出苗期),推荐作物系数为 0.3;4 月 5 日~6 月 15 日为发育期阶段(出苗—开花期),推荐作物系数从 0.3~1.15 线性递增;6 月 16 日~7 月 5 日为生长中期阶段(开花—乳熟期),推荐作物系数为 1.15;7 月 6 日~7 月 31 日为生长末期阶段(乳熟成熟期),推荐作物系数为 1.15~0.25 线性递减(张强等,2015)。

表3-17 8个玉米品种苗期抗旱性综合评价

| 玉米品种 | 下属函数值 | | | | | | | | | | | | | 综合评价值 | 顺序 |
	$\mu1$	$\mu2$	$\mu3$	$\mu4$	$\mu5$	$\mu6$	$\mu7$	$\mu8$	$\mu9$	$\mu10$	$\mu11$	$\mu12$	$\mu13$		
'天诺888'	0.12	0.02	0.00	0.48	1.00	0.87	1.00	1.00	0.00	0.00	0.53	0.09	0.23	0.39	4
'云诺6'	0.72	0.00	0.47	1.00	0.25	0.87	0.57	0.92	0.12	0.29	0.70	000	0.19	0.36	5
'云瑞999'	0.50	0.09	0.95	0.00	0.38	0.61	0.00	0.85	0.21	0.23	0.48	0.45	0.05	0.35	6
'云瑞6'	0.41	0.47	0.64	0.11	0.17	0.55	0.29	0.00	0.57	0.31	0.35	0.22	0.36	0.34	7
'云瑞47'	1.00	0.78	0.63	0.55	0.10	1.00	0.35	0.80	0.65	0.92	0.48	1.00	1.00	0.73	1
'云瑞88'	0.00	0.22	1.00	0.74	0.00	0.90	0.39	0.01	1.00	0.33	0.00	0.16	0.00	0.33	8
'云游105'	0.14	1.00	0.65	0.41	0.12	0.97	0.18	0.43	0.79	0.68	0.65	0.79	0.18	0.62	3
'云天育2'	0.65	0.29	0.73	0.98	0.04	0.00	0.53	0.83	0.52	1.00	1.00	0.64	0.96	0.62	2

图 3-19　观测场环境

研究资料主要包括 2010～2012 年的实际蒸散量资料、蒸发皿蒸发量资料、近地层水汽通量资料、多层土壤湿度和温度资料及风、温、湿常规气象资料。实际蒸散量用 L-G 大型称重式蒸渗仪观测，观测精度为 0.1mm，灵敏度为 0.01mm，经过修正后精度能达到 0.03mm 左右；蒸发皿蒸发量观测根据季节分别采用小型蒸发皿和 E601 大型蒸发桶观测，小型蒸发皿口径为 20cm，E601 大型蒸发桶口面积为 0.3m²，观测精度为 0.1mm；近地面层水汽通量观测采用超声涡动通量仪，该仪器为 Compbell 公司生产的 CSAT3 型号，架设在 2.5m 高度；土壤温度测量采用铂电阻温度计，分别埋设在地表 0cm、5cm、20cm、30cm、50cm 和 80cm 深度；土壤湿度观测采用 TDR 土壤水分仪，分别埋设在 10cm、20cm、30cm、50cm 和 80cm 深度。在以往的研究工作中（张强等，2011；Yang et al.，2014）已对这些观测仪器布设情况进行了比较详细的说明，也已有文献（杨兴国等，2004；张旭东等，2004）对其技术指标进行了介绍。

对超声脉动仪观测的原始资料进行了系统的质量控制（谌志刚等，2004）：①为了消除噪声和奇异值干扰，当资料时间序列样本值与相邻样本值的差大于所有相邻样本值之差的总体标准差的 4 倍时，对该资料样本值进行无效处理。②为了消除降水对感应头的影响，剔除了降水时及其前后各 1h 数据。并利用查找表（LUT）法对资料的极个别缺漏进行了插补（徐自为等，2009）。

（2）计算方法

一般，参考蒸散量利用 Penman-Monteith 公式计算（Beven，1979）：

$$E_{ref}=\frac{0.408\Delta(R_n-G)+\gamma\dfrac{900}{T+273}u_2(e_s-e_a)}{\Delta+\gamma(1+0.34u_2)} \tag{3-13}$$

式中，E_{ref} 为参考蒸散量，mm；R_n 为表面净辐射，MJ/(m²·d)；G 为土壤热通量，MJ/(m²·d)；T 为 2m 高处气温，℃；u_2 为 2m 高处风速，m/s；e_s 和 e_a 分别

为饱和水汽压和实际水汽压，kPa；Δ 为水汽压/温度斜率，kPa/℃；γ 为干湿表常数，kPa/℃。这些变量均可以直接观测或计算。对于某种作物而言，其蒸散量可用式（3-14）（李玉霖等，2002；王健等，2002）估算：

$$E_{est} = k_{c\text{-}FAO} \times E_{ref} \qquad (3\text{-}14)$$

式中，E_{est}为估算的蒸散量，mm；$k_{c\text{-}FAO}$为联合国粮食及农业组织推荐的作物系数（Allen et al.，1998），因作物种类而异。具体而言，$k_{c\text{-}FAO}$为随生育阶段变化的系数曲线（Juan and Shih，1997），可以表示为

$$k_{c\text{-}FAO} = \begin{cases} K_{c\text{-}FAO\text{-}ini}, t_{ini\text{-}s} \leq t \leq t_{ini\text{-}f} \\ K_{c\text{-}FAO\text{-}ini} + \dfrac{(K_{c\text{-}FAO\text{-}mid} - K_{c\text{-}FAO\text{-}ini})}{(t_{dev\text{-}f} - t_{dev\text{-}s})}(t - t_{dev\text{-}s}), t_{dev\text{-}s} \leq t \leq t_{dev\text{-}f} \\ K_{c\text{-}FAO\text{-}mid}, t_{mid\text{-}s} \leq t \leq t_{mid\text{-}f} \\ K_{c\text{-}FAO\text{-}end} - \dfrac{(K_{c\text{-}FAO\text{-}mid} - K_{c\text{-}FAO\text{-}end})}{(t_{late\text{-}f} - t_{late\text{-}s})}(t - t_{late\text{-}s}), t_{late\text{-}s} \leq t \leq t_{late\text{-}f} \end{cases} \qquad (3\text{-}15)$$

式中，$K_{c\text{-}FAO\text{-}ini}$、$K_{c\text{-}FAO\text{-}mid}$ 和 $K_{c\text{-}FAO\text{-}end}$分别为联合国粮食及农业组织推荐的生长初期、中期和末期的作物系数，对春小麦而言它们分为 0.3、1.15 和 0.25；t 为年积日，将全年 365 天排为一个序列，天；$t_{ini\text{-}s}$ 和 $t_{ini\text{-}f}$分别为生长初期阶段的起始和终止日期即播种和出苗的时间，分别为第 60 天和第 94 天（3 月 1 日和 4 月 4 日）；$t_{dev\text{-}s}$ 和 $t_{dev\text{-}f}$分别为发育期阶段的起始和终止日期即出苗和开花的时间，分别为第 95 天和第 166 天（4 月 5 日和 6 月 15 日）；$t_{mid\text{-}s}$ 和 $t_{mid\text{-}f}$分别为生长中期阶段（旺盛期）的起始和终止日期即开花和乳熟的时间，分别为第 167 天和第 186 天（6 月 16 日和 7 月 5 日）；$t_{late\text{-}s}$ 和 $t_{late\text{-}f}$分别为生长末期阶段的起始和终止日期即乳熟和成熟的时间，分别为第 187 天和第 212 天（7 月 6 日和 7 月 31 日）。

Wright（1982）的研究认为联合国粮食及农业组织推荐的作物系数在实际估算蒸散时需要根据当地气候环境特点做进一步修正。Kumar 针对丘陵地形的小气候影响给出了一个作物系数修正关系，使作物蒸散量的估算误差缩小（Rohitashw et al.，2011）。根据该关系，可将上面的 $K_{c\text{-}FAO\text{-}mid}$ 和 $K_{c\text{-}FAO\text{-}end}$ 修正为

$$k_{c\text{-}Kumar\text{-}mid} = k_{c\text{-}FAO\text{-}mid} + \left[0.04(u-2) - 0.004(RH_{min} - 25)\right]\left(\frac{h_{mid}}{3}\right)^{0.3} \qquad (3\text{-}16)$$

$$k_{c\text{-}Kumar\text{-}end} = k_{c\text{-}FAO\text{-}end} + \left[0.04(u-2) - 0.004(RH_{min} - 25)\right]\left(\frac{h_{end}}{3}\right)^{0.3} \qquad (3\text{-}17)$$

式中，$K_{c\text{-}Kumar\text{-}mid}$ 和 $K_{c\text{-}Kumar\text{-}end}$分别为 Kumar 修正后的作物生长旺盛期（中期）和末期的作物系数，其他时段作物系数可以由此推算（Rohitashw et al.，2011）；u 为平均风速，m/s；RH_{min}为每日最小相对湿度，%；h_{mid} 和 h_{end}分别为作物生长旺盛期和末期的平均高度，m。该修正关系应该比较适合黄土高原丘陵地貌。

不过，实际的作物系数需要通过观测实验来确定，可以用式（3-18）来表示：

$$k_{\text{c-obs}} = \frac{E_{\text{obs}}}{E_{\text{ref}}} \tag{3-18}$$

式中，$k_{\text{c-obs}}$ 为实际观测的作物系数；E_{obs} 为实际观测的蒸散量，mm，这里用 L-G 大型称重式蒸渗仪的观测值，这是目前最有效的蒸散量观测方法（Wright，1982；Zhang et al.，2014）

$$E_{\text{obs}} = 1000 \times \sum_{i=0}^{T} \Delta f_i / (\rho_{\text{w}} \times S_{\text{obs}}) ，当 \Delta f_i \leqslant 0 \tag{3-19}$$

式中，ρ_{w} 为水的密度，kg/m³；f_i 为蒸渗仪的蒸散盘内水分的瞬时质量值，Δf_i 为其瞬时变量值，kg；i 为瞬时值的序列号，每隔 5min 一个值；S_{obs} 为观测盘的面积，m²；T 为每个资料样本采样时间长度，s，这里取 0.5h。

另外，如果假定近地面层为水汽常通量层，还可以用涡动相关法间接观测地表蒸散量（李菊等，2006）：

$$E_{\text{ed}} = 1000 \times (\rho \, \overline{w'q'} / \rho_{\text{w}}) \times \Delta t \tag{3-20}$$

式中，E_{ed} 为涡动相关法观测的蒸散量，mm；ρ 为空气密度，kg/m³；q' 和 w' 分别为近地层比湿（g/kg）和垂直速度脉动（m/s）。它们均可由超声脉动仪器直接观测得到。

为了验证对作物蒸散量观测的可靠性，对蒸渗仪直接观测的蒸散量与涡动相关法间接观测的蒸散量进行了比较（图 3-20）。对比结果表明，蒸渗仪观测的蒸散量与涡动相关法观测的蒸散量相当一致，拟合系数为 0.84，二者的决定系数也较高，达到了 0.72；标准差较小，仅为 0.35mm。表明蒸渗仪和涡动相关法观测的蒸散量都能够比较好地反映作物的实际蒸散量。

考虑到作物蒸散受干旱胁迫的突出作用，特定义了一个能够较好地表征干旱胁迫的参数。

$$I_{\text{arid}} = \frac{(S_{\text{sa}} - S_{\text{w}}) - (S_{\text{m}} - S_{\text{w}})}{S_{\text{sa}} - S_{\text{w}}} = 1 - \frac{S_{\text{m}} - S_{\text{w}}}{S_{\text{sa}} - S_{\text{w}}} \tag{3-21}$$

式中，I_{arid} 为干旱胁迫度；S_{m}、S_{w} 和 S_{sa} 分别为土壤湿度、凋萎系数和田间持水量，%（体积百分数），在这里田间持水量和凋萎系数分别为 24.39% 和 7.47%。从理论上讲，I_{arid} 应该在 0~1，当土壤湿度达到田间持水量时，干旱胁迫度为 0，表示不受干旱胁迫影响，气候蒸散力可以得到完全发挥；当土壤湿度小于田间持水量时，气候蒸散力会受到干旱胁迫的约束；土壤湿度越小，干旱胁迫就越强，对蒸散的约束就越突出；当土壤湿度等于凋萎系数时，干旱胁迫达到最强，蒸散基本被彻底抑制。

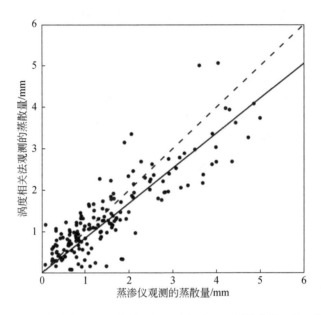

图 3-20 蒸渗仪观测的蒸散量与涡动相关法观测的蒸散量的比较

（3）干旱胁迫对作物蒸散的影响

一般地，都用式（3-20）的作物蒸散模型来估算作物蒸散量，但由于其用到的作物系数大多是在比较理想的环境和水分供应充足的条件下得到的，这种方法估算的作物蒸散量在很多情况下并不可靠，尤其在受干旱胁迫较严重的干旱区和半干旱区其可靠性更是令人怀疑。

为了了解这一问题，在图 3-21 中对用联合国粮食及农业组织推荐作物系数估算的蒸散量与黄土高原半干旱区定西实际观测的蒸散量进行了对比。图 3-21很清楚地表明，用联合国粮食及农业组织推荐作物系数估算的作物蒸散量与实际观测的蒸散量差异十分显著，拟合系数为 1.55，标准差为 2.54mm，相对误差高达 120% 左右，观测的蒸散量平均不到模型估算的一半；两者的相关性也较低，决定系数仅为 0.12。该蒸散模型明显高估了作物蒸散量，而且实际蒸散量越小，高估程度越明显，最大时能高估 5.4mm。这表明，在半干旱区，直接用联合国粮食及农业组织推荐的作物系数构建的作物模型来估算作物蒸散量并不合适。

那么，半干旱区模型估算的蒸散量与观测的实际蒸散量之间不一致的主要的原因是什么呢？由图 3-22 给出的黄土高原半干旱区春小麦实际蒸散量随干旱胁迫度的变化关系可以看出，虽然由于受局地气象条件变化影响，观测的作物蒸散量与干旱胁迫度的关系比较离散一些，但其被干旱胁迫度主导的趋势却十分突出，蒸散量明显随干旱胁迫度的增强而减小。在干旱胁迫度为 0 即基本没有干旱

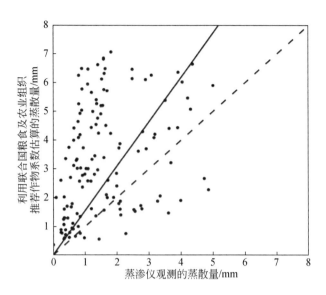

图 3-21　黄土高原半干旱地区联合国粮食及农业组织推荐作物系数估算的
春小麦蒸散量与观测的蒸散量的对比

胁迫时，日作物蒸散量接近 4mm，但在干旱胁迫最强时日作物蒸散量几乎减少到
0.5mm。这种现象是比较容易理解的：在干旱胁迫下，不仅作物覆盖率较低，蒸
发在蒸散过程中的作用更突出，而且作物叶面和土壤粒子对水分子的吸附力更
强，会大大制约水分的蒸散过程。可见，在半干旱区，干旱胁迫对蒸散的控制作
用很强，而以往的经典蒸散量估算模型基本没有考虑这种作用，所以必然会出现
模型估算量与实际观测值的显著差异。

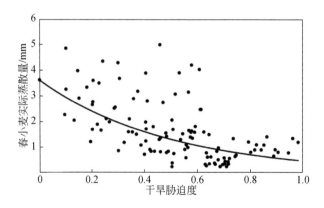

图 3-22　半干旱区春小麦实际蒸散量随干旱胁迫度的变化关系

不过，作物蒸散量在干旱胁迫度较低时对干旱胁迫作用的响应更敏感，而在干旱胁迫度达到0.7以后，作物蒸散量对干旱胁迫度的敏感性有所降低，这说明在干旱胁迫度达到临近值后干旱胁迫作用会表现出一定的收敛性。

为了能够更好地突出干旱胁迫和地表因素对蒸散量的作用，分别用参考蒸散量与蒸发皿蒸发量的比值和实际蒸散量与蒸发皿蒸发量的比值作为作物蒸散参数，它们能够在一定程度上消除局地气象条件变化对作物蒸散量的影响。其中，参考蒸散量与蒸发皿蒸发量的比值能够表征植被和土壤本身对蒸散过程的影响，而实际蒸散量与蒸发皿蒸发量的比值可以进一步表征干旱胁迫对蒸散过程的影响。图3-23（a）中给出了该地区参考蒸散量与蒸发皿蒸发量随干旱胁迫度的变化趋势，可以看出参考蒸散量与蒸发皿蒸发量的比值在没有干旱胁迫时（干旱胁迫度在0左右）大约为0.73，这说明仅仅植被和土壤本身就可以使蒸散量限制在蒸发量的73%左右。而且，随着干旱胁迫度的增强，参考蒸散量与蒸发皿蒸发量的比值还会缓慢减少，在干旱胁迫最强时减小到0.59左右。这是由于蒸发皿的蒸发水面较小，蒸发的局地气象条件受周围环境的显著影响，干旱胁迫度的加强会导致局地气象条件向有利于蒸发的趋势发展，从而使蒸发皿蒸发量有所增大。

图3-23（b）与（a）对比表明，虽然在没有干旱胁迫时即干旱胁迫度在0左右时，实际蒸散量与蒸发皿蒸发量的比值也接近0.73。但当干旱胁迫度增加时，实际蒸散量与蒸发皿蒸发量的比值要远比参考蒸散量与蒸发皿蒸发量的比值减少得迅速，在干旱胁迫度达到0.7时就已减小到了0.1左右，在干旱胁迫度最大时几乎接近0。这说明干旱胁迫能够显著增强植被和土壤对水分子的约束力，从而有效抑制蒸发力的发挥。

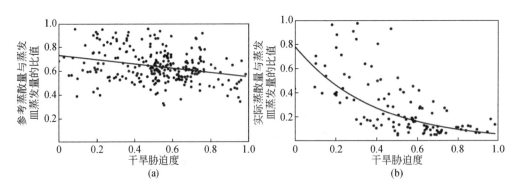

图3-23　半干旱区春小麦参考蒸散量与蒸发皿蒸发量的比值（a）和实际蒸散量
与蒸发皿蒸发量的比值（b）随干旱胁迫度的变化

3.2.3 降水量变化对农田生态系统结构稳定性的影响

农业是温室气体排放的主要来源，CH_4、CO_2、N_2O 导致全球气候变化，也直接导致土壤有机碳损失和大气中氮的形成（Zhao et al., 2019；Shakoor et al., 2020）。因此，采用减少释放温室气体的农业做法，减少碳足迹，减缓气候变化（IPCC, 2006），是实现农田生态系统结构稳定性的重要措施。

了解作物的需水量可以提高水分利用效率，利用作物的参考蒸散发，可以确定作物的潜在需水量（Santos et al., 2020）。土壤水分亏缺被认为是影响半干旱区玉米生产的主要限制因素，因此有必要改进农业节水措施。因此，必须采用提高能源生产率和节约用水的做法，如保护性耕作和亏缺灌溉，以提供可持续和更清洁的作物生产。

3.2.3.1 水分对生态系统能量平衡的影响

2019～2020 年在希腊北部利用玉米开展的干旱胁迫实验表明，产出/投入比和能效投入主要受年份（Y）和灌溉（I）的影响（两处理均 $P<0.001$）；它们还受到双向交互作用"灌溉×年份"的影响（产出/投入 $P=0.001$，能源效率 $P=0.003$）。产出/投入比和能源效率也呈现出类似的趋势，在 100% Etc 处理中最高，50% Etc 处理中最低（图 3-24）。更具体地说，与 2020 年相比，所有处理中 2019 年的产出/投入比都更低。100% Etc 处理计算出的能源效率最高，而 50% Etc 处理计算出的能源效率最低（图 3-24）。此外，从图 3-24 可以观察到，在所有处理中，能源效率在 2020 年达到最高值。更具体地说，50% Etc 处理的值最低，而 100% Etc 处理的值最高（图 3-24）。

3.2.3.2 水分对生态系统的碳足迹的影响

2019～2020 年在希腊北部利用玉米开展的干旱胁迫实验表明，在这两年，CO_2 排放量最高的投入是氮，其次是柴油、电力、玉米种子、P_2O_5 和杀虫剂（表 3-18）。然而，由于用水量的不同，电力在每年和每个处理中显示出不同的 CO_2 排放量。此外，可以观察到，在 2020 年，所有处理的 CO_2 排放量都高于 2019 年。特别是，在这两年，50% Etc 处理的排放量最低（2019 年和 2020 年分别为 176kg CO_2-eq/hm^2 和 264kg CO_2-eq/hm^2），而完全灌溉处理（100% Etc）的排放量最高（2019 年为 352kg CO_2-eq/hm^2，2020 年为 528kg CO_2-eq/hm^2）（表 3-18）。此外，氮肥的施用对 CO_2 排放的贡献高于其他管理措施。另外，柴油和电力也会造成碳足迹，而其他投入对 CO_2 排放的贡献最小。

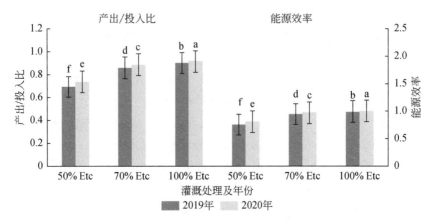

图 3-24　2019 年和 2020 年玉米种植的产出投入比和能源效率

Etc 表示蒸散量

玉米是一种需要大量水分的作物，因为它的干物质产量和谷物产量都很高。研究在塞萨洛尼基地区的一块商业田地进行，研究发现水分有效性影响玉米植株的形态和生理特征以及青储产量。对照处理（100% Etc）对玉米生物量和产量有积极影响，因为所研究的所有特征，形态、生理和农艺都有所增加。而在水分胁迫最大的处理（50% Etc）下，各指标均达到最低。能源当量很低，表明投入没有得到有效利用；此外，投入在很大程度上增加了 CO_2 排放量，从而增加了玉米种植的碳足迹。在所有处理中，轻度水分胁迫处理（70% Etc）的效果最好，能够保持玉米的产量。因此，这项研究的结果可以为地中海地区的农民所用，因为他们可以在水资源有限的情况下维持或提高作物产量。为了保护水资源，在减少全球气候变化的影响和保持作物生产力的同时，做出合理的用水决定有时是很重要的。

表 3-18　两年期间玉米生产中使用的每种投入的排放因子

[单位：$kg\ CO_2\text{-}eq/hm^2$]

2019 年				
输入	输入量	50% Etc	70% Etc	100% Etc
N	$310kg/hm^2$	2573	2573	2573
P_2O_5	$40kg/hm^2$	24.4	24.4	24.4
电力	$440kW \cdot h/hm^2$	176	246.4	352
玉米种子	$20kg/hm^2$	77	77	77
杀虫剂	$1.1kg/hm^2$	19.8	19.8	19.8
柴油	$170L/hm^2$	447.1	447.1	447.1
CO_2 排放总量		3240.3	3387.7	3493.3

续表

2020 年				
输入	输入量	50% Etc	70% Etc	100% Etc
N	310kg/hm^2	2573	2573	2573
P$_2$O$_5$	40kg/hm^2	24.4	24.4	24.4
电力	660kW·h/hm^2	264	396.6	528
玉米种子	20kg/hm^2	77	77	77
杀虫剂	1.1kg/hm^2	19.8	19.8	19.8
柴油	170L/hm^2	447.1	4447.1	447.1
CO$_2$排放总量		3405.3	7537.9	3669.3

参 考 文 献

陈家宙，王石，张丽丽，等.2007. 玉米对持续干旱的反应及红壤干旱阈值. 中国农业科学，3：532-539.

崔震海，马兴林，张立军.2005. 苗期干旱对玉米产量和水分利用效率的影响. 玉米科学，13（2）：79-81.

高晓飞，谢云，王晓岚.2004. 冬小麦冠层消光系数日变化的实验研究. 资源科学，26（1）：137-140.

耿思敏，刘定湘，夏朋.2022. 从国内外对比分析看我国用水效率水平. 水利发展研究，8：77-82.

韩兰英，张强，程英，等.2020. 农业干旱灾害风险研究进展及前景分析. 干旱区资源与环境，34（6）：97-102.

李菊，刘允芬，杨晓光，等.2006. 千烟洲人工林水汽通量特征及其与环境因子的关系. 生态学报，26：2449-2456.

李玉霖，崔建垣，张铜会.2002. 参考作物蒸散量计算方法的比较研究. 中国沙漠，22：372-376.

马树庆，刘玉英，王琪.2006. 玉米低温冷害动态评估和预测方法. 应用生态学报，17（10）：1905-1910.

马树庆，王琪，于海，等.2013. 东北地区玉米出苗速度与水热条件的关系及出苗期气象评估. 生态学杂志，32（8）：2049-2055.

马树庆，王琪，陈凤涛，等.2015. 春旱背景下春玉米苗情对产量的影响及减产评估模式. 农业工程学报，31（S1）：171-179.

孟兆江，卞新民，刘安能，等.2006. 调亏灌溉对夏玉米光合生理特性的影响. 水土保持学报，20（3）：182-186.

齐月，张强，胡淑娟，等.2023. 干旱胁迫下春玉米叶片光合参数对叶温的响应. 干旱气象，

41（2）：215-222.

谌志刚，卞林根，陆龙骅. 2004. 近地层大气湍流参数求解方法的比较及其应用. 北京：中国气象局气象科学研究院.

王健，蔡焕杰，刘红英. 2002. 利用 Penman-Monteith 法和蒸发皿法计算农田蒸散量的研究. 干旱地区农业研究，20：67-71.

王琪，马树庆，徐丽萍，等. 2011. 东北地区春旱对玉米幼苗长势的影响指标和模式. 自然灾害学报，20（5）：219-224.

许振柱，周广胜，王玉辉. 2003. 植物的水分阈值与全球变化. 水土保持学报，17（3）：155-158.

徐自为，刘绍民，徐同仁，等. 2009. 涡动相关仪观测蒸散量的插补方法比较. 地球科学进展，29：372-382.

杨兴国，张强，王润元，等. 2004. 陇中黄土高原夏季地表能量平衡观测研究. 高原气象，23：828-834.

杨阳，齐月，赵鸿，等. 2022. 水分胁迫对干旱半干旱区玉米关键生育期生长发育及产量的影响及评价. 干旱气象，40（60）：1059-1067.

张强，张之贤，问晓梅，等. 2011. 陆面蒸散量观测方法比较分析及其影响因素研究. 地球科学进展，26：538-547.

张强，王文玉，阳伏林，等. 2015. 典型半干旱区干旱胁迫作用对春小麦蒸散及其作物系数的影响特征. 科学通报，60：1384-1394.

张强，姚玉璧，李耀辉，等. 2020. 中国干旱事件成因和变化规律的研究进展与展望. 气象学报，78（3）：500-521.

张旭东，杨兴国，杨启国. 2004. 半干旱区旱作春小麦耗水规律研究. 干旱地区农业研究，22：63-66.

中华人民共和国水利部. 2021a. 2021 年全国水利发展统计公报. 北京：中国水利水电出版社.

中华人民共和国水利部. 2021b. 中国水资源公报 2021. 北京：中国水利水电出版社.

赵丽英，邓西平，山仑. 2004. 持续干旱及复水对玉米幼苗生理生化指标的影响研究. 中国生态农业学报，12（3）：59-61.

Allen R G, Pereira L S, Raes D, et al. 1998. Crop Evapotranspiration – Guidelines for Computing Crop Water Requirements. Rome：United Nations Food and Agriculture Organization.

Beitlerová H, Lenz J, Devátý J, et al. 2021. Improved calibration of the Green-Ampt infiltration module in the EROSION-2D/3D model using a rainfall-runoff experiment database. Soil, 7：241-253.

Beven K. 1979. A sensitivity analysis of the Penman-Monteith actual evapotranspiration estimates. Journal of Hydrology, 44：169-190.

Bodner G, Nakhforoosh A, Kaul H P. 2015. Management of crop water under drought：a review. Agronomy for Sustainable Development, 35：401-442.

Cooper P J M. 1979. The association between altitude, environmental variables, maize growth, and yields in Keny. The Journal of Agricultural Science, 93（3）：635-649.

Davidová T, Dostál T, David V, et al. 2015. Determining the protective effect of agricultural crops on the soil erosion process using a field rainfall simulator. Plant Soil and Environment, 61: 109-115.

Derbala A. 2003. Development and Evaluation of Mobile Drip Irrigation with Center Pivot Irrigation Machines. Braunschweig: FAL Agricultural Research.

Devátý J, Beitlerová H, Lenz J. 2020. An open rainfall-runoff measurement database. Proceedings of the EGU General Assembly 2020. Munich: EGU.

Du C Y, Duan Z Y, Wang J X, et al. 2015. Drought resistance of eight maize varieties at seed-ling stage in Yunnan Province. Plant Diseases and Pests, 6 (4-5): 28-34.

Groisman P Y, Knight R W, Karl T R, et al. 2004. Contemporary changes of the hydrological cycle over the contiguous United States: trends derived from in situ observations. Journal Hydrometeorol, 5: 64-85.

Hanel M, Máca P, Bašta P, et al. 2016. The rainfall erosivity factor in the Czech Republic and its uncertainty. Hydrology and Earth System Sciences, 20: 4307-4322.

Hipps L E, Asrar G, Kanemasu E T. 1983. Assessing the interception of photosynthetically active radiation in winter wheat. Agricultural Meteorology, 28 (3): 253-259.

IPCC. 2006. Software for National Gas Inventories. Geneva: IPCC.

IPCC. 2014. Climate Change 2014: Impacts, Adaptation and Vulnerability. Contribution of Working Group II to the Fifth Assessment Report of the Intergovernmental Panel on Climate Change. Cambridge, New York: Cambridge University Press.

Juan C H, Shih S F. 1997. A lysimeter system for evapotranspiration estimation for wetland vegetation. Soil and Crop Science Society of Florida Proceedings, 56: 125-130.

Kavka P, Strouhal L, Jáchymová B, et al. 2018. Double-size full jet field rainfall simulator for complex interrill and rill erosion studies. Civil Engineering Journal, 27: 183-194.

Kinnell P A. 2016. Review of the design and operation of runoff and soil loss plots. Catena, 145: 257-265.

Kisekka I, Oker T, Nguyen G, et al. 2017. Revisiting precision mobile drip irrigation under limited water. Irrigation Science, 35 (6): 483-500.

Li Q, Chen Y, Liu M, et al. 2008. Effects of irrigation and planting patterns on radiation use efficiency and yield of winter wheat in North China. Agricultural Water Management, 95 (4): 469-476.

Maria L, George M, Ilias K, et al. 2022. Water stress effects on the morphological, physiological characteristics of maize (*Zea mays* L.), and on environmental cost. Agronomy, 12: 2386.

Meier U, Feller C, Bleiholder H, et al. 2018. Growth stages of mono- and dicotyledonous plants// Meier U. BBCH Monograph. Quedlinburg: Open Agrar Repositorium.

Monsi M T. 1953. Uber den lichtfaktor in den pflanzengesellschaften und seine bedeutung fur die stoff-produktion. Journal of Japanese Botany, 14 (1): 22-52.

Mistr M, Dostál T, Krása J, et al. 2018. Faktor Ochranného Vlivu Vegetace Jako Významná Souˇcást Protierozní Ochrany Zemˇedˇelské P°udy Applied Certified Methodology. Prague: Ministry of Agriculture.

Mistr M, Krása J, Štrobach J, et al. 2021. Metodika Ochrany P° udy P˘ red Erozí Pomocí Zem˘ ed˘ elských Postup ° u P˘ ríznivých pro Klima a Životní Prost˘ redí; Výzkumný ústav meliorací a ochrany p ° udy, v. v. i.. Prague: PROTIEROZNI KALKULAĆKA.

Poesen J. 2017. Soil erosion in the anthropocene: research needs. Earth Surface Processes & Landforms, 43: 64-84.

Ponton S, Flanagan L, Alstad K. 2006. Comparison of ecosystem water-use efficiency among Douglas fir forest, aspen forest, and grassland using eddy covariance and carbon isotope techniques. Global Change Biology, 12: 294-310.

Rohitashw K, Vijay S, Mahesh K. 2011. Development of crop coefficients for precise estimation of evapotranspiration for mustard in Mid Hill Zone-India. Universal Journal of Environmental Research & Technology, 4: 531-538.

Santos R A D, Mantovani E C, Filgueiras R, et al. 2020. Actual evapotranspiration and biomass of maize from red-green-near-infrared (RGNIR) sensor on board an unmanned aerial vehicle (UAV). Water, 12 (2359): 1-20.

Shakoor A, Ashraf F, Shakoor S, et al. 2020. Biogeochemical transformation of greenhouse gas emissions from terrestrial to atmospheric environment and potential feedback to climate forcing. Environmental Science and Pollution Research, 27: 38513-38536.

Wilson J H, Clowes M S J, Allison J C S. 1973. Growth and yield of maize at different altitudes in Rhodesia. Annals of Applied Biology, 73 (1): 77-84.

Wischmeier W H, Smith D D. 1978. Predicting Rainfall Erosion Losses: A Guide to Conservation Planning. Washington D. C.: USDA, Science and Education Administration.

Wright J L. 1982. New evapotranspiration crop coefficients. Journal of the Irrigation and Drainage Division, 108: 57-74.

Yang F, Zhang Q, Wang R, et al. 2014. Evapotranspiration measurement and crop coefficient estimation over a spring wheat farmland ecosystem in the Loess Plateau. PLoS One, 9: e100031.

Zhang Q, Wang S, Yang F L. 2014. The characteristics of dew formation/distribution and its contribution to the surface water budget over a semi-arid region in China. Boundary-Layer Meteorology, 154 (2): 317-331.

Zhao X, Pu C, Ma S T, et al. 2019. Management-induced greenhouse gases emission mitigation in global rice production. Science of the Total Environment, 649: 1299-1306.

Zádorová T, Žek V P. 2018. Formation, morphology, and classification of colluvial soils: a review. European Journal of Soil Science, 69: 577-591.

第4章 气候变化多要素协同变化影响模拟实验

4.1 气候多要素协同变化影响模拟实验方法

随着工业革命的快速发展以及温室气体排放，大气中 CO_2 含量持续上升。伴随 CO_2 浓度的持续增加，温室效应进一步加剧，一定范围内增强作物的光合作用，地上植被生产力逐渐增加，同时植被的生长发育以及生理特性等都受到 CO_2 浓度增加的影响。C_3 和 C_4 作物对 CO_2 浓度的响应模式存在一定差异，相对于 C_3 作物，C_4 作物由于特有的光合途径，对 CO_2 浓度增加的响应相对较为敏感。然而也有部分研究显示，CO_2 浓度对作物的光合作用不明显，甚至降低了作物的光合作用。

4.1.1 OTC 多因素组合模拟实验

4.1.1.1 河南农业大学试验基地

（1）实验设计

2015～2017 年 4～11 月在河南农业大学试验基地以小麦为试材，连续 3 年采用盆栽实验和 OTC 多因素组合模拟实验（王佳等，2020）。研究了 CO_2 浓度变化（350～700μmol/mol）对小麦光合特性与碳氮特征对降水变化的响应。

为了进行相关的实验效果对比，实验采取不同 CO_2 浓度下的实验分析，经过测定发现当时浓度为 345～355μmol/mol，实验中设置浓度为 690～700μmol/mol，同时，为了提升对比的准确性，不同的浓度分别进行 3 次试验。同时设置 OTC CO_2 控制气室，长、宽、高分别为 2.5m、1.5m、1.5m，气源置于液体钢瓶，控制系统进行全天候监控；光源为自然光，温度控制在室外温度±1.5℃，并对温度及湿度进行测量。通过数据统计发现，河南农业大学试验基地 5～7 月的降水量就达到了全年的 85% 以上，其月均降水量近 70mm，多年的降水量数据显示该地区年均降水量增减幅度约在 30%，实验根据不同的 CO_2 浓度选取不同的降水量设置，且进行降水量±15%、±30%、对照（0）的处理，控制 5 个降水量梯度，月均降水量作为基准，并换算各月的总灌水量，灌水次数为 10 次。此外，每半个月置换两个气候室内的花盆，同时更改 CO_2 处理的设置以尽量减少气候室差异造成的系统误差。

苗圃 4 月底选取幼苗，在种植盒内移栽培育。种植盒长 30cm、宽 60cm、高 50cm。每盒栽种 8 株。土壤选取农田 0~20cm 土层。为防止水泄漏，排水孔在种植盒底部，排水孔下套塑料袋。对于降水处理以及 CO_2 熏气时间，选择待缓苗 1 个月后于 5 月初开始进行。

（2）测定方法

检测气体交换光合生理特征，使用便携式光合作用测量系统（L1-6400 系列，美国 L1-COR 公司生产）。每隔两小时测定一次，2015~2017 年 7 月下旬，7：00 开始，19：00 结束。连续重复测定 3 天。每株选取年生的成熟叶片。重复测定，每个处理选择 3 株健康油茶。从植株顶部数完全展开的成熟叶，3~6 片。为消除时间误差，进行轮流测定。测定选取充分受光、叶位一致的叶片进行，上、中、下当年生成熟叶。空气相对湿度为 24.6%~45.7%，PAR 为 112~371mol/（$m^2 \cdot s$），CO_2 流量为 400mol/L。红蓝光源光照设定为 1000mol/（$m^2 \cdot s$）。不同测定日期温度变化为 22.1~35.4℃。PAR、环境 CO_2 浓度（Ca）、气孔导度（G_s）、蒸腾速率（T_r）、胞间 CO_2 浓度（Ci）、净光合速率（P_n），用仪器记录。

采取 5 株完整的小麦，测定生物量，烘干根、茎和叶，分别检测。在每个 OTC CO_2 控制气室，以及相同时间选取。然后粉碎，对氮含量、碳含量、根、茎和叶进行检测。

4.1.1.2　定西干旱气象与生态环境试验基地

（1）研究区概况

模拟实验在中国气象局兰州干旱气象研究所定西干旱气象与生态环境试验基地（35°35′N、104°37′E）进行。该基地气候以冬季干冷、夏季暖湿为主要特征，年降水量为 380mm，且年内分布差异很大，超过 60% 的降水量集中在 7~9 月。年均气温为 7.7℃，6~8 月的均温分别为 18.4℃、20.2℃ 和 17.9℃。由于半干旱的气候环境加之无灌溉水源，雨养农业是本区主要的农业生产方式，作物以春小麦、玉米马铃薯和豆类为主。土壤以黄绵土为主。基地土壤 pH 和有机质含量分别约为 6.7、72mg/kg，有效氮、总氮含量分别为 33.6mg/kg 和 82.4mg/kg，有效磷、总磷含量分别为 5.54mg/kg 和 26.8mg/kg。

（2）温度和 CO_2 设计

温度升高 1.0℃、2.0℃，同时 CO_2 升高 90μmol/mol、180μmol/mol。增温和

CO_2 浓度升高设计为： + 90μmol/mol， + 1.0℃； + 90μmol/mol， + 2.0℃； +180μmol/mol，+1.0℃；+180μmol/mol，+2.0℃（图4-1）。红外线大田增温实验情景设计：温度升高1.0℃、2.0℃。

图4-1　OTC CO_2 浓度升高模拟试验

（3）施肥水平设计

实验氮肥使用尿素（含氮46%）、磷肥使用过磷酸钙（含 P_2O_5 61%）、钾肥使用氧化钾（含 K_2O 60%）。大田设置3个施氮水平：不施氮（N0）、180kg/hm² （N1）、240kg/hm² （N2）。红外线大田增温实验采用盆栽实验，小麦品种选用当地种植品种，种植密度为基本苗150株/m。氮、磷肥实验处理设计如下：2011年，设计不施氮（N0）、100mg/kg（N1）和200mg/kg（N2）3种氮肥施用水平。各处理磷、钾肥足量，用量分别均为100mg/kg和126mg/kg；2012年，设计不施磷（P0）、50mg/kg（P1）和100mg/kg（P2）3种磷肥施用水平。各处理氮、钾肥足量，用量分别均为100mg/kg和126mg/kg。各实验处理均重复3次。

（4）灌水量、降水量设计

红外线大田增温灌水设计如下：每个施氮水平下设置4个灌水处理：不灌水（W0）、底墒水+拔节水+开花水（W1）、底墒水+冬水+拔节水+开花水（W2）、底墒水+冬水+拔节水+开花水+灌浆水（W3）。每次灌水量为60mm，用水表计量灌水量。

红外线大田增温实验小麦各生育时期的降水量为：播种前期35.4mm、播种—拔节期35.5mm、拔节—开花期30.8mm、开花—成熟期94.4mm，总计196.1mm。大田降水量以观测值为准。

红外线大田增温实验每个施磷水平下的灌水量、降水量处理参照以上处理。

4.1.2 气候室多因素组合模拟实验

4.1.2.1 人工气候室概况

人工气候室能够同时实现温度与 CO_2 浓度的协同升高实验需求，可做到精准控制包括实验因素在内的其他环境因素，且相对而言经济简便，因此，本研究选择人工气候室作为模拟气候变暖情景的实验系统。

人工气候室总长度 28.8m、宽 20m、高 4.85m，室内有效实验面积为 594m²，整个气候室被分成 3 个相互独立的小气候室，各小气候室的面积基本相同。每个气候室均配有智能控制系统、加温增温系统、强制降温系统、CO_2 补气系统、自然（强制）通风系统、遮阳系统、补光系统、固定微喷系统和滴灌系统等（图 4-2）。具体各系统组成如下：①智能控制系统，由服务器、室外气象站、温室控制器、CO_2 浓度传感器和光照强度传感器、温湿度感应器等组成。智能控制系统是整个气候室的"中枢""大脑"，在运行过程中，智能控制系统通过对各子系统的远程调控操作，使各气候室内温、湿度、光照强度和 CO_2 浓度等气候因子维持在实验设计的水平。②加热增温系统，该系统主要由 CL（W）DR0.12 整体式常压电热锅炉和直径为 75mm 的圆翼型散热器组成。③强制降温系统，主要由水循环系统、湿帘墙及通风机组成。每个气候室内配有全长 27m、高 1.5m、厚 0.10m 的湿帘墙和两台 9FJ-1250 型大流量轴流风机。④CO_2 补气系统，采用 CO_2 发生器，可实现连续电子打火，与整套控制系统连接，通过 CO_2 浓度感应，实现自动开启。⑤自然（强制）通风系统，采用屋脊开窗通风与强制风机通风相结合，顶窗最大开启角度为 300°，平时仅需要打开屋脊开窗和强制风机的外护遮窗进行自然通风即可，如实验需要也可打开强制风机进行强制通风。⑥遮阳系统，该系统由内遮阳与外遮阳两个系统组成，可根据实验需要，由控制系统控制启、闭过减速机及齿轮齿条传动，实现开启与关闭，进行气候室内光照强度调节及辅助降温和保温。⑦补光系统，采用园艺专用的飞利浦农用钠灯，它可提供最理想的与植物生长需要相吻合的光谱分布。⑧固定微喷系统，每个小气候室配备 4 排 PE 管，PE 管间距为 3m，倒挂喷头间距为 3.5m。⑨滴灌系统，每个小气候室配备 9 排滴灌管，滴灌管间距为 1m，滴灌管滴头间距为 0.3m。

以上各系统均通过线缆与智能控制系统相连接，智能控制系统可根据提前设定好的实验条件，通过对气候室内布设的温度控制系统、CO_2 补气系统、补光系统等子系统的远程启、闭控制，实现包括温度、CO_2 浓度在内的各环境参数的实时调控。在智能控制系统的调控下，可使室内温度比室外增加 0～3.5℃，或者比

图 4-2 人工气候室

室外降低 0～7℃，CO_2 浓度可比室外增加 0～1000μmol/mol。该系统自 2007 年开始运行，已有多项研究在该人工气候室完成并取得一定成果。

4.1.2.2 马铃薯实验设计与培养

马铃薯播种、施肥和覆膜均采用人工完成（图 4-3）。供试品种为当地主栽的马铃薯品种 '定薯 1 号'，由试验基地提供。播种时间为 2013 年 4 月 15 日，收获时间为 10 月 20 日。播种前一天切好种薯，以高锰酸钾溶液浸泡消毒待种。将每个处理气候室及室外对照试验田分别分为 A、B、C 共 3 个实验区，分别代表 3 个重复，每个区种植 3 行，每个处理 3 个区共 9 行，每行 16 株，行距统一设为 60cm，株距统一为 30cm。每个处理共种植 144 株。实验期间水肥管理均按照当地马铃薯种植标准模式进行，各处理施肥水平保持一致；灌溉采用喷灌与滴灌相结合，实验期间保持土壤持水量为 70%。

图 4-3 马铃薯培养

4.1.2.3 马铃薯种植土壤取样与分析

马铃薯种植土壤在播种前后各取样 1 次，在每个处理实验区内，采用梅花布点法，设5个亚样品点（25cm×25cm）进行取样。用塑料铲采取0～20cm耕作层土样，充分混合后，采用四分法称取约1kg样品带至实验室，室内自然风干，于105℃烘至恒重，充分研细，100目过筛后低温储存待测。所有样品经常规标准化消解处理后，交由兰州大学测试中心进行检测分析。测试内容包括土壤全钾、氮和磷，以及碱解氮、速效磷和速效钾，其他测试元素包括Ca、Mg、Cu、Zn、Fe、Mn、Cd和Pb的总浓度和生物可利用浓度（DTPA），生物可利用部分采用DTPA 0.005mol/L+CaCl$_2$ 0.01mol/L+TEA 0.1mol/L（pH为7.3）溶液提取。所有测试元素中Cd的测定采用石墨炉–原子吸收光谱仪测定，其他均采用火焰原子吸收测定。

4.1.2.4　马铃薯取样与分析

马铃薯叶片叶绿素相对含量的测量选择在开花现蕾期，采用SPAD-502叶绿素仪进行测定。测试时在每个处理的每个重复中采用梅花布点法选取5株马铃薯植株作为测量样本，并对这5株马铃薯做好标记。在每个样本植株上选取等比数量的顶部叶、中部叶和底部叶，分别测量其SPAD值，取其均值作为该株马铃薯叶片SPAD值。所有样品的测定在当天完成。于马铃薯成熟期收获后，将之前抽取的5株标记好的马铃薯叶、茎、根及块茎分离，分别测量产量、株高、根长及各自的鲜重，60～70℃烘干测量干重，最后用瓷研钵研细、过筛后封装，送至兰州大学测试中心进行微量元素检测分析，测试元素包括K、Ca、Mg、Cu、Zn、Fe、Mn、Cd和Pb。

4.1.3　田间多因素组合模拟实验

4.1.3.1　固原干旱气象站

(1) 研究区概况

固原干旱气象站（36°02′N、106°28′E）地处中国半干旱区，海拔为1620m。年平均降水量约为406.7mm。年降水量集中在7～9月，占全年降水量的60%～70%。雨养春小麦整个生育期的降水量集中在3～7月，占全年降水量的45%～60%。6～8月的日平均气温分别为18.2℃、19.8℃和18.3℃。年平均气温为7.6℃。交错的丘陵和沟壑形成了这一地区的主要地理形态，在这里，雨水灌溉的农业是没有灌溉的。作物一年种植一次，以旱作春小麦为主要粮食作物。试验田土壤为黄土壤土，容重为1.58g/cm。有效氮含量为36.8mg/kg，总氮含量为89.4mg/kg，有效磷含量为5.26mg/kg，总磷含量为28.6mg/kg，土壤有机质含量约为 10g/kg。

1960~2009 年，年平均气温为 6.3~10.2℃，平均值为 7.9℃。近年来，特别是 1998 年以后，气温明显升高（$P<0.01$）。1960~2009 年，年降水量在 282.1~765.7mm，降水量年际波动较大。年降水量的 61.8%~72.5% 集中在 7~9 月。1960~2009 年的平均降水量为 448.6mm，呈显著下降趋势（$P<0.01$）。主要作物为小麦、马铃薯和玉米，一年一茬，是典型的半干旱雨养农业区。

（2）实验设计

'AD-2' 是典型的雨养春小麦品种，2005~2007 年在每年 3 月 15 日采用四行播种机播种，播种密度为 180kg/hm²。实验按照补灌、施氮量和控制 CO_2 浓度设计了 10 个处理（表4-1）。单个小区宽 3m、长 6m，随机分为 3 个完整块。播种深度为 6cm，每行间隔 15cm。在雨养春小麦播种前，在每个地块用直径 2.5cm、深 20cm 的螺旋钻采集土壤样品，并分析土壤养分和水分。各小区间土壤养分和水分无显著差异（$P<0.05$）。

表 4-1 固原干旱气象站 2005~2007 年 10 项实验处理

处理	补灌/mm		施氮量/(g/m²)	
	拔节期	孕穗期	NH_4HCO_3	NH_4NO_3
CK	0	0	0	0
T1	0	0	CO_2	0
T2	30	0	25.0	0
T3	30	0	0	12.5
T4	30	0	50.0	0
T5	30	0	0	25.0
T6	30	0	75.0	0
T7	30	0	0	37.5
T8	30	30	75.0	0
T9	30	30	0	37.5
T10	30	30	CO_2	37.5

注：CO_2 浓度被人为控制在 400~410ppm。

本实验设计中，补灌分为两个水平：一种是伸长期补灌 30mm，另一种是孕穗期补灌 30mm。将滴灌技术应用于灌溉小区。灌溉用水由蓄水池收集雨水。氮肥施用量分为 3 个水平，分别施用硝酸铵（NH_4NO_3）12.5g/m²、25.0g/m² 和 37.5g/m²。伸长期后，实验区 T10 CO_2 控制浓度为 400~410ppm，补灌和施氮（NH_4NO_3）量与实验区 T9 相同。在实验区 T1，CO_2 浓度控制在 400~410ppm，但不补灌,不施氮肥。在雨养春小麦不同生育期,采用120cm高的白色塑料墙防止 CO_2 渗入不同地块。在实验区T1和T10,雨养春小麦伸长期结束后,在两行小麦之间的土壤表面设置带小空心的塑料管。 CO_2 由 CO_2 肥料罐提供,并通过计算机温度控制系统持续监测。

4.1.3.2 半干旱区海原实验站

(1) 研究区概况

海原实验站位于 $36°34'N$ 、 $105°39'E$,海拔为1854m。年平均降水量约400mm,主要发生在7~9月。6~8月的日平均气温分别为18.2℃、19.8℃和18.38℃。高温在夏天很常见。年平均气温为7.2℃。自20世纪50年代以来,海原实验站的记录显示,全球气候变暖的影响导致平均大气温度上升了0.9℃。这一地区的主要地理地貌是丘陵和沟壑交替形成的,在这里进行的是不灌溉的雨养农业。一年种一次庄稼。主要粮食作物有春小麦、玉米、马铃薯、豌豆和小米。试验田土壤为黄土壤土,pH为6.7。有效氮含量为33.6mg/kg 总氮含量为82.4mg/kg,有效磷含量为5.54mg/kg,总磷含量为26.8mg/kg,有机质含量约为10g/kg。

(2) 实验设计与处理

海原实验站1980年以来气温逐渐增长,在实验中,设计了24个处理,研究 CO_2 浓度和温度升高对雨养春小麦产量的相互作用(表4-2)。

表4-2 海原实验站2001~2003年24项实验处理

处理	CO_2浓度 /($\mu mol/mol$)	播种期	灌溉/mm			
			播种期	三叶期	开花期	总量
T1	360	3月15日	0	0	0	0
T2	360	3月15日	0	30	0	30
T3	360	3月15日	0	30	30	60
T4	360	3月15日	30	30	30	90
T5	360	3月30日	0	0	0	0
T6	360	3月30日	0	30	0	30
T7	360	3月30日	0	30	30	60
T8	360	3月30日	30	30	30	90
T9	360	4月15日	0	0	0	0
T10	360	4月15日	0	30	0	30
T11	360	4月15日	0	30	30	60

续表

处理	CO_2浓度 /(μmol/mol)	播种期	灌溉/mm			
			播种期	三叶期	开花期	总量
T12	360	4月15日	30	30	30	90
T13	450	3月15日	0	0	0	0
T14	450	3月15日	0	30	0	30
T15	450	3月15日	0	30	30	60
T16	450	3月15日	30	30	30	90
T17	450	3月30日	0	0	0	0
T18	450	3月30日	0	30	0	30
T19	450	3月30日	0	30	30	60
T20	450	4月30日	30	30	30	90
T21	450	4月15日	0	0	0	0
T22	450	4月15日	0	30	0	30
T23	450	4月15日	0	30	30	60
T24	450	4月15日	30	30	30	90

注：根据播次的不同，将雨养春小麦整个生育期（随温度升高）的日平均气温升高分为3个水平。

由于作物播种时间的不同，整个生育期的日平均气温也不相同。因此，在整个生长阶段，日平均气温的升高可以看作温度的升高。此外，在实验设计中，根据播期将升温分为3个阶段。3月15日、3月30日和4月15日分别播种典型雨养春小麦品种'79121-15'。2001~2003年采用四行播种机播种小麦。

在实验设计中，将CO_2浓度分为两个水平。T1~T12实验区CO_2浓度作为当前大气CO_2浓度，采用RD-7AG CO_2分析仪（RD-7AG-CDA，中国）进行测量。整个生育期CO_2平均浓度为360μmol/mol。在T13~T24实验区，CO_2浓度维持为450μmol/mol，从苗期到收获期。苗期结束后，在两行小麦之间的土壤表面设置带小孔的塑料管。CO_2由CO_2肥料罐提供。使用CO_2红外气体分析仪（CID，USA）连续监测CO_2浓度，并由空气流量计控制。一面40cm高的白色塑料墙被用来防止CO_2渗透到不同的地块。

补灌分3个阶段，分别在播种期、三叶期和开花期补灌30mm（Li et al.，2001），采用滴灌系统。试验田被划分为24个单独的地块，在3个完全随机的区块中重复。单个地块宽4.5m、长6m。在雨养春小麦播种前，用直径2.5cm、深20cm的螺旋钻在每个地块上采集土壤样品，并分析土壤养分和水分。各小区间土壤养分和水分无显著差异（$P<0.05$）。

1）增温模拟实验。T5~T8和T17~T20处理整个生育期日平均气温提高

0.7～0.8℃；T9～T12 和 T21～T24 处理的日平均气温升高了 1.7～1.8℃。T9～T12 处理的日平均气温与 T1～T8 处理差异显著。同样，T21～T24 和 T13～T20 处理间差异显著。T5～T8 处理的日平均气温与 T1～T4 处理无显著差异。T17～T20 处理日平均气温与 T13～T16 处理无显著差异（表4-3）。

表4-3　雨养春小麦全生育期各处理日平均气温的变化　（单位:℃）

处理	播种—育苗期	育苗—三叶期	三叶—开花期	开花—灌浆期	灌浆—收获期	日平均气温	增温
T1	5.9^a	9.2^a	13.1^a	21.1^a	20.8^a	14.3^a	—
T2	5.9^a	9.2^a	13.1^a	21.1^a	20.8^a	14.4^a	0.1
T3	5.9^a	9.2^a	13.1^a	21.1^a	20.8^a	14.3^a	0
T4	5.9^a	9.2^a	13.1^a	21.1^a	20.8^a	14.3^a	0
T5	6.4^a	9.2^a	14.0^a	21.4^a	21.2^a	15.1^a	0.8
T6	6.4^a	9.2^a	14.0^a	21.4^a	21.1^a	15.0^a	0.7
T7	6.4^a	9.2^a	14.0^a	21.4^a	21.2^a	15.1^a	0.8
T8	6.4^a	9.2^a	14.0^a	21.4^a	21.2^a	15.0^{ab}	0.7
T9	7.2^b	10.5^b	14.9^b	21.6^a	21.3^a	16.1^b	1.8
T10	7.2^b	10.6^b	15.0^b	21.5^a	21.2^a	16.0^b	1.7
T11	7.2^b	10.5^b	14.9^b	21.6^a	21.3^a	16.1^b	1.8
T12	7.2^b	10.5^b	15.0^b	21.4^a	21.2^a	16.1^b	1.8
T13	5.9^A	9.2^A	13.1^A	21.1^A	20.8^A	14.3^A	—
T14	5.9^A	9.2^A	13.1^A	21.1^A	20.8^A	14.4^A	0.1
T15	5.9^A	9.2^A	13.1^A	21.1^A	20.8^A	14.3^A	0
T16	5.9^A	9.2^A	13.1^A	21.1^A	20.8^A	14.3^A	0
T17	6.4^A	9.2^A	14.0^A	21.4^A	21.2^A	15.1^A	0.8
T18	6.4^A	9.2^A	14.0^A	21.4^A	21.1^A	15.0^{AB}	0.7
T19	6.4^A	9.2^A	14.0^A	21.4^A	21.2^A	15.1^A	0.8
T20	6.4^A	9.2^A	14.0^A	21.4^A	21.2^A	15.1^A	0.8
T21	7.2^B	10.5^B	14.9^B	21.6^A	21.3^A	16.1^B	1.8
T22	7.2^B	10.6^B	15.0^B	21.5^A	21.2^A	16.0^B	1.8
T23	7.2^B	10.5^B	14.9^B	21.6^A	21.3^A	16.1^B	1.7
T24	7.2^B	10.5^B	15.0^B	21.4^A	21.2^A	16.0^B	1.7

注：不同字母表示列内均值差异有统计学意义（$P<0.05$）。

温度升高 0.8℃，雨养春小麦产量减少 10.4%~11.6%；温度升高 1.8℃，雨养春小麦产量减少 19.3%~20.6%。温度升高 0.8℃ 和 1.8℃ 时，小麦产量与不升高时均有显著差异。温度升高 0.8℃ 和 1.8℃ 时，小麦产量呈现显著差异。

2）CO_2 浓度升高实验。CO_2 浓度被设计为增加约 90μmol/mol，即从目前的大气 CO_2 浓度（360μmol/mol）到 2030 年预测的大气 CO_2 浓度（450μmol/mol）的增加。雨养春小麦的产量在 CO_2 浓度 450μmol/mol 的水平上比 360μmol/mol 的水平增加了 16.0%~21.1%。360μmol/mol 和 450μmol/mol CO_2 浓度水平之间存在着显著的差异。

4.1.3.3　定西干旱气象与生态环境试验基地

（1）研究区概况

本研究在中国西北半干旱地区的甘肃省通渭县进行，地点由中国气象局维护。通渭气象站（35°13′N，105°140′E），海拔为 1798m，年平均降水量为 422.2mm，年平均气温为 6.8℃（1957~2005 年观测）。同样在通渭县，鹿鹿山海拔为 2351m，年平均降水量约 480.1mm，年平均气温为 4.7℃（Xiao et al.，2008）。低空站点通渭气象站位于高海拔站点鹿鹿山脚下。交错的丘陵和沟壑主导着这一地区的地形，属于典型的雨养农业区。每年种植一次作物，雨水灌溉的冬小麦是主要的粮食作物。这一地区的土壤以黄土壤土为主。

（2）材料与方法

使用 1981~2005 年两个站点冬小麦物候、产量和产量组成部分以及管理实践的数据。试验基地的作物管理做法一般与当地传统的作物管理做法相同或更好。在研究期间，传统的作物管理做法没有太大的变化。'青美 4 号'是典型的雨播冬小麦品种，1981~2005 年在每年 9 月 10 日采用四行播种机播种。播种密度为 160kg/hm²，每行间隔 15cm，播种深度为 6cm。在播种小麦之前，用螺旋钻（直径 2.5cm，深 20cm）采集土壤样品，并分析土壤养分和水分。1981~2005年，不同地块间土壤养分和水分无显著差异（$P>0.05$）。一年一季，无人为灌溉。NH_4NO_3 用量为 250.0kg/(hm²·a)，农药也经常使用。两个站点的大气 CO_2 浓度均采用同威环境保护站的数据，1981~2005 年的变化基本一致。气象资料由通渭气象站提供。所有数据采集均符合中国气象局制定的农业气象观测标准。

（3）增温与降水组合模拟实验

模拟实验设计为 0℃ 和 450mm、0.5℃ 和 450mm、0.5℃ 和 380mm、1.0℃ 和 380mm、1.0℃ 和 310mm、1.5℃ 和 380mm、1.5℃ 和 310mm、2.0℃ 和 380mm、2.5℃ 和 310mm、3.0℃ 和 310mm 的温升和沉淀变化组合。

马铃薯完全生长阶段的温度上升期，在每个实验小区安装了自动检测传感器，以监测小区中距离地面和马铃薯冠层 10cm、20cm 和 30cm 处的温度。地面和马铃薯冠层的温度（误差 ±0.1℃）每 20min 自动记录一次。试验田土壤有机质含量为 8.5g/kg，全氮含量为 0.41g/kg，全磷含量为 0.66g/kg，全钾含量为 19.5g/kg。

4.1.3.4 半干旱区不同海拔试验站

（1）研究区概况

2006~2008 年在中国西北半干旱地区甘肃省通渭县鹿鹿山不同海拔（由中国气象局维护的地点）进行田间实验（Xiao et al., 2008）。通渭气象站（35°13′N，105°14′E），海拔为 1798m，年平均降水量约 422.2mm，年平均气温为 6.8℃（1957~2005 年观测）。此外，鹿鹿山，位于通渭县，海拔为 2351m，年平均降水量约 480.1mm，年平均气温为 4.7℃。低空站点通渭气象站位于高海拔站点鹿鹿山脚下。交错的丘陵和沟壑主导着这一地区的地形，以黄绵土为主，属于典型的雨养农业区，一年一熟。雨养冬小麦是主要的粮食作物。2006~2008 年，在通渭和鹿鹿山试验站对冬小麦进行了田间实验。

（2）实验设计

2006~2008 年，在通渭和鹿鹿山试验站对冬小麦进行了田间实验。两个试验站的小麦分别经历了 4 个增温水平（表 4-4）。所有处理的每个地块长 6.0m、宽 2.4m，共 16 行冬小麦。每个实验均在 3 个随机的完整组中重复进行。

表 4-4　2006~2008 年通渭和鹿鹿山试验站 4 种处理的田间实验结果

试验站	海拔/m	处理	增温/℃
通渭	1798	T1	0
		T2	0.6
		T3	1.4
		T4	2.2
鹿鹿山	2351	L1	0
		L2	0.6
		L3	1.4
		L4	2.2

'青美 4 号'是典型的雨播冬小麦品种，于 2006 年 9 月 10 日和 2007 年 9 月 10 日采用四行播种机播种。播种密度为 160kg/hm²，每行播种深度为 6cm，间隔为 15cm。播种后，在两排小麦之间的土壤表面放置一根电线，以诱导预期温度增加 0.6~2.2℃，从播种到收获保持这一温度范围。在高于冬小麦冠层 20cm 处

测量日平均气温的升高，并利用计算机温度控制系统进行连续监测。冬小麦在 2007 年和 2008 年的 7 月 2~23 日收获。播种前，使用螺旋钻（直径 2.5cm，深 20cm）从所有地块获取土壤样品。T1~T4 处理间土壤养分和水分无显著差异。L1~L4 处理间土壤养分和水分也无显著差异（$P>0.05$）。

4.1.3.5　江苏常熟 T-FACE 实验

（1）研究区概况

T-FACE 平台设置在江苏省常熟市白茆镇（120°55′30″E、31°35′25″N），试验田地处北亚热带南部湿润气候区，海拔为 6m，季风盛行，四季分明，气候湿和，雨量充沛（王从，2017）。年平均气温为 15.4℃，平均日照时数为 1813.9h，年平均降水量为 1135.6mm，该镇具有良好的气候资源和生态环境，为农业的良好发展提供了有力的自然资源保证。

（2）T-FACE 平台概况

江苏省常熟市 T-FACE 平台是在典型 FACE 平台的基础上，增加了作物冠层温度升高的处理。典型 FACE 平台通过增加温度这一处理因素，使 T-FACE 平台可进一步准确模拟未来气候变化情景下，CO_2 浓度和温度协同升高的环境条件。T-FACE 平台共设 12 个 FACE 圈组，各圈组结构均为正八边形，外圈直径为 18m（图 4-4）。

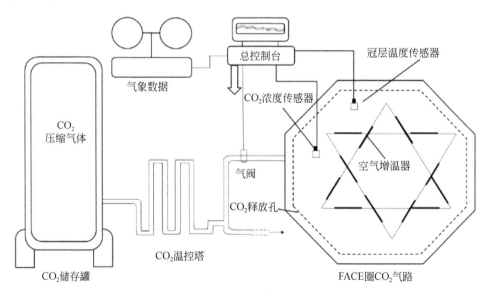

图 4-4　常熟市 T-FACE 平台主要结构

（3）田间实验设置

CO_2浓度升高处理圈组根据政府间气候变化专门委员会（IPCC）第四次评估报告的气候变化最大情景（500ppm）设置CO_2浓度，通过CO_2储存罐向FACE圈输送CO_2气体，CO_2气体释放于作物冠层顶空0.6m处，气体释放方式为自由大气环境下CO_2被动扩散（王从，2017）。FACE圈组内CO_2实际浓度由每个圈组内设置的CO_2浓度传感器监测。通过传感器实时数据反馈，无人值守控制器可对FACE圈组CO_2浓度进行实时控制。监测结果表明，田间实验期间，CO_2实际浓度为（500±26）ppmv（图4-5），对照组CO_2浓度为（412±21）ppmv。

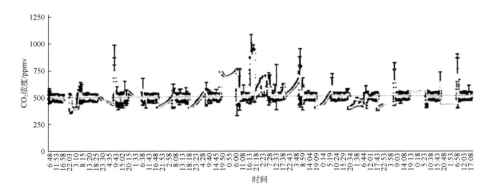

图4-5　FACE圈组CO_2浓度实时监测结果

T-FACE平台加温处理圈组根据IPCC第四次评估报告中气候变化2050年最大情景设置温控值，根据各圈组内温度传感器实时监测数据，控制加温处理圈组内空气温度高于环境温度2℃。采用电红外加热器通过红外辐射热效应，促使近地表空气增温的加热方式，每个增温处理圈组均加装4组电红外加热器以使近冠层空气被均匀加热。对于未施加增温处理的圈组同样安装4组电红外加热器，实验过程中不开机，以减少各处理圈组间光照及通风等非处理差异。实际监测结果表明，实验过程中增温处理圈组气温升高范围为（2.0±0.4）℃（图4-6）。

常熟市T-FACE平台FACE圈组根据实验地当地气候特点，按照国际上普遍采用的方式布置，以减小各圈组之间处理效应的相互干扰。从图4-5和图4-6的T-FACE平台CO_2浓度和温度实时监测结果可以看出，T-FACE平台运行稳定，达到其预期设计要求，能够较为可靠地开展大气CO_2浓度和温度升高的有关模拟实验工作。

（4）水稻生长季CO_2、CH_4、N_2O排放

王从（2017）2013年6月~2014年10月在江苏省常熟市开展T-FACE田间实验，共进行了两季稻田温室气体排放的田间原位观测实验。实验地土壤为水稻

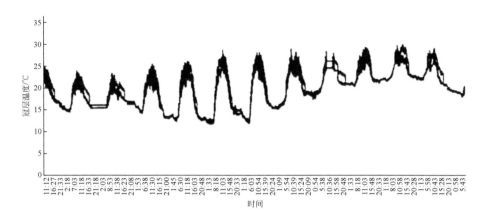

图 4-6　增温处理圈组作物冠层温度实时监测结果

土（乌栅土），有机碳和全氮含量分别为 15.21g C/kg 和 1.29g N/kg，pH 为 6.7（液土比为 2.5∶1），水稻供试品种为'常优 5 号'，移栽后大田内生育期平均为 120 天。2013 年水稻季移栽时间为 6 月 23 日，2014 年水稻季移栽时间为 6 月 20 日。水稻种植密度为 36 穴/m²，每穴 5 株。

（5）小麦生长季 CO_2、CH_4、N_2O 排放

小麦季田间观测实验于 2012 年 11 月 ~2015 年 6 月开展，共计进行了 3 季小麦田温室气体的田间原位观测实验。3 季小麦的供试品种均为'扬麦 14 号'，大田全生育期平均为 210 天。

4.1.3.6　江苏扬州 FACE 实验

（1）研究区概况

实验地位于江苏省扬州市江都区小纪镇良种场试验田内（119°420″E，32°35′5″N），土壤类型为清泥土，年均降水量为 980mm 左右，年蒸发量大于 1100mm，年平均气温约 14.9℃，年日照时间大于 2100h，年平均无霜期为 220 天，耕作方式为水稻–冬闲单季种植。土壤理化性质：有机质含量为 18.4g/kg，全氮含量为 1.45g/kg，全磷含量为 0.63g/kg，全钾含量为 14.0g/kg，速效磷含量为 10.1mg/kg，速效钾含量为 70.5mg/kg，容重为 1.16g/cm³，pH 为 7.2。

（2）T-FACE 平台概况

扬州市江都区平台系统结构共有 3 个 FACE 圈和 3 个对照圈。FACE 圈设计为正六角形，直径为 12m，T-FACE 平台运行时通过 FACE 圈周围的管道向中心喷射纯 CO_2 气体，并在 FACE 圈和对照圈中特定位置加装热水增温管道，以热辐射形式向增温区域进行增温处理，CO_2 放气管的高度距作物冠层 50cm 左右，热水增温管道直径为5~10cm。利用计算机网络对 T-FACE 平台 CO_2 浓度和水稻冠层温度进行监测和控制，根据大气中的 CO_2 浓度、风向、风速、作物冠层高度的 CO_2 浓度和温度自动调节 CO_2 气体的释放速度和方向以及热水增温管道中热水流速和进出口的水温差，使水稻主要生育期 FACE 圈内的 CO_2 浓度比大气环境高 $200\mu mol/mol$，增温区域的温度比大气环境温度高1℃左右。FACE 圈之间以及 FACE 圈与对照圈之间的间隔>90m，以减少 CO_2 释放对其他圈的影响。对照田块没有安装 FACE 管道，所有田块非增温区域没有安装热水增温管道，其余环境条件与自然状态一致（景立权等，2016；赖上坤等，2015）（图4-7）。

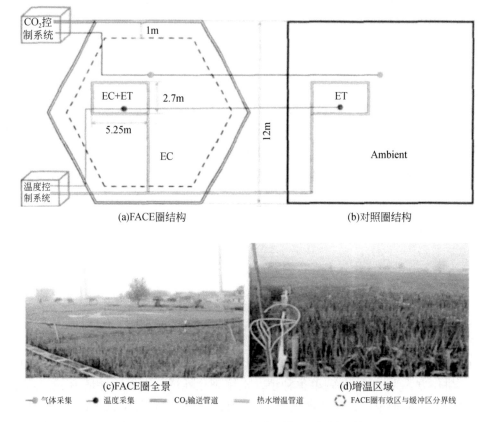

(a)FACE圈结构   (b)对照圈结构

(c)FACE圈全景   (d)增温区域

—— 气体采集   —●— 温度采集   ▬▬ CO_2输送管道   ━━ 热水增温管道   ⬡ FACE圈有效区与缓冲区分界线

图4-7　中国稻田 T-FACE 平台总体运行环境示意图

Ambient，环境 CO_2 浓度和温度；EC，大气 CO_2 浓度升高；ET，温度升高；EC+ET，
大气 CO_2 浓度和温度同时升高

（3）实验平台气候资料

江苏省扬州市江都区 T-FACE 实验期间 FACE 平台温度、光密度通量

（PPFD）和降水量动态分布如图4-8所示。2013年水稻生育期平均最高温度为26℃，平均最低温度为18℃，温度变幅为8～39℃。其中，高温天气（>36℃）31天，2014年生育期平均最高温度为22℃，平均最低温度为16℃，温度变幅为8～37℃。其中，高温天气（>36℃）5天。两年温度差异较大，7～8月平均温差达3℃以上。2013年和2014年平均PPFD分别为25mol/（m²·d）和22mol/（m²·d），这两年水稻季降雨天数分别为31天和52天，2014年7～8月阴雨天气十分普遍，这是2014年温度偏低的原因之一。

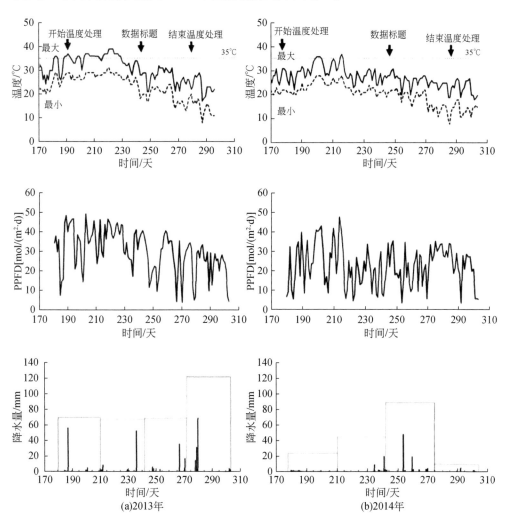

图4-8　2013年和2014年 T-FACE 平台水稻生育期天气情况

（4）品种与材料

江都区 T-FACE 培育供试品种为高产优质粳稻'武运粳 23'，大田早育秧，5 月 20 日播种，6 月 21 日移栽，每平方米 224 穴，每穴栽 2 株，秧苗均为 1 蘖苗，每穴 2 苗。总施氮量为 22.5g/m²，采用复合肥（有效成分 $N : P_2O_5 : K_2O = 15\% : 15\% : 15\%$）和尿素（含氮率 46.7%）配合施用。其中基肥占 40%（6 月 20 日施用）；分蘖肥（6 月 28 日施用）和穗肥（7 月 25 日施用）各占 30%。总施 P、K 肥均为 9g/m²，全作基肥施用。6 月 21 日～7 月 20 日保持水层（约 3cm），7 月 21 日～8 月 10 日多次轻搁田（自然落干后保持 3 天无水→灌水保持 1 天→放干水保持干旱 4 天→灌水保持 1 天，如此 4 天干旱 1 天灌水反复），从 8 月 11 日到收获前 10 天间隙灌溉（3 天保水 2 天无水），之后断水至收获。及时防治病虫害，保证水稻正常生长。

（5）实验设计

江苏省扬州市江都区 T-FACE 实验为裂区设计，主区为 CO_2 处理，设大气背景 CO_2 浓度（ambient CO_2，AC，约 395μmol/mol）和高 CO_2 浓度（elevated CO_2，EC，比大气背景 CO_2 浓度高 200μmol/mol）2 个水平。裂区为温度处理，设大气环境温度（ambient temperature，AT）和高温（elevated temperature，ET，比环境温度高 1℃）2 个水平。2013 年平台熏气时间为 7 月 19 日～10 月 7 日，2014 年平台熏气时间为 6 月 28 日～10 月 26 日，温度处理时间与 CO_2 一致。每日熏气时间及温度处理时间为日出至日落，熏气期间对照圈平均 CO_2 浓度为（371.9±2.0）μmol/mol，FACE 圈实际 CO_2 处理浓度为（571.9±0.3）μmol/mol，FACE 圈较对照圈平均增加（200±1.9）μmol/mol。

4.2 气候多要素协同变化影响模拟实验应用

4.2.1 气候变化对土壤质量的影响

大气 CO_2 浓度和温度升高会通过作物的光合作用，影响光合碳向土壤中的输送以及土壤有机碳转化。这势必会对土壤碳库的稳定性产生影响。稻麦轮作农田生态系统中土壤的 C、N 源，是该系统中温室气体 CH_4 和 N_2O 排放的重要物质基础，其含量的变化对研究 CO_2 浓度和温度升高对稻麦轮作农田生态系统 CH_4 和 N_2O 的排放具有重要意义。前人的研究表明，农田土壤 CH_4 和 N_2O 的排放主要受土壤有机 C 和无机 N 的含量变化影响（徐华等，2000）。因此，本研究对稻麦轮作农田生态系统土壤 C、N 的研究，主要以土壤有机碳（SOC）和无机 N（主要是铵态氮（NH_4^+–N）和硝态氮（NO_3^-–N）为研究对象进行分析。

4.2.1.1 增温和 CO_2 浓度升高对土壤 C 的影响

王从 2013～2014 年在江苏省常熟市开展的 T-FACE 稻麦轮作田间实验各处理条件下土壤有机质（soil organic matter，SOM）含量变化（图4-9）。结果表明，CO_2 浓度升高显著增加了稻田和小麦田土壤有机质的含量（表4-5、表4-6）。与水稻季和小麦季相比，每个种植季结束后土壤 SOM 含量均有不同程度的增加。但是，与上一种植季结束时的 SOM 含量相比。下一种植季开始时的 SOM 含量均会大幅度下降。有研究认为这一现象是休耕期间农田土壤的翻耕改变了土壤通气结构，使 SOM 被快速消耗所致（杨景成等，2003）。

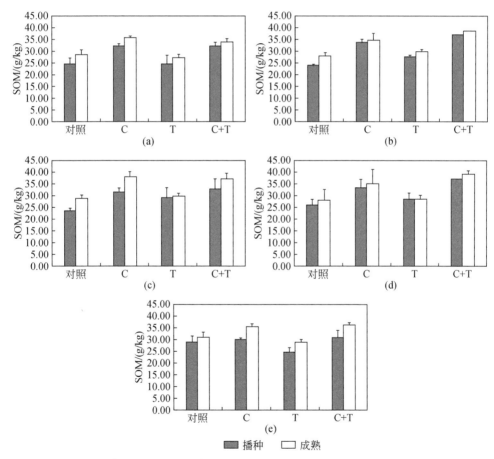

图4-9 CO_2 浓度升高（C）、温度升高（T）及其协同作用（C+T）下小麦田［（a）2012～2013 年；（c）2013～2014 年；（e）2014～2015 年］和稻田［（b）2013 年；（d）2014 年）］ SOM 含量观测结果

表 4-5　CO_2 浓度和温度升高对稻田 SOM 含量影响的多因素方差分析

变异来源	df	SS	F	P
温度	1	42.67	4.81	0.04
CO_2	1	410.19	46.28	<0.01 **
年际变化	1	0.07	0.01	0.93
温度×CO_2	1	11.32	1.28	0.28
温度×年际变化	1	0.66	0.07	0.79
CO_2×年际变化	1	1.54	0.17	0.68
温度×CO_2×年际变化	1	0.67	0.08	0.79
模型	7	66.73	7.53	
误差	16	8.86		

＊＊$P<0.01$。下同。

表 4-6　CO_2 浓度和温度升高对小麦田 SOM 含量影响的多因素方差分析

变异来源	df	SS	F	P
温度	1	4.64	1.73	0.20
CO_2	1	450.93	168.32	<0.01 **
年际变化	1	13.12	4.90	0.02 *
温度×CO_2	2	0.01	$2.70×10^{-3}$	0.96
温度×年际变化	1	2.15	0.80	0.46
CO_2×年际变化	2	4.60	1.72	0.20
温度×CO_2×年际变化	2	4.38	1.63	0.22
模型	7	45.82	17.11	<0.01 **
误差	16	2.68		

＊$P<0.05$。下同。

温度升高显著增加了稻田 SOM 含量，但并未显著影响小麦田 SOM 含量（表4-5、表 4-6）。这可能是由于温度的升高加速了稻田中前茬作物秸秆的分解，进而增加了稻田 SOM 含量。而与水稻季相比，小麦季温度升高并未显著改变麦田 SOM 含量。这可能是由于温度升高改变了小麦植株的蒸腾效率，影响了小麦田土壤含水量，水分胁迫抑制了微生物活性的增强，从而导致小麦田 SOM 含量未产生显著响应。

CO_2 浓度和温度升高主要通过影响稻麦轮作农田生态系统中的作物植株，而改变土壤 C 循环过程。2013～2014 年在江苏省常熟市开展的 T-FACE 稻麦轮作田间实验表明，CO_2 浓度升高显著增加了水稻和小麦的生物量，这主要是 CO_2 浓度升高使水稻和小麦的净光合产物增加所致。而水稻和小麦植株生物量的增加，表明作物向土壤中输入光合产物的数量增加。对小麦田下部生物量和小麦季结束时的麦田 SOM 含量进行相关性分析表明，SOM 含量与小麦植株地下部生物量呈显著的正相关关系（$P<0.05$）（图 4-10）。CO_2 浓度升高通过影响稻麦轮作农田生态系统中作物的生物量，来改变土壤中 SOM 含量，进而影响土壤 C 循环过程。

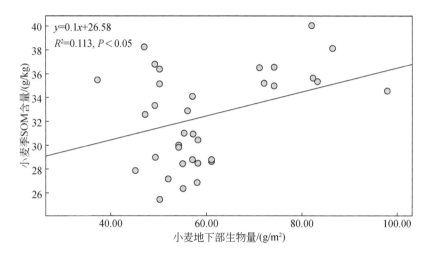

图 4-10　麦田 SOM 含量和小麦植株地下部生物量的线性相关关系

4.2.1.2　增温和 CO_2 浓度升高对土壤无机 N 的影响

2013～2014 年在江苏省常熟市开展的 T-FACE 稻麦轮作田间实验表明，CO_2 浓度和温度升高对稻田和小麦田土壤无机 N 浓度的影响较为复杂，在相同施肥条件下，土壤中无机 N 浓度除了受实验处理的影响外，作物不同生育阶段对土壤无机 N 浓度也存在一定影响。

表 4-7 为 2014 年稻田土壤无机 N 浓度观测结果。水稻季营养生长阶段，温度升高处理导致稻田土 NH_4^+-N 浓度显著下降，但水稻进入生殖生长阶段后，各实验处理条件下稻田土壤的 NH_4^+-N 浓度则未表现出显著差异。与 NH_4^+-N 浓度相反，稻田土壤 NO_3^--N 浓度在温度升高处理条件下的观测值显著高于其他处理条件下的观测值，并且水稻各生育期阶段之间未表现出明显的差异。对水稻季全生育期观测结果重复测量方差分析表明，NH_4^+-N 和 NO_3^--N 浓度的变化在观测时间内均达到了极显著（$P<0.01$）水平，NO_3^--N 浓度变化的处理间效应也达到了显著

表 4-7　2014 年稻田土壤无机氮浓度观测结果（均值±标准差）　　　　　　　（单位：mg/kg）

处理	NH_4^+-N				NO_3^--N			
	对照	C	T	C+T	对照	C	T	C+T
6月10日	3.05±0.72[a]	2.21±0.71[ab]	1.45±0.21[b]	2.51±0.88[a]	24.41±3.32[b]	26.34±3.98[b]	30.05±1.94	38.49±3.90[a]
6月20日	2.46±0.35[a]	4.51±2.98[a]	3.21±0.80[a]	2.63±0.29[a]	3.46±0.78[a]	3.19±0.82[a]	5.24±3.54[a]	3.05±0.20[a]
7月7日	11.70±2.27[a]	11.17±3.09[a]	12.00±5.84[a]	8.52±1.68[a]	1.88±0.36[c]	2.24±0.23[bc]	2.87±0.16[a]	2.77±0.65[ab]
7月21日	9.51±0.96[a]	8.13±2.56[ab]	8.35±2.36[ab]	5.47±0.99[b]	1.73±0.49[b]	2.37±0.26[b]	3.73±0.69[a]	7.60±0.29[a]
8月12日	3.41±0.67[a]	3.23±1.61[ab]	1.99±0.51[b]	4.23±1.03[ab]	7.29±0.61[a]	7.81±0.17[a]	8.17±0.69[a]	7.60±0.29[a]
8月30日	3.61±1.14[a]	2.39±0.99[a]	2.22±1.28[a]	3.72±1.47[a]	6.73±0.41[a]	7.80±1.06[a]	7.36±0.31[a]	7.20±0.66[a]
9月10日	2.83±0.56[a]	3.23±1.72[a]	3.07±0.22[a]	2.66±0.11[a]	6.29±0.25[a]	6.65±0.17[a]	6.38±0.22[a]	6.11±0.54[a]
9月24日	3.49±0.83[a]	2.65±0.75[a]	2.20±0.84[a]	2.60±0.69[a]	6.37±0.60[a]	6.62±0.17[b]	7.38±0.20[a]	8.02±0.22[a]
10月22日	2.86±0.87[a]	2.75±0.89[a]	2.56±0.78[a]	2.73±0.77[a]	6.39±0.23[a]	6.61±0.37[a]	6.37±0.72[a]	6.41±0.44[a]

水平（$P<0.05$）但是 NH_4^+-N 浓度变化的处理间效应未达到显著水平（$P=0.494$）。小麦季土壤无机 N 变化与水稻季具有相同趋势，但重复测量方差分析结果显示，小麦季各处理间 NH_4^+-N 和 NO_3^--N 浓度变化的连续观测结果不存在显著差异。

CO_2 浓度升高和温度升高主要是通过影响作物生长发育，改变作物对 N 的吸收，进而产生对土壤无机 N 浓度的影响。Cai 等（2016）对与本研究同一时期的常熟 T-FACE 平台中作物的发育过程进行了研究，结果表明，CO_2 浓度升高和温度升高显著增加了 2014 年水稻植株营养生长阶段的 N 吸收量，但水稻进入生殖生长阶段后，温度升高降低了水稻植株的 N 吸收量。该研究中，作物对稻田无机 N 吸收的变化趋势与本研究中各处理条件下稻田土壤 NH_4^+-N 和 NO_3^--N 浓度的变化趋势相互印证。因此，初步判断 CO_2 浓度升高和温度升高条件下作物对土壤无机 N 吸收的响应差异，是 CO_2 浓度升高和温度升高影响农田土壤无机 N 变化动态的重要因素之一。

4.2.2 气候变化对作物生长发育的影响

4.2.2.1 增温和 CO_2 浓度升高对作物株高的影响

2013 年在江苏省扬州市江都区开展的 T-FACE 平台中粳稻生长发育的实验表明，'武运粳 23' 抽穗前株高随着时间推移逐渐增加，抽穗后株高不再变化，各处理趋势一致（表4-8）。两生长温度平均，高 CO_2 浓度使株高在拔节期、抽穗期和灌浆中期分别降低 1.1%、1.0% 和 1.2%，使成熟期株高增加 3.1%，但均未达显著水平，AT 和 ET 条件下趋势一致（表4-8）。两 CO_2 浓度平均，高温处理使拔节期和抽穗期株高略降，使灌浆中期和成熟期略增，但均未达显著水平。$CO_2 \times T$ 互作使不同测定时期株高的影响均未达显著水平。

表 4-8 高 CO_2 浓度和高温对 2013 年和 2014 年水稻不同生育期株高的影响

年份	温度	CO_2	拔节期/cm	抽穗期/cm	灌浆中期/cm	成熟期/cm
2013	AT	AC	48.8±0.6	63.6±0.9	99.0±1.2	96.8±1.6
		EC	47.6±0.7	62.6±0.2	99.4±0.2	100.2±2.4
	ET	AC	47.3±0.2	62.0±0.8	100.9±0.3	97.3±0.7
		EC	47.4±1.2	61.7±0.6	98.0±1.2	99.9±1.8

续表

年份	温度	CO_2	拔节期/cm	抽穗期/cm	灌浆中期/cm	成熟期/cm
2014	AT	AC	57.3±0.3	68.2±0.3	102.2±0.8	103.5±1.1
		EC	53.9±0.3	69.2±0.3	103.7±0.6	104.4±0.5
	ET	AC	55.7±0.8	68.7±0.4	103.5±0.6	104.9±0.9
		EC	55.5±0.7	69.4±0.4	104.3±0.7	106.2±0.4
显著性检验结果						
CO_2			0.798	0.881	0.292	0.162
温度（T）			0.228	0.197	0.815	0.442
年际（Y）			<0.001	<0.001	<0.001	<0.001
$CO_2 \times T$			0.763	0.050	0.356	0.951
$CO_2 \times Y$			0.047	0.023	0.770	0.369
$T \times Y$			0.039	0.475	0.022	0.467
$CO_2 \times T \times Y$			0.474	0.203	0.356	0.765

2014 年在江苏省扬州市江都区开展的 T-FACE 平台中粳稻生长发育的实验表明，水稻株高随时间变化趋势与 2013 年基本相同（表4-8）。两生长温度平均，高 CO_2 浓度使株高在拔节期、抽穗期、灌浆中期和成熟期分别增加 3.1%、1.2%** （**表示达 0.01 显著水平）、1.1%* （*表示达 0.05 显著水平）和 1.1%。AT 条件下，高 CO_2 浓度使对应时期株高分别增加 −5.9%、1.5%*、1.4% 和 0.9%；ET 条件下，高 CO_2 浓度对各期株高均无显著影响（表4-8）。两 CO_2 浓度平均，高温处理使拔节期、抽穗期、灌浆中期和成熟期株高分别增加 0、0.5%、0.9%* 和 1.5%。$CO_2 \times T$ 互作对各期株高均无显著影响。

2013～2014 年在江苏省扬州市江都区开展的 T-FACE 平台中对粳稻生长发育的实验表明水稻拔节期、抽穗期、灌浆中期和成熟期株高 2014 年分别较 2013 年增加 6.9cm、6.4cm、4.1cm 和 6.2cm，增幅分别为 14.5%**、10.3%**、4.1%** 和 6.3%**。两生长温度平均，高 CO_2 浓度使拔节期株高略降，使抽穗期、灌浆中期和成熟期略增，但均未达显著水平。$CO_2 \times Y$ 对拔节期和抽穗期株高有显著影响，$T \times Y$ 对拔节期和灌浆中期株高有显著影响，$CO_2 \times T$ 对抽穗期株高的影响达显著水平。

4.2.2.2 增温和大气 CO_2 浓度升高对光合作用的影响

CO_2 是植物进行光合作用的底物，其浓度变化直接影响绿色植物的光合生理生化过程。在各自生长 CO_2 浓度下，FACE 圈不同生育期叶片经光合速率相比对照圈均有所增加，增幅随时间推移呈现下降趋势。但在同一 CO_2 浓度下，FACE 圈内不同生育期叶片净光合速率均呈现降低趋势，降幅随时间推移逐渐增大。随着大气 CO_2 浓度升高，植物光合作用最适宜温度也会增加 5~10℃。大气温度升高对叶片光合作用的影响有两种情况：当温度高于植物光合作用最适温度时，植物光合速率降低；当温度低于植物光合作用最适温度时，植物光合速率增加。

（1）对净光合速率（P_n）的影响

江苏省扬州市江都区开展的 T-FACE 实验表明，当 CO_2 浓度为 380μmol/mol 和 580umol/mol，随着生育进程的推移，'武运粳23' 水稻叶片 P_n 逐渐降低 ［图 4-11（a）、（b）和表4-9］。FACE 圈内 DAT45 叶片 P_n 大幅增加，但随着生育进程推移增幅逐渐减少，至 DAT119 这种增益效应完全消失。两生长温度平均，FACE 圈内 DAT45、DAT76、DAT91、DAT108 和 DAT119 叶片 P_n 分别增加为 41.6%**、34.5%**、31.5%**、21.6%** 和 1.1%，增幅随时间推移呈下降趋势；从不同温度看，高 CO_2 浓度使 AT 条件下生长的水稻 DAT45、DAT76、DAT91、DAT108 和 DAT119 叶片 P_n 分别增加 39.5%**、38.2%**、39.8%**、

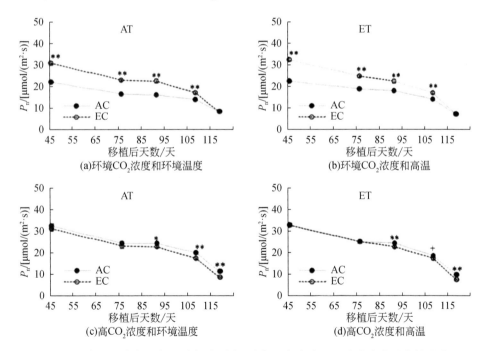

图 4-11 高 CO_2 浓度和高温对水稻不同生育期顶部完全展开叶净光合速率的影响

AC：环境 CO_2 浓度。EC：高 CO_2 浓度。AT：环境温度。ET：高温。

+、*、**：表示分别达 0.1、0.05 和 0.01 显著水平

22.4%**和0.2%，而ET条件下对应生育期分别增加43.7%**、31.3%**、24.2%**、20.9%**和2.2%。两CO_2浓度平均，高温使DAT45、DAT76和DAT91叶片P_n分别增加3.5%$^+$、10.3%**和4.9%*，使DAT108和DAT119分别降低0.1%和12.3%**。综合方差分析表明，CO_2、温度（T）、生育期（S）这3个主效应对叶片P_n的影响均达显著或极显著水平，$CO_2 \times S$和$T \times S$互作亦均达极显著水平。

表4-9　水稻顶部完全展开叶净光合速率的差异显著性检验（P）

ANOVA	测定方法	CO_2	温度（T）	生育期（S）	$CO_2 \times T$	$CO_2 \times S$	$T \times S$	$CO_2 \times T \times S$
F	A	455.388	6.544	787.632	0.405	47.121	5.317	1.292
	B	32.737	0.021	658/645	2.194	1.775	3.244	0.264
P	A	<0.001	0.011	<0.001	0.525	<0.001	<0.001	0.275
	B	<0.001	0.866	<0.001	0.141	0.136	0.014	0.901

注：测定方法A，各自生长CO_2浓度下测定，对照圈（380μmol/mol）和FACE圈（580μmol/mol）；B，同一CO_2浓度下测定，对照圈（580μmol/mol）和FACE圈（580μmol/mol）。

同一CO_2浓度（580μmol/mol），两温度处理平均，FACE圈内水稻叶片P_n在DAT45、DAT76、DAT91、DAT108和DAT119平均分别降低2.3%、2.8%、7.1%$''$、10.0%**和24.2%**；从不同温度看，FACE圈使AT条件下水稻对应时期叶片P_n分别降低4.1%、5.1%、6.8%$^+$（+表示达0.1显著水平）、13.1%**和24.7%**，而ET条件下对应时期叶片P_n依次下降0.7%、0.5%、7.3%**、6.6%$^+$和23.5**［图4-11（c）、（d）］。高温处理使叶片P_n在DAT45、DAT76和DAT91分别增加1.5%、2.7%和0.0%，DAT108和DAT119分别降低2.2%和6.1%**。综合方差分析表明，CO_2处理、生育期两个主效应均达到极显著水平，$T \times S$间的互作达0.05显著水平，$CO_2 \times T$和$CO_2 \times S$均有微弱的互作效应（P<0.15）。

（2）对气孔导度（G_s）的影响

T-FACE实验表明，随生育期推移，对照圈和FACE圈的叶片G_s均逐渐降低。两温度平均，FACE圈内水稻叶片G_s在DAT45、DAT76、DAT91、DAT108和DAT119分别降低9.0%$^+$、6.3%、6.7%、15.6%**和12.6%*［图4-12（a）、（b）和表4-10］。从不同温度看，FACE圈使AT条件下生长的水稻DAT45、DAT76、DAT91、DAT108和DAT119叶片G_s分别降低12.0%、17.9%、27.9%**、13.8%*和23.6%**，使ET条件下水稻DAT45、DAT91和DAT108叶片G_s分别降低5.9%、7.6%和17.1%*［图4-12（a）、（b）和表4-10］。温

处理使水稻 DAT45、DAT76、DAT91 和 DAT108 叶片 G_s 分别增加 1.7%、5.1%、12.5%** 和 4.1%+，但使 DAT119 叶片 G_s 降低 6.4%*。综合方差分析表明，CO_2、温度处理和生育期这 3 个主效应对叶片 G_s 的影响均达极显著水平，$CO_2×S$、$T×S$ 的互作分别达 0.1 和 0.01 显著水平，$CO_2×T×S$ 的互作达极显著水平。

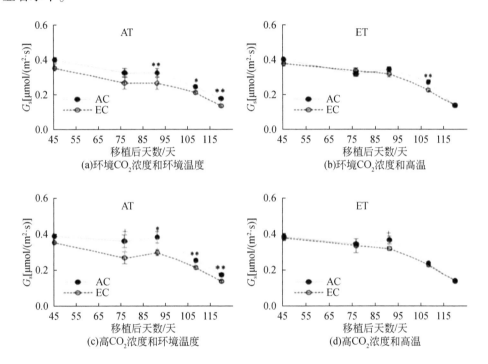

图 4-12　高 CO_2 浓度和高温对水稻不同生育期顶部完全展开叶气孔导度的影响

表 4-10　水稻顶部完全展开叶气孔导度的差异显著性检验 （P）

ANOVA	测定方法	CO_2	温度 （T）	生育期 （S）	$CO_2×T$	$CO_2×S$	$T×S$	$CO_2×T×S$
F	A	6.855	8.477	114.959	0.309	2.020	3.563	3.747
	B	19.825	0.209	86.423	7.141	1.410	0.803	0.391
P	A	0.010	0.004	<0.001	0.579	0.094	0.008	0.006
	B	<0.001	0.648	<0.001	0.008	0.233	0.525	0.815

2013 ~ 2014 年在江苏省扬州市开展的 T- FACE 实验表明，FACE 圈使 DAT45、DAT76、DAT91、DAT108 和 DAT119 叶片 G_s 平均降低 5.7%、14.5%+、17.9%**、10.6%** 和 10.5%* [图 4-12 （c）、（d） 和表 4-10]。从不同温度

看，FACE 圈使 AT 条件下对应时期叶片 G_s 分别降低 9.3%、25.8%$^+$、22.4%*、16.1%** 和 21.1%**，而高温下仅 DAT91 略有下降（$-13.3\%^+$）。高温处理使水稻 DAT119 叶片 G_s 降低 5.9%*，但对其他时期影响不显著。综合方差分析表明，CO_2 处理、生育期主效应和 $CO_2 \times T$ 互作均达极显著水平 [图 4-12（c）、（d）和表 4-10]。

（3）对胞间 CO_2 浓度（Ci）的影响

2013～2014 年在江苏省扬州市开展的 T-FACE 实验表明，两温度平均，FACE 圈内叶片胞间 CO_2 浓度（Ci）在 DAT45、DAT76、DAT91、DAT108 和 DAT119 分别增加 49.5%**、55.9%**、68.5%**、58.4%** 和 67.7%** [图 4-13（a）、（b）和表 4-11]。AT 和 ET 条件下趋势一致，均极显著升高，且生长中后期增幅大于生长前期。高温处理使 DAT45、DAT76、DAT91、DAT108 和 DAT119 叶片 Ci 平均分别增加 0.1%、1.1%、2.8%*、1.2% 和 0.1% [图 4-13（a）、（b）和表 4-11]。综合方差分析表明，CO_2、温度处理和生育期这 3 个主效应对叶片 Ci 的影响均达 0.05 以上显著水平，$CO_2 \times S$ 和 $CO_2 \times T \times S$ 互作均达极显著水平，$CO_2 \times T$ 互作达 0.1 显著水平。

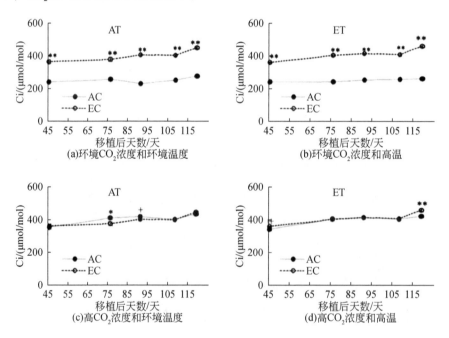

图 4-13　高 CO_2 浓度和高温对水稻不同生育期顶部完全展开叶胞间 CO_2 浓度的影响

表 4-11 水稻顶部完全展开叶胞间 CO_2 浓度的差异显著性检验（P）

ANOVA	测定方法	CO_2	温度（T）	生育期（S）	$CO_2 \times T$	$CO_2 \times S$	$T \times S$	$CO_2 \times T \times S$
F	A	3129.954	6.227	54.317	2.991	16.463	1.392	3.537
	B	0.341	0.551	63.558	8.013	5.631	0.894	0.585
P	A	0.010	0.004	<0.001	0.579	0.094	0.008	0.006
	B	<0.001	0.648	<0.001	0.008	0.233	0.525	0.815

2013～2014 年在江苏省扬州市开展的 T-FACE 实验表明，两温度平均，FACE 圈内叶片 Ci 在 DAT45、DAT108 和 DAT119 分别增加 3.7%、0.0% 和 4.6%，FACE 圈使 DAT76 和 DAT91 叶片 Ci 分别降低 4.7%* 和 2.0%，不同温度条件下趋势基本一致 [图 4-13（c）、（d）和表 4-11]。高温使叶片 Ci 在 DAT45、DAT76、DAT91、DAT108 和 DAT119 分别增加 -1.0%、1.4%、0.3%、0.6% 和 0.1%，均未达显著影响。综合方差分析表明，生育期主效应、$CO_2 \times T$ 和 $CO_2 \times S$ 互作均达极显著水平。

（4）对蒸腾速率（T_r）的影响

2013～2014 年在江苏省扬州市开展的 T-FACE 实验表明，水稻叶片 T_r 随时间推移逐渐降低 [图 4-14（a）、（b）和表 4-12]。两温度平均，FACE 圈内叶片 T_r 在 DAT45 和 DAT91 分别增加 1.2% 和 2.3%，DAT76、DAT108 和 DAT119 分别降低 2.9%、10.3%** 和 13.9%*。从不同温度看，FACE 圈使 AT 条件下生长的水稻叶片 T_r 大多下降，最高降幅达 23.8%**，而 ET 条件下只有 DAT108 叶片 T_r 极显著下降 12.1%。高温处理使 DAT45、DAT76、DAT91 和 DAT108 叶片 T_r 分别增加 1.3%、7.3%*、7.7%** 和 5.2%**，DAT119 降低 2.6%。综合方差分析表明，生育期和温度处理主效应对叶片 T_r 的影响分别达到极显著和显著水平。

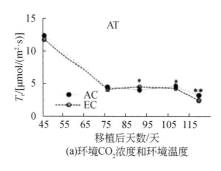

(a)环境CO_2浓度和环境温度

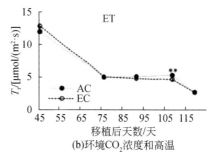

(b)环境CO_2浓度和高温

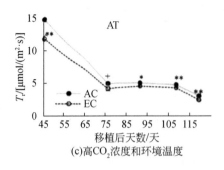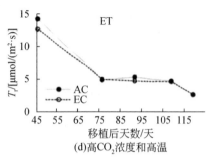

(c)高CO₂浓度和环境温度　(d)高CO₂浓度和高温

图 4-14　高 CO₂ 浓度和高温对水稻不同生育期顶部完全展开叶蒸腾速率的影响

表 4-12　水稻顶部完全展开叶蒸腾速率的差异显著性检验（P）

ANOVA	测定方法	CO₂	温度（T）	生育期(S)	CO₂×T	CO₂×S	T×S	CO₂×T×S
F	A	1.097	6.248	463.763	0.936	0.743	0.914	1.627
	B	25.783	2.006	510.695	4.580	6.659	0.351	0.726
P	A	0.297	0.013	<0.001	0.335	0.564	0.457	0.170
	B	<0.001	0.159	<0.001	0.034	<0.001	0.843	0.576

同一 CO₂ 浓度下的测定的叶片 T_r 见图 4-14（c）、（d）和表 4-12。FACE 圈内叶片 T_r 在 DAT45、DAT76、DAT91、DAT108 和 DAT119 平均降低 15.7%[**]、7.1%、10.9%[**]、6.4%[*] 和 10.2%[*]。从不同温度看，AT 条件下，FACE 圈使对应各期叶片 T_r 分别降低 20.3%[**]、16.0%[+]、10.2%[*]、10.2%[**] 和 19.8%[**]，而 ET 条件下，仅 DAT91 有明显下降（−11.4%，$P=0.07$）。高温处理对 DAT76 叶片 T_r 略增（+4.3%，$P=0.08$），但对其他时期影响不显著。综合方差分析表明，CO₂ 处理、生育期主效应、CO₂×S 互作均达极显著水平，CO₂×T 互作达显著水平。

4.2.2.3　增温和 CO₂ 浓度升高对作物产量及产量组成的影响

一般来说，CO₂ 浓度的升高会促进大多数作物的产量和生长，但程度存在差异。作物模拟研究中，假设目前大气中的平均 CO₂ 浓度增加一倍（从 350ppm 升高到 700ppm），生物量和产量会持续增加 25% 或 30%。CO₂ 浓度从 330ppm 升高到 660ppm 可以使小麦产量提高 37%。Cure 和 Acock（1986）得出结论，CO₂ 浓度从 300~350ppm 升高到 680ppm 可以使小麦产量提高 35%。

（1）增温和 CO₂ 浓度升高对每平方米穗数的影响

江苏省扬州市江都区 T-FACE 实验研究表明高 CO₂ 浓度和高温对'武运粳

23′每平方米穗数的影响（图4-15和表4-13）。2013年、2014年每平方米穗数分别为280穗、250穗，2014年较2013年降低10.7%**。两生长温度平均，高CO_2浓度使每平方米穗数平均增加13.2%**，其中2013年和2014年分别增加17.1%**和9.0%$^{+}$，AT和ET条件下分别增加18.9%*和7.6%$^{+}$（$P = 0.07$）。两CO_2浓度平均，高温处理使每平方米穗数平均减少2.2%。方差分析表明，$CO_2×T$、$CO_2×T×Y$互作对每平方米穗数的影响分别达显著和极显著水平，$T×Y$、$CO_2×Y$互作亦均达0.1显著水平。

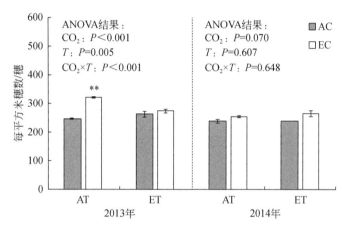

图 4-15 高 CO_2 浓度和高温对 2013 年和 2014 年水稻穗数的影响

表 4-13 高 CO_2 浓度和高温对 2013 年和 2014 年水稻产量和产量组成因素的显著性检验（P）

指标	CO_2	温度（T）	年际（Y）	$CO_2×T$	$CO_2×Y$	$T×Y$	$CO_2×T×Y$
每平方米穗数	<0.001	0.343	<0.001	0.036	0.079	0.073	0.007
饱粒率	0.041	0.360	0.645	0.828	0.730	0.495	0.496
饱粒重	<0.001	0.004	<0.001	0.292	0.357	<0.001	0.094
平均粒重	0.090	0.035	<0.001	0.849	0.404	<0.001	0.198
籽粒产量	0.321	0.022	<0.001	0.441	<0.001	0.116	0.180

（2）增温和 CO_2 浓度升高对饱粒重的影响

2013～2014年在江苏省扬州市开展的T-FACE实验表明，2013年、2014年饱粒重分别为30.1mg和30.9mg，2014年较2013年增加2.7%*（图4-16）。两生长温度平均，高CO_2浓度使饱粒重平均增加0.8mg，增幅为2.6%**，其中2013年和2014年分别增加2.1%*和3.0%**，AT和ET条件下分别增加2.0%*和3.2%（表4-13）。两CO_2浓度平均，高温处理使水稻饱粒重平均减少

0.5mg，降幅为 1.7%**。$T \times Y$、$CO_2 \times T \times Y$ 互作对水稻饱粒重的影响达显著水平，但 $CO_2 \times T$ 和 $CO_2 \times Y$ 互作均未达显著水平。

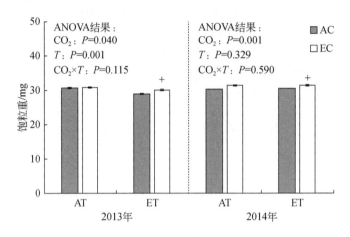

图 4-16　高 CO_2 浓度和高温对 2013 年和 2014 年水稻饱粒重的影响

（3）增温和 CO_2 浓度升高对水稻籽粒产量的影响

周宁（2020）2013～2014 年在江苏省扬州市开展的 T-FACE 实验表明，2013 年、2014 年平均籽粒产量分别为 918.9g/m² 和 1084.3g/m²，2014 年较 2013 年增加 18.0%**（图 4-17）。两生长温度平均，高 CO_2 浓度使籽粒产量平均增加 127.4g/m²，增幅为 13.6%，其中 2013 年和 2014 年分别增加 15.9%* 和 11.7%*，AT 和 ET 条件下分别增加 16.2% 和 10.8%。两 CO_2 浓度平均，高温处理使水稻籽粒产量平均减少 82.1g/m²，降幅为 7.9%*，这主要与 2013 年显著减产（−18.8%*）有关，2014 年则略有增加（2.4%）。从不同 CO_2 浓度看，AC、

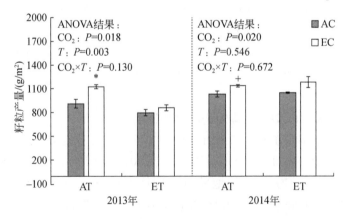

图 4-17　高 CO_2 浓度和高温对 2013 年和 2014 年水稻籽粒产量的影响

EC 条件下，高温处理使水稻分别减产 5.5%[+]（$P=0.08$）和 12.6%。$CO_2 \times Y$ 互作对水稻籽粒产量的影响达极显著水平，$T \times Y$、$CO_2 \times T \times Y$ 互作间亦有微弱的互作效应（表 4-13）。

所有饱粒、瘪粒和空粒重的和除以总粒数即为所有籽粒平均粒重，该参数对高 CO_2 浓度和高温的响应见图 4-18 和表 4-13。2013 年和 2014 年所有籽粒平均粒重分别为 23.5mg 和 24.6mg，2014 年较 2013 年增加 4.7%[**]。两生长温度平均，高 CO_2 浓度使所有籽粒平均粒重平均增加 0.4mg，增幅为 1.5%[+]（$P=0.09$），其中 2013 年和 2014 年分别增加 0.8% 和 2.2%[*]，AT 和 ET 条件下分别增加 1.7% 和 1.4%。两 CO_2 浓度平均，高温处理使所有籽粒平均粒重减少 0.5mg，降幅为 1.9%[*]。$T \times Y$ 互作对所有籽粒平均粒重的影响达极显著水平，但 $CO_2 \times T$、$CO_2 \times Y$ 和 $CO_2 \times T \times Y$ 互作均未达显著水平。

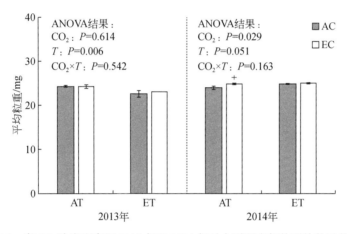

图 4-18　高 CO_2 浓度和高温 2013 年和 2014 年对水稻所有籽粒平均粒重的影响

（4）增温和 CO_2 浓度升高对小麦籽粒产量的影响

肖国举等 2001～2003 年在西北半干旱区宁夏海原开展的多因素组合模拟实验表明，雨养春小麦全生育期日平均气温 T17 处理比 T1 处理提高 0.8℃（14.3～15.1℃）。T1 处理与 T17 处理的日平均气温差异不显著。T21 处理在整个生育期的日平均气温比 T1 处理高 1.8℃（14.3～16.1℃）（图 4-19）。T1 处理与 T21 处理的日平均气温有显著差异。

在 T17 处理中，450μmol/mol CO_2 和 0.8℃增温组合促使雨养春小麦产量比 T1 处理提高了 5.3%（图 4-19）。然而，在 T21 处理中，450μmol/mol CO_2 和 1.8℃增温组合使小麦产量比 T1 处理减少了 5.7%。结果表明，温度升高和 CO_2 浓度升高对中国半干旱区雨养春小麦产量具有交互作用（图 4-20）。

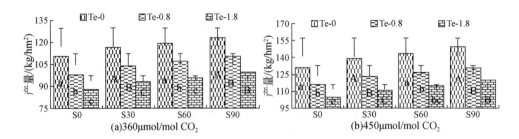

图 4-19　不同增温条件下雨养春小麦产量的变化

Te-0，没有温度升高；Te-0.8，温度升高 0.8℃；Te-1.8，温度升高 1.8℃。S0，无补充灌溉；
S30，30mm 补灌；S60，60mm 补灌；S90，90mm 补灌

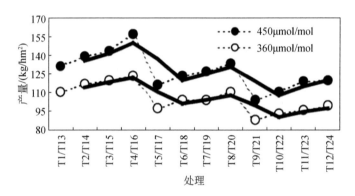

图 4-20　不同 CO_2 浓度下雨养春小麦产量的变化

T1/T13 表示 T1 处理和 T13 处理在不同 CO_2 浓度下具有相同的日平均气温和补灌。T2/T14、
T3/T15、T4/T16 等与 T1/T13 意义相同

2001～2003 年在西北半干旱区宁夏海原开展的多因素组合模拟实验表明，T1、T13、T17 和 T21 处理小麦产量变化的回归分析结果支持了这一结果。小麦产量 [Y（kg/hm）]、增温和 CO_2 浓度（X）的交互效应呈非线性关系（$Y = -8.3X^2 + 39.7X + 82.7$，$r = 0.90$）（图 4-21）。这可能是 CO_2 浓度升高会提高雨养春小麦产量，而温度升高会降低产量的原因。表明雨养春小麦产量与温度升高和 CO_2 浓度升高均相关。

肖国举等 2001～2003 年在西北半干旱区宁夏海原开展的多因素组合模拟实验表明，显示了 CO_2 浓度和温度升高时，春小麦产量与补灌的关系。450μmol/mol CO_2 和 0.8℃增温（14.3～15.1℃），30mm 补灌可提高雨养春小麦产量 11.6%；产量与无补灌处理有显著差异。60mm 和 90mm 补灌分别增产 14.9% 和 18.0%。同时，450μmol/mol CO_2 和增温 1.8℃（14.3℃～16.1℃），90mm 补灌

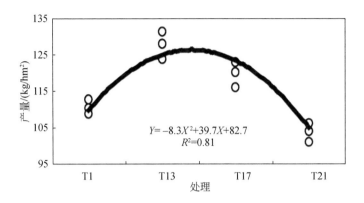

$Y = -8.3X^2 + 39.7X + 82.7$
$R^2 = 0.81$

图 4-21　CO_2 浓度升高与温度升高互作对雨养春小麦产量的影响

使雨养春小麦产量提高 10.1%；产量与无补灌处理有显著差异。补灌 60mm 可提高小麦产量 3.8%；与无补灌处理相比，产量差异不显著。此外，30mm 补灌可以弥补预计在 30 年内气候变化造成的雨养春小麦产量损失。结果还表明，在全球气候变化带来的小麦产量提高方面，雨养春小麦全生育期补灌可能发挥重要作用。

（5）增温和 CO_2 浓度升高对作物生物量和产量的影响

2013～2014 年在江苏省常熟市开展的 T-FACE 稻麦轮作田间实验表明，CO_2 浓度升高和温度升高对水稻和小麦的生物量（包括地上部生物量、地下部生物量和总生物量）和产量均存在显著影响（表 4-14）。

表 4-14　CO_2 浓度、温度升高及其协同升高条件下水稻和小麦生物量和产量的观测结果

（单位：g/m^2）

作物	实验年份	处理	地上部生物量	地下部生物量	总生物量	产量
水稻	2013	对照	1901±35	66±7	1967±7	937±30
		CO_2	2023±81	92±10	2115±90	977±21
		T	1402±90	49±7	1451±96	567±20
		$CO_2 \times T$	1532±41	59±6	1591±45	619±36
	2014	对照	1675±62	59±7	1734±68	859±99
		CO_2	1860±55	84±6	1944±55	919±72
		T	1419±76	50±5	1469±80	661±25
		$CO_2 \times T$	1552±45	59±6	1612±50	709±57

作物	实验年份	处理	地上部生物量	地下部生物量	总生物量	产量
小麦	2012~2013	对照	1149±90	56±2	1205±92	594±52
		CO_2	1227±72	75±7	1302±76	618±28
		T	910±25	44±6	954±27	492±35
		$CO_2 \times T$	1066±97	53±4	1119±101	535±19
	2013~2014	对照	1178±69	58±4	1235±72	630±54
		CO_2	1309±12	83±2	1392±10	663±29
		T	975±116	49±7	1024±123	506±60
		$CO_2 \times T$	1080±137	55±6	1135±143	550±38
	2014~2015	对照	1170±114	58±3	1228±117	589±17
		CO_2	1305±203	82±14	1387±215	636±37
		T	981±19	50±1	1031±19	495±15
		$CO_2 \times T$	1042±117	52±6	1094±123	542±66

CO_2浓度升高显著增加了水稻和小麦的生物量及产量。在CO_2浓度升高处理条件下，水稻总生物量和产量分别增加了9.67%和5.57%，小麦总生物量和产量分别增加了11.26%和5.74%。在CO_2浓度升高条件下，水稻和小麦植株的总生物量增加水平显著高于产量的增加水平。因此，CO_2浓度升高使水稻和小麦的收获指数均有不同程度下降。此外，水稻和小麦田地上部生物量和地下部生物量对CO_2浓度升高的响应也具有差异。综合两季水稻和三季小麦的生物量观测数据表明，与对照组相比，CO_2浓度升高使水稻地上部生物量和地下部生物量分别显著增加了8.59%和40.80%，小麦田地上部生物量和地下部生物量分别显著增加了9.84%和39.53%。水稻和小麦田地下部生物量要显著高于地上部生物量对CO_2浓度升高的响应，说明在CO_2浓度升高处理下，水稻和小麦植株的根冠比均有不同程度升高。

2013~2014年在江苏省常熟市开展的T-FACE稻麦轮作田间实验表明，温度升高对水稻和小麦的生物量和产量均产生了不利影响。在温度升高条件下，水稻的总生物量和产量分别显著降低21.10%和31.63%，小麦总生物量和产量分别降低17.09%和19.68%。与CO_2浓度升高对水稻和小麦生物量的影响不同，温度升高并未显著改变光合产物在水稻和小麦植株根部与冠部的分配平衡。温度升高导致水稻地上部生物量和地下部生物量分别降低21.11%和20.80%，小麦田地上部生物量和地下部生物量分别降低17.23%和15.52%。研究还发现，温度升高对水稻的总生物量的影响还存在显著的年际差异（表4-15），与对照组相比，

2013年温度升高处理导致的水稻总生物量减少（-26.23%）要显著高于2014年的结果（-15.28%），这一现象可能是两年水稻季的平均气温存在差异所致，2013年水稻季平均气温为27℃，这一温度要显著高于2014年水稻季的平均气温（24.2℃），更高的环境基础温度会进一步加强温度升高的处理效应，从而导致水稻生物量进一步降低。

表4-15　CO_2浓度、温度和年际差异对水稻生物量影响的多因素方差分析

变异来源	df	SS	F	P
温度	1	1.00×10^6	213.70	<0.01**
CO_2	1	1.65×10^5	32.73	<0.01**
年际变化	1	4.98×10^4	10.59	<0.01**
温度×CO_2	1	2.11×10^3	0.45	0.512
温度×年际变化	1	7.36×10^4	15.66	<0.01**
CO_2×年际变化	1	1.58×10^3	0.34	0.57
温度×CO_2×年际变化	1	1.34×10^3	0.28	0.60
模型	7	1.84×10^5	39.11	<0.01**
误差	16	4.70×10^3		

** $P<0.01$。下同。

在本研究中，未观测到CO_2浓度升高和温度升高对水稻和小麦生物量或产量产生显著的交互作用（表4-15、表4-16）。与单纯温度升高处理相比，CO_2浓度和温度协同升高减弱了温度升高对稻麦生物量和产量的整体效应，但仍然不能抵消温度升高所带来的不利影响。在CO_2浓度和温度协同升高条件下，水稻总生物量和产量分别降低13.46%和26.06%，小麦总生物量和产量分别降低8.72%和10.26%。

表4-16　CO_2浓度、温度和年际变化对小麦生物量影响的多因素方差分析

变异来源	df	SS	F	P
温度	1	4.84×10^5	41.08	<0.01**
CO_2	1	1.42×10^5	12.02	<0.01**
年际变化	2	8.81×10^3	0.75	0.48
温度×CO_2	1	1.34×10^3	0.11	0.74
温度×年际变化	2	6.12×10^2	0.05	0.95

变异来源	df	SS	F	P
CO_2×年际变化	2	$4.52×10^2$	0.04	0.96
温度×CO_2×年际变化	2	$5.26×10^3$	0.45	0.65
模型	7	$5.97×10^4$	5.07	<0.01 **
误差	16	$1.18×10^4$		

4.2.2.4 增温和 CO_2 浓度升高对作物干物质积累的影响

(1) 增温和 CO_2 浓度升高对叶片干物质积累的影响

2013~2014 年在江苏省扬州市开展的 T-FACE 实验表明,'武运粳 23'水稻叶片占比随时间推移直线下降,各处理趋势一致(表 4-17)。两生长温度平均,高 CO_2 浓度使拔节期、抽穗期、穗后 24 天和成熟期叶片占地上部干重比例分别下降 4.5%、1.8%、1.4% 和 3.6%,均未达显著水平(表 4-17)。AT 和 ET 条件下,高 CO_2 浓度使水稻在对应各期叶片占比大多降低,最大降幅达 9.2%,均未达显著水平。两 CO_2 浓度平均,高温处理使拔节期叶片占比增加 2.0%,使抽穗期、成熟期分别降低 2.7%、3.6%,均未达显著水平。CO_2 与温度互作对水稻各期叶片占地上部干重比例均无显著影响。

表 4-17 高 CO_2 浓度和高温对水稻叶片占地上部干重比例的影响

温度	CO_2	拔节期/%	抽穗期/%	穗后 24 天/%	成熟期/%
AT	AC	48.8±3.5	32.7±0.8	22.0±0.2	14.4±0.5
	EC	44.3±1.5	33.7±1.5	21.7±1.0	13.4±0.5
ET	AC	47.4±0.8	33.4±0.7	22.0±0.5	13.4±0.6
	EC	47.6±1.7	31.2±1.2		
ANOVA 结果					
CO_2		0.333	0.594	0.587	0.201
温度（T）		0.667	0.458	0.985	0.200
CO_2×T		0.303	0.175	0.987	0.792

对水稻全生育期数据进行综合分析,结果表明生育期对叶片占地上部干重的比例的影响达极显著水平,但 3 个主效应间均无互作效应(表 4-18)。

表 4-18　水稻叶片占地上部干重比例的差异显著性检验（P）

指标	自由度	总均方	均方	F	P
CO_2	1	9.4	9.4	1.989	0.168
温度（T）	1	0.1	0.1	0.016	0.900
生育期（S）	3	7483.4	2494.5	529.551	<0.001
$CO_2 \times T$	1	1.3	1.3	0.279	0.601
$CO_2 \times S$	3	6.7	2.2	0.476	0.701
$T \times S$	3	5.2	1.7	0.368	0.776
$CO_2 \times T \times S$	3	23.9	8.0	1.693	0.188

（2）增温和 CO_2 浓度升高对茎鞘干物质积累的影响

2013～2014 年在江苏省扬州市开展的 T-FACE 实验表明，'武运粳 23'结实后半期茎鞘占地上部干重的比例明显小于抽穗前，各处理趋势一致。两生长温度平均，高 CO_2 浓度对拔节期和抽穗期茎鞘占地上部干重的比例无显著影响，但使穗后 24 天增加 3.9%*，成熟期降低 8.5%*（表 4-19）。从不同温度看，高 CO_2 浓度使 AT 和 ET 条件下生长的水稻穗后 24 天茎鞘占地上部干重的比例分别增加 1.2% 和 6.7%，使成熟期分别降低 8.3% 和 8.8%（表 4-19）。

表 4-19　高 CO_2 浓度和高温对水稻茎鞘占地上部干重比例的影响

温度	CO_2	拔节期/%	抽穗期/%	穗后 24 天/%	成熟期/%
AT	AC	51.2±3.5	52.7±0.7	34.0±0.5	34.8±0.6
	EC	55.7±1.5	51.3±0.5	34.4±0.1	31.9±0.3
ET	AC	52.6±0.8	51.9±0.9	32.9±0.6	31.9±0.6
	EC	52.4±1.7	52.1±0.3	35.1±0.4	29.1±0.6
ANOVA 结果					
CO_2		0.333	0.379	0.024	0.001
温度（T）		0.667	0.989	0.759	0.001
$CO_2 \times T$		0.303	0.283	0.091	0.645

高温处理对抽穗期茎鞘占地上部干重的比例没有影响，但使拔节期、穗后 24 天和成熟期茎鞘占地上部干重的比例分别降低 1.8%、0.6% 和 8.5%*。对水稻全生育期数据进行综合分析，结果表明，生育期对茎鞘占地上部干重的比例的影响达显著水平（表 4-20）。

表 4-20   水稻茎鞘占地上部干重比例的差异显著性检验（P）

指标	自由度	总均方	均方	F	P
CO_2	1	0.0	0.0	1.989	0.168
温度（T）	1	11.6	11.6	0.016	0.900
生育期（S）	3	4587.5	1529.2	529.551	<0.001
$CO_2 \times T$	1	0.3	0.3	0.279	0.601
$CO_2 \times S$	3	44.2	14.7	0.476	0.701
$T \times S$	3	15.6	5.2	0.368	0.776
$CO_2 \times T \times S$	3	19.9	6.6	1.693	0.188

（3）增温和 CO_2 浓度升高对稻穗干物质积累的影响

2013～2014 年在江苏省扬州市开展的 T-FACE 实验表明，随着时间推移，'武运粳 23'稻穗占地上部干重的比例直线上升，各处理趋势一致（表 4-21）。两生长温度平均，高 CO_2 浓度使抽穗期和成熟期稻穗占地上部干重的比例分别升高 8.6% 和 6.2%*，使穗后 24 天略降。

表 4-21   高 CO_2 浓度和高温对水稻稻穗占地上部干重比例的影响

温度	CO_2	抽穗期/%	穗后 24 天/%	成熟期/%
AT	AC	14.6±30.2	44.0±0.4	50.7±1.0
	EC	15.0±1.0	44.0±0.9	54.7±0.4
ET	AC	14.6±0.3	45.0±0.6	54.7±1.2
	EC	16.7±0.8	43.3±0.9	57.2±0.2
ANOVA 结果				
CO_2		0.114	0.242	0.004
温度（T）		0.253	0.833	0.004
$CO_2 \times T$		0.253	0.264	0.643

从不同温度看，高 CO_2 浓度使 AT 和 ET 条件下生长的水稻抽穗期稻穗占地上部干重的比例分别升高 2.7% 和 14.4%+，使成熟期分别升高 7.9%* 和 4.6%。两 CO_2 浓度平均，高温处理使抽穗期、穗后 24 天和成熟期稻穗占地上部干重的比例分别增加 5.7%、0.3% 和 6.2%**。CO_2、温度处理及生育期对稻穗占地上部干重的比例的影响均达 0.05 以上显著水平，CO_2、温度处理与生育期间互作分别达 0.01 和 0.05 显著水平（表 4-22）。

表4-22 水稻稻穗占地上部干重比例的差异显著性检验（P）

指标	自由度	总均方	均方	F	P
CO_2	1	12.3	12.3	7.588	0.001
温度（T）	1	18.0	18.0	11.061	0.003
生育期（S）	2	9868.0	4934.0	3024.667	<0.001
$CO_2 \times T$	1	0.5	0.5	0.328	0.572
$CO_2 \times S$	2	25.7	12.9	7.880	0.002
$T \times S$	2	15.8	7.9	4.853	0.017
$CO_2 \times T \times S$	2	5.7	2.8	1.733	0.198

4.2.2.5 增温和 CO_2 浓度升高对作物品质的影响

（1）增温和 CO_2 浓度升高对水稻蔗糖浓度的影响

2013~2014年在江苏省扬州市开展的 T-FACE 实验表明，水稻蔗糖浓度拔节—抽穗期增加，抽穗期至穗后24天减少，穗后24天至成熟期又增加，各处理趋势基本一致（表4-23）。两生长温度平均，高 CO_2 浓度使抽穗期和穗后24天茎鞘蔗糖浓度分别增加76.1%[*] 和6.8%，使拔节期和成熟期分别降低2.1%和0.5%。高 CO_2 浓度使 AT 和 ET 条件下生长的水稻茎鞘蔗糖浓度大多升高。其中，AT 条件下，茎鞘蔗糖浓度在拔节期增加14.0%[*]；ET 条件下，茎鞘蔗糖浓度在抽穗期增加125.4%[**]。

表4-23 高 CO_2 浓度和高温对水稻茎鞘蔗糖浓度的影响

温度	CO_2	拔节期/（mg/g）	抽穗期/（mg/g）	穗后24天/（mg/g）	成熟期/（mg/g）
AT	AC	25.0±1.1	30.6±6.0	18.4±1.9	32.0±1.7
	EC	28.5±0.5	46.9±7.9	23.4±1.7	28.2±5.3
ET	AC	27.0±3.5	14.2±0.2	25.7±7.2	27.7±1.6
	EC	22.4±1.0	32.0±2.3	23.7±1.6	31.2±1.3
ANOVA 结果					
CO_2		0.760	0.010	0.703	0.953
温度（T）		0.314	0.015	0.357	0.841
$CO_2 \times T$		0.067	0.883	0.390	0.250

两 CO_2 浓度平均，高温处理使茎鞘蔗糖浓度在拔节期、抽穗期和成熟期分别

降低 7.7%、40.4%*和 2.2%，穗后 24 天增加 18.2%。CO_2 处理、温度处理、生育期对茎鞘蔗糖浓度的影响均达 0.1 以上显著水平，CO_2 或温度处理与生育期间互作均达 0.05 显著水平，但 CO_2 和温度处理间无互作效应。

（2）增温和 CO_2 浓度升高对水稻可溶性糖浓度的影响

2013～2014 年在江苏省扬州市开展的 T-FACE 实验表明，水稻不同生育期茎鞘可溶性糖浓度随时间推移逐渐增加，抽穗期后逐渐减少，AT 条件下茎鞘可溶性糖浓度在成熟期略有回升（表 4-24）。两生长温度平均，高 CO_2 浓度使拔节期和成熟期茎鞘可溶性糖浓度分别降低 8.6% 和 8.7%，使抽穗期和穗后 24 天分别增加 12.4% 和 13.4%，均未达显著水平，不同温度处理趋势基本一致。两 CO_2 浓度平均，高温处理使拔节期和穗后 24 天茎鞘可溶性糖浓度分别增加 12.2%*和 10.0%，抽穗期和成熟期分别减少 4.0% 和 31.3%。生育期对茎鞘可溶性糖浓度的影响达 0.1 显著水平，但 3 个主效应间均无互作效应。

表 4-24 高 CO_2 浓度和高温对水稻茎鞘可溶性糖浓度的影响

温度	CO_2	拔节期/（mg/g）	抽穗期/（mg/g）	穗后 24 天/（mg/g）	成熟期/（mg/g）
AT	AC	24.6±2.3	29.3±2.9	20.7±2.8	28.8±0.3
	EC	19.5±2.5	30.0±3.4	23.4±0.7	26.1±4.5
ET	AC	24.3±1.3	25.4±1.2	22.7±1.6	19.6±1.3
	EC	25.2±2.2	31.5±4.9	25.8±1.5	18.1±2.2
ANOVA 结果					
CO_2		0.779	0.337	0.146	0.728
温度（T）		0.085	0.734	0.250	0.175
$CO_2 \times T$		0.065	0.449	0.908	0.921

（3）增温和 CO_2 浓度升高对水稻淀粉浓度的影响

T-FACE 实验表明，水稻不同生育期茎鞘淀粉浓度随时间推移逐渐增加，抽穗期后逐渐减少，各处理趋势基本一致（表 4-25）。两生长温度平均，高 CO_2 浓度使拔节期茎鞘淀粉浓度降低 2.9%，使抽穗期、穗后 24 天和成熟期分别增加 7.6%、14.0% 和 12.2%，均未达显著水平，不同温度处理趋势基本一致（表 4-25）。两 CO_2 浓度平均，高温处理使拔节期和成熟期茎鞘淀粉浓度分别增加 16.9%*和 8.8%，抽穗期和穗后 24 天分别降低 8.0% 和 17.4%。生育期对茎鞘淀粉浓度的影响达 0.01 水平，但 3 个主效应间均无互作效应（表 4-25）。

表 4-25　高 CO_2 浓度和高温对水稻茎鞘淀粉浓度的影响

温度	CO_2	拔节期/(mg/g)	抽穗期/(mg/g)	穗后 24 天/(mg/g)	成熟期/(mg/g)
AT	AC	67.7±6.1	79.8±7.6	56.1±7.2	54.1±9.8
	EC	54.8±6.3	81.4±8.5	64.1±1.9	70.6±11.8
ET	AC	67.1±3.2	69.3±3.0	61.2±4.3	53.2±3.6
	EC	76.1±6.0	79.0±8.6	69.6±3.3	49.8±6.1
ANOVA 结果					
CO_2		0.773	0.462	0.114	0.458
温度（T）		0.099	0.408	0.289	0.236
$CO_2 \times T$		0.083	0.593	0.959	0.271

（4）增温和 CO_2 浓度升高对水稻非结构性碳水化合物浓度的影响

江苏省扬州市开展的 T-FACE 实验表明，水稻不同生育期茎鞘非结构性碳水化合物（NSC）浓度随时间推移逐渐增加，抽穗期后逐渐减少，AT 条件下水稻茎鞘 NSC 浓度在成熟期略有回升（表 4-26）。两生长温度平均，高 CO_2 浓度使拔节期茎鞘 NSC 浓度降低 2.9%，使抽穗期、穗后 24 天和成熟期分别增加 8.9%、13.9% 和 5.8%，均未达显著水平，不同温度处理趋势基本一致（表 4-26）。两 CO_2 浓度平均，高温处理使拔节期和穗后 24 天茎鞘 NSC 浓度增加 17.5% +和 9.1%，抽穗期和成熟期分别减少 6.8% 和 21.6%。生育期对茎鞘 NSC 浓度的影响达极显著水平，但 3 个主效应间均无互作效应。

表 4-26　高 CO_2 浓度和高温对水稻茎鞘 NSC 浓度的影响

温度	CO_2	拔节期/(mg/g)	抽穗期/(mg/g)	穗后 24 天/(mg/g)	成熟期/(mg/g)
AT	AC	92.4±2.3	109.1±2.9	76.8±2.8	82.8±10.3
	EC	74.2±2.5	111.4±3.4	87.5±0.7	96.7±4.5
ET	AC	91.4±1.3	94.8±1.2	83.8±1.6	72.8±1.3
	EC	104.3±2.2	110.6±4.9	95.4±1.5	67.9±2.2
ANOVA 结果					
CO_2		0.745	0.412	0.703	0.146
温度（T）		0.095	0.492	0.357	0.250
$CO_2 \times T$		0.078	0.539	0.390	0.908

(5) 水分利用效率

2013~2014 年在江苏省扬州市开展的 T-FACE 实验表明，随着生育进程推移，叶片水分利用率（WUE）呈先升高后降低的趋势［表 4-27 和图 4-22（a）、（b）］。两温度平均，FACE 圈内叶片 WUE 在 DAT45、DAT76、DAT91、DAT108 和 DAT119 平均分别增加 38.5%[**]、38.5%[**]、27.1%[**]、34.8%[**] 和 16.7%[*]，其中 AT 条件下对应时期分别增加 44.9%[**]、48.2%[**]、23.2%[**]、32.6%[**] 和 30.8%[**]，ET 条件下分别增加 32.3%[**]、29.0%[**]、31.5%[**]、37.4%[**] 和 3.4%。高温处理使 DAT45、DAT76、DAT91、DAT108 和 DAT119 叶片 WUE 平均分别降低 0.3%、3.0%、44.1%[**]、4.4%[*] 和 3.4%。综合方差分析结果表明，CO_2、温度、生育期这 3 个主效应以及 CO_2 与生育期之间的互作对叶片 WUE 的影响均达极显著水平，$CO_2 \times T$ 互作达 0.05 显著水平。

表 4-27　水稻顶部完全展开叶水分利用效率的差异显著性检验（P）

ANOVA	测定方法	CO_2	温度（T）	时期（S）	$CO_2 \times T$	$CO_2 \times S$	$T \times S$	$CO_2 \times T \times S$
F	A	181.932	11.532	150.466	4.132	5.865	0.785	1.827
	B	25.783	7.676	137.808	5.909	5.799	0.680	1.153
P	A	<0.001	0.001	<0.001	0.044	<0.001	0.536	0.126
	B	0.867	0.006	<0.001	0.016	<0.001	0.607	0.334

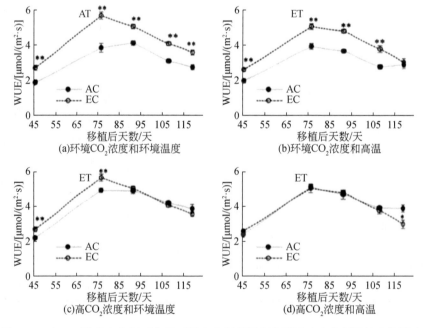

图 4-22　高 CO_2 浓度和高温对水稻不同生育期顶部完全展开叶水分利用效率的影响

同一 CO_2 浓度下，FACE 圈内叶片 WUE 在 DAT45、DAT76 和 DAT91 分别增加 15.0%[*]、6.6%[*] 和 2.6%，但使 DAT108 和 DAT119 分别降低 3.5% 和 15.7%[*]，AT 和 ET 条件下趋势基本一致［图4-22（c）、（d）］。高温处理仅使 DAT45、DAT76、DAT91、DAT108 和 DAT119 叶片 WUE 分别降低 -0.7%、2.2%、2.6%、-3.5%[*] 和 3.8%。综合方差分析表明，温度、生育期主效应对叶片 WUE 的影响达极显著水平，$CO_2 \times T$ 和 $CO_2 \times S$ 互作亦分别达显著和极显著水平。

4.2.2.6 降水量变化和 CO_2 浓度升高对作物生长的影响

不同气候因子对作物生长期有不同的影响，各种气候因素可能对不同的生长阶段产生了不同的影响（Wang et al.，2004）。此外，人们发现温度升高会导致西澳大利亚小麦生长期（从播种到成熟）缩短，干物质积累和产量减少（Fulco and Senthold，2006）。此外，一些研究在大空间尺度上评估了气候变化对植被的影响，这有助于研究植被对全球气候变暖的整体响应（Fulu et al.，2006）。观测到的气候变化对冬小麦生长的影响也被用于研究中国西北半干旱地区不同海拔的气候变暖和降水量变化对作物产量和水分利用的影响（Xiao et al.，2008）。模型预测表明，尽管到 2050 年温度升高和土壤湿度下降将降低全球作物产量，但 CO_2 上升的直接施肥效应将抵消这些损失（Ewert et al.，2002；Piao et al.，2006）。

（1）降水量变化和 CO_2 浓度升高对作物生物量积累的影响

小麦的地上都生物量、总生物量和根冠比，与 CO_2 浓度升高显著相关，小麦的总生物量，以及地上部生物量、地下部生物量与降水量有显著的关系，但对于根冠比，CO_2 浓度升高、降水量的交互作用，没有明显的关系（表4-28）。CO_2 浓度升高，降水量从正常水平不断增加，增加到高水平，根冠比没有明显的差异，也没有增加小麦单株的总生物量，以及地上部生物量、地下部生物量。CO_2 浓度升高，降水量由低水平增加到正常水平，根冠比显著减少，明显增加小麦单株的总生物量、地上部生物量、地下部生物量。目前的 CO_2 浓度，随着降水量的增加，促进小麦单株的总生物量，以及地上部生物量、地下部生物量的增加（图4-23）。表明，对于根冠比、地下部生物量，降水量增加与 CO_2 浓度升高有拮抗效应。

表4-28 CO_2 浓度升高及降水量变化对小麦生物量和根冠比影响的双因素方差分析结果

项目	CO_2 浓度		降水量		CO_2 浓度×降水量	
	F	P	F	P	F	P
地上部生物量	69.98	<0.01	52.03	<0.01	68.15	<0.01
地下部生物量	79.23	<0.01	68.47	<0.01	56.30	<0.01

项目	CO₂浓度		降水量		CO₂浓度×降水量	
	F	P	F	P	F	P
总生物量	90.24	<0.01	35.17	<0.01	42.78	<0.01
根冠比	5.27	0.068	62.01	<0.01	9.85	0.074

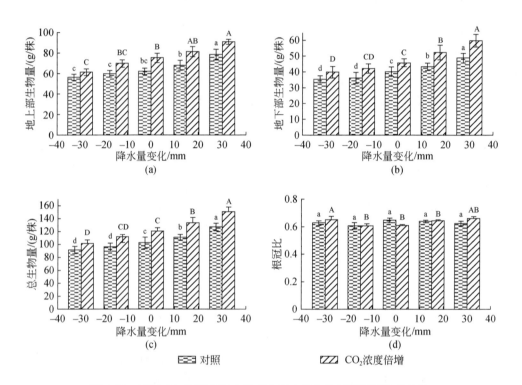

图 4-23　不同 CO_2 浓度和降水量变化下小麦生物量和根冠比的变化

CO_2 浓度倍增，对小麦生物量有明显的促进作用（图 4-23）。降水量减少，使小麦地上部生物量、地下部生物量减少。降水量增加，对小麦地上部生物量、地下部生物量有促进作用（图 4-23），对小麦根冠比并没有明显的影响（$P>0.05$）。在低降水量时，CO_2 浓度升高，对增加小麦的总生物量有明显的影响。正常降水量时，CO_2 浓度升高，对地上部生物量有明显的促进作用。在干旱时，CO_2 浓度升高，会增加根系的分配，使水分吸收。在水分适宜的条件下，CO_2 浓度升高，对小麦地上植被的生长有促进作用。

2005~2007 年在半干旱区固原开展的春小麦补灌、施氮肥和 CO_2 浓度控制实验表明，T8 和 T9 处理籽粒产量分别为 278.8g/m² 和 270.6g/m²，分别比对照

（$170.2g/m^2$）高 0.64 倍和 0.59 倍。部分原因是孕穗期补灌量比 T2~T6 处理高 30mm。T10 的产量为 $309.8g/m^2$，比对照高 0.82 倍，分别比 T8 和 T9 处理高 0.11 倍和 0.14 倍。这部分是由于从伸长到收获期 CO_2 浓度高于 T8 和 T9 处理。此外，T1 处理的产量显著低于 T10，但产量与对照差异不显著，说明补灌、施氮肥与升高 CO_2 浓度相结合对雨育春小麦产量的提高有重要作用（表4-29）。

表4-29 各处理籽粒产量及其构成因素

处理	产量/（g/m^2）	千粒重/g	每穗粒数	穗长/cm	穗/m	收获指数
CK	170.2[a]	33.42[a]	7.32[a]	4.45[a]	450.2[a]	0.464[a]
T1	178.58[a]	37.6[a]	7.50[a]	4.50[a]	450.8[a]	0.470[a]
T2	180.6[a]	36.02[a]	7.42[a]	5.68[a]	448.9[a]	0.478[a]
T3	179.6[a]	35.56[a]	7.46[a]	5.76[a]	450.8[a]	0.468[a]
T4	194.7[b]	38.80[b]	7.68[a]	5.84[a]	451.1[a]	0.482[a]
T5	191.7[b]	38.25[b]	7.62[a]	5.58[a]	451.8[a]	0.471[a]
T6	206.2[b]	42.77[b]	7.58[a]	5.98[a]	451.0[a]	0.486[a]
T7	202.8[b]	40.49[b]	7.84[a]	5.88[a]	449.8[a]	0.470[a]
T8	278.8[c]	48.68[c]	8.41[b]	6.45[b]	450.6[a]	0.515[a]
T9	270.6[c]	46.38[c]	8.36[b]	6.23[a,b]	450.8[a]	0.488[a]
T10	309.8[c]	50.71[d]	8.46[b]	6.64[b]	449.4[a]	0.519[a]

注：不同字母列内的均值差异显著，$P<0.05$。

各产量构成因素与籽粒产量的相关分析表明，籽粒产量与千粒重、每穗粒数显著相关。但产量与单位面积穗数无显著相关性，说明单位面积穗数对产量的影响不大。T10 的千粒重比 T9 高 9.3%。这也说明，补灌、施氮肥和升高 CO_2 浓度对雨育春小麦籽粒形成有重要的促进作用。

（2）降水量变化和 CO_2 浓度升高对光合作用的影响

CO_2 浓度升高、降水量变化对小麦叶片净光合速率、蒸腾速率、胞间 CO_2 浓度、气孔导度浓度有明显的影响（$P<0.05$）（表4-30）。在目前 CO_2 浓度下，增加降水量，蒸腾速率增长的幅度高于净光合速率，蒸腾速率、气孔导度、净光合速率明显上升。相比正常降水量、低降水量条件下，高降水量条件下，水分利用效率更低（$P<0.01$）。在 CO_2 倍增时，相比正常降水量条件下，高降水量条件下净光合速率更高，但差异不显著。

表 4-30　CO_2 浓度升高及降水量变化对小麦叶片光合特性的双因素方差分析结果

项目	CO_2 浓度		降水量		CO_2 浓度×降水量	
	F	P	F	P	F	P
光合速率〔$\mu mol/(m^2 \cdot s)$〕	89.26	<0.01	72.13	<0.01	106.32	<0.01
气孔导度〔$\mu mol/(m^2 \cdot s)$〕	83.02	<0.01	65.98	<0.01	85.13	<0.01
胞间 CO_2 浓度〔$\mu mol/(m^2 \cdot s)$〕	75.16	<0.01	83.05	<0.01	92.17	<0.01
蒸腾速率〔$\mu mol/(m^2 \cdot s)$〕	91.45	0.068	87.44	<0.01	70.31	0.074

　　CO_2 浓度倍增显著促进了小麦叶片净光合速率、气孔导度、胞间 CO_2 浓度、蒸腾速率，降水量增加促进了小麦叶片净光合速率和胞间 CO_2 浓度，而抑制了小麦叶片气孔导度和蒸腾速率，5 种降水量条件下（0、±15%、±30%）小麦叶片净光合速率分别比自然 CO_2 浓度下增加了 31.44%、29.04%、24.64%、21.27% 和 12.53%（图 4-24）；胞间 CO_2 浓度分别增加了 44.22%、40.60%、39.16%、40.65% 和 41.33%；气孔导度分别降低了 20.93%、23.21%、16.67%、25.20% 和 18.62%；蒸腾速率分别降低了 64.21%、74.79%、136.99%、131.63% 和 119.75%（图 4-24）。

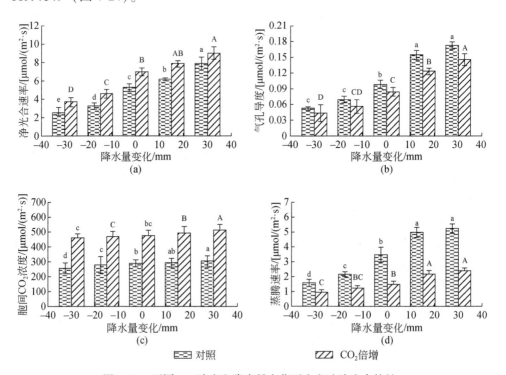

图 4-24　不同 CO_2 浓度和降水量变化下小麦叶片光合特性

降水量变化和 CO_2 浓度的交互作用显著影响小麦的净光合速率、地上部生物量、地下部生物量、根冠比和不同器官碳氮含量。在相同 CO_2 浓度时，随着降水量的增加，小麦地上部生物量、地下部生物量和 C/N 显著增加，而根冠比相应降低。CO_2 浓度上升显著促进了小麦根、茎、叶中的碳含量，显著抑制了小麦根、茎、叶中氮含量。

在降水量相同条件下，CO_2 浓度倍增显著提高小麦叶片净光合速率、气孔导度、胞间 CO_2 浓度、蒸腾速率，降水量增加促进了小麦叶片净光合速率和胞间 CO_2 浓度，而抑制了小麦叶片气孔导度和蒸腾速率。

在未来 CO_2 浓度升高的背景下，高降水量对生物量的积累并无显著的促进作用，CO_2 浓度升高可以补偿低水分条件对小麦生长发育所造成的不利影响。

4.2.3 气候变化对农田生态系统结构稳定性的影响

陆地生态系统是全球生态系统碳循环的重要组成部分，在全球碳收支中占主要地位。研究陆地生态系统对全球气候变化的响应与反馈机制似乎是预测全球气候变化对陆地生态系统影响方式及程度的重要基础，已经引起科学界的广泛关注。农田生态系统作为受气候变化影响最为显著的陆地生态系统，研究气候变化背景下温室气体排放是研究农田生态系统稳定性的核心。

4.2.3.1 CO_2 浓度升高对植物碳库的影响

CO_2 浓度的升高增强了陆地生物圈的碳固定量，从而引起植物和土壤碳库总量的增加。2013 ~ 2014 年在江苏省常熟市开展的 T-FACE 稻麦轮作田间实验表明，大气 CO_2 浓度的升高导致植物的生物量显著增加了 20%，但植物的不同部分响应不一，其中植物地上部生物量增加了 18%，而地下部生物量增加了 32%［图 4-25（a）］。本研究的结果与另一整合分析结果相近，该研究表明 CO_2 浓度升高导致植物碳库增加了约 18%。在施肥的土壤、自然湿地生态系统和人工环境条件下的盆栽实验中，植物生物量对 CO_2 浓度升高的响应更加显著，这一结果意味着 CO_2 浓度的升高可能对自然生态系统条件下植被碳库积累过程的影响潜力更大。对于 CO_2 浓度升高条件下，植物地下部生物量的增加量高于地上部生物量的增加量这一结果，较早前的一个实验报道了相似的结果，这表明植物根部与冠部相比可能对 CO_2 浓度升高更加敏感。

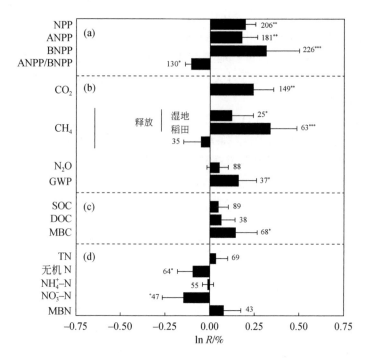

图 4-25　植物生物量及其构成因素（a）、土壤温室气体排放（b）、土壤碳库（c）和
氮库（d）对大气 CO_2 浓度升高的响应

NPP 为净初级生产量，MBC 为微生物量碳，MBN 为微生物量氮，ANPP 为地上净初级生产力，
BNPP 为地下净初级生产力

4.2.3.2　CO_2 浓度升高对土壤温室气体排放的影响

综合所有 CO_2 浓度升高实验结果，CO_2 浓度升高导致土壤 CO_2 排放增加 24%。
2013～2014 年在江苏省常熟市开展的 T-FACE 稻麦轮作田间实验表明，CO_2 浓度
升高同时还造成稻田和自然湿地生态系统的 CH_4 排放分别增加了 34% 和 12%
［图 4-25（b）］。CO_2 浓度升高导致土壤 CO_2 和 CH_4 排放量增加这一结果，与之前
另一个数据样本容量较小的整合分析结果相近。在各类生态系统以及实验条件
下，盆栽实验、稻田和自然湿地生态系统的 CO_2 和 CH_4 排放响应对 CO_2 浓度升高
表现出更高的敏感性，其排放通量的正反馈效应也更强。

对于旱地土壤，CO_2 浓度的升高降低了旱地土壤作为 CH_4 吸收汇的强度，即
土壤对 CH_4 的吸收能力有所下降，在本研究中这一下降幅度为 4.5%［图 4-25
（b）］。CO_2 浓度升高条件下土壤对 CH_4 氧化吸收能力的降低，在田间实验条件下
的施肥土壤以及无植株农田土壤的观测结果中表现得尤为显著。从本研究所有数

据样本的整合结果来看，CO_2 浓度的升高略微增加了土壤 N_2O 的排放（5.2%），但总体上 CO_2 浓度升高条件下的 N_2O 排放响应并未达到显著水平。但是在 CO_2 浓度升高条件下，N_2O 的排放通量的响应在施肥的旱地土壤和自然湿地生态系统中表现为显著增加的正反馈效应。通过对 CH_4 和 N_2O 同步观测实验结果的分析，CO_2 浓度升高同时还显著地增加了 CH_4 和 N_2O 排放引起的 GWP［图 4-25（b）］。

4.2.3.3　CO_2 浓度升高对土壤碳库和氮库的影响

CO_2 浓度的升高促进植物生长，增加植物对土壤的碳输入。在江苏省常熟市开展的 T-FACE 稻麦轮作田间实验表明，CO_2 浓度升高增加了 SOC 含量（4.3%），但并未达到显著水平［图 4-25（c）］。CO_2 浓度升高对土壤易分解碳含量的影响也未达到显著水平，其中土壤 DOC 含量增加了 6.1%。同时 MBC 在 CO_2 浓度升高条件下则显著增加了 14%，在施肥土壤和旱作农田中 MBC 的增加幅度则更为显著［图 4-25（c）］。

与土壤碳库相类似，在 CO_2 浓度升高条件下，土壤氮库总量也升高了 3.6%［图 4-25（d）］，尽管土壤的无机氮库总量在 CO_2 浓度升高条件下几乎未受影响，但土壤无机氮库可利用量却显著降低了 10%［图 4-25（d）］，其中 NH_4^+-N 含量降低了 1.2%，同时 NO_3^--N 降低了 15%。独立研究结果往往也表明，CO_2 浓度的升高有导致土壤无机氮含量下降的趋势。CO_2 浓度的升高同时也会通过影响某些土壤过程，降低土壤氮固定或加速土壤的氮损失，如 CO_2 浓度升高对土壤含水量、土壤可利用氮源量的影响。作为代表土壤中易分解氮含量的重要观测指标，MBN 在 CO_2 浓度升高的条件下，其含量增加了 7.4%，并且在施肥的农田土壤的观测结果中 CO_2 浓度升高对 MBN 增加作用更为明显［图 4-25（d）］。尽管 CO_2 浓度升高对土壤 C/N 没有显著的影响作用，但 CO_2 浓度的升高却显著增加了土壤微生物的 C/N（10%），并且伴随着氮肥的施用，在农田土壤条件下，高 CO_2 浓度对土壤微生物 C/N 的增加作用更为显著（图 4-26）。伴随着 CO_2 处理浓度的升高，由 CO_2 浓度变化引起的土壤 MBC 含量、MBN 含量及 C/N 也进一步升高。但分析结果同时也表明，伴随着 CO_2 浓度的升高，土壤中的可利用 NH_4^+-N 含量却在不断降低。根据土壤 MBC、MBN 和 C/N 对 CO_2 浓度升高的响应结果，可以认为 CO_2 浓度的升高，有利于促进土壤微生物活性，并且增加土壤微生物对碳、氮的固定。

从整体上来看，2013～2014 年在江苏省常熟市开展的 T-FACE 稻麦轮作田间实验表明，CO_2 浓度的升高在全球范围内，增加了陆地生态系统的 NPP 约 29.42Pg CO_2-eq/a。而将 CO_2 浓度升高条件下 NPP 的增量减去陆地生态系统异养呼吸的消耗量后，得到陆地生态系统在 CO_2 浓度升高条件下的 NEP 净增量为

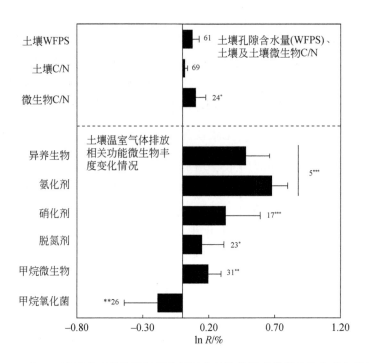

图 4-26   在 CO_2 浓度升高条件下引起土壤温室气体排放变化的生物和非生物因素

3.99Pg CO_2-eq/a。

　　CO_2 浓度的升高同时也导致稻田增加了 0.19Pg CO_2-eq/a，这一结果与先前的研究结果相类似（0.25Pg CO_2-eq/a），但本研究的结果在自然湿地生态系统条件下的估算值（1.1825Pg CO_2-eq/a）则显著高于先前的估算值（0.3125Pg CO_2-eq/a）。除此之外，本研究结果还表明，CO_2 浓度的升高还导致旱地生态系统对 CH_4 的吸收作用显著降低，并导致旱地生态系统作为 CH_4 吸收汇的效应降低 0.03Pg CO_2-eq/a。

　　CO_2 浓度升高使旱地生态系统的 N_2O 排放量增加了 0.50Pg CO_2-eq/a，其中，施肥与不施肥土壤对 N_2O 排放增量的贡献分别为 0.26Pg CO_2-eq/a 和 0.24Pg CO_2-eq/a。本研究表明，在全球尺度下 CO_2 浓度的升高引起的 CH_4 和 N_2O 排放的增量为 2.42Pg CO_2-eq/a，这一结果也高于先前已发表的部分研究报道的估计值，但先前研究报道中的数据来源较为单一，且对于几种温室气体的排放响应数据的收集并不十分完备。

　　CO_2 浓度的升高还导致 SOC 含量和全氮含量分别增加了 2.42Pg CO_2-eq/a 和 0.02Pg N/a。在江苏省常熟市开展的 T-FACE 稻麦轮作田间实验表明，土壤的碳固定的增量略低于其他研究中所报道的结果（4Pg CO_2-eq/a），这一结果可能是由于其数据库的样本容量较小，进而使其数据库样本均值的偏倚程度与本研究存在差异。之前有研究通过利用生物地球化学循环模型，对 CO_2 浓度升高条件下的土壤的碳固定能力进行预测，其预测值（+6.8Pg CO_2-eq/a）也远高于本研究中的估计值（+3.99Pg CO_2-eq/a），但通过分析先前的整合分析中对土壤碳输入（+19.8%）和碳周转（+16.5%）的值，可以看出本研究中对 CO_2 浓度升高条件下 SOC 的积累增量（+4.3%）与其预测结果（+3.3%）较为接近。从全球范围来看，CO_2 浓度升高造成的 CH_4 和 N_2O 排放增加导致的大气辐射强迫的增强，可分别抵消 NEP 增加和土壤对碳固定增量的减排效应 47.6%（1.90Pg/3.99Pg）和 78.5%（1.90Pg/2.42Pg）。

参 考 文 献

景立权, 赖上坤, 王云霞, 等. 2016. 大气 CO_2 浓度和温度互作对水稻生长发育的影响. 生态学报, 14: 4254-4265.

赖上坤, 庄时腾, 吴艳珍, 等. 2015. 大气 CO_2 浓度和温度升高对超级稻生长发育的影响. 生态学杂志, 5: 1253-1262.

王从. 2017. 稻麦轮作生态系统温室气体排放对大气 CO_2 浓度和温度升高的响应研究. 南京: 南京农业大学.

王佳, 冯晓淼, 芈书贞, 等. 2020. 模拟降雨量变化与 CO_2 浓度升高对小麦光合特性和碳氮特征的影响. 水土保持研究, 27（1）: 328-334, 339.

徐华, 邢光熹, 蔡祖聪, 等. 2000. 土壤水分状况和质地对稻田 N_2O 排放的影响. 土壤学报, 37（4）: 499-505.

杨景成, 韩兴国, 黄建辉, 等. 2003. 土壤有机质对农田管理措施的动态响应. 生态学报, 23（4）: 787-796.

周宁. 2020. 开放式空气中 CO_2 浓度和温度升高对粳稻生长和光合的影响. 扬州: 扬州大学.

Cai C, Yin X, He S, et al. 2016. Responses of wheat and rice to factorial combinations of ambient and elevated CO_2 and temperature in FACE experiments. Global Change Biology, 22（2）: 856-874.

Cure J D, Acock B. 1986. Crop responses to carbon dioxide doubling: a literature survey. Agricultural and Forest Meteorology, 38: 127-145.

Ewert F, Rodriguez D, Jamieson P, et al. 2002. Effects of elevated CO_2 and drought on wheat: testing crop simulation models for different experimental and climatic conditions. Agriculture Ecosystems & Environment, 93: 249-266.

Fulco L, Senthold A. 2006. Climate change impacts on wheat production in a Mediterranean environment in Western Australia. Agricultural Systems, 90: 159-179.

Li F M, Song Q H, Liu H S, et al. 2001. Effects of pro-sowing irrigation and phosphorus application on water use and yield of spring wheat under semiarid conditions. Agricultural Water Management, 49: 173-183.

Piao S L, Ainsworth E A, Leakey A D B, et al. 2006. Food for thought: lower-than-expected crop yield stimulation with rising CO_2 concentrations. Science, 312: 1918-1921.

Tao F L, Yokozawa M, Xu Y L, et al. 2006. Climate changes and trends in phenology and yields of field crops in China, 1981-2000. Agricultural and Forest Meteorology, 138: 82-92.

Wang R Y, Zhang Q, Wang Y L, et al. 2004. Response of corn to climate warming in arid areas in Northwest China. Acta Botanica Sinica, 46 (12): 1387-1392.

Xiao G J, Zhang Q, Yao Y B, et al. 2008. Impact of recent climatic change on the yield of winter wheat at low and high altitudes in semi-arid northwestern China. Agriculture, Ecosystems & Environment, 127 (1-2): 37-42.

第 5 章 │ 气候变化模拟实验的主要科学原则

5.1 遵循气候变化的渐进性

5.1.1 大气 CO_2 浓度持续升高

　　根据美国国家海洋和大气管理局（NOAA）从 1958 年开始记录的基林曲线来看，全球的 CO_2 浓度呈稳步上升趋势，从 310μmol/mol 上升到 2011 年的 390.9μmol/mol，2019 年的（410.5±0.2）μmol/mol（图 5-1）。2021 年 10 月 25 日，世界气象组织发布《2020 年 WMO 温室气体公报》称：全球大气主要温室气体浓度继续突破有仪器观测以来的历史纪录，CO_2 浓度近期一直在飙升，5 月再次创历史新高，达到了 419.13μmol/mol，即将突破 420μmol/mol 大关。仅仅 2011～2019 年全球 CO_2 平均浓度增长了 $1.9×10^{-5}$μmol/mol，温室效应加剧，导致

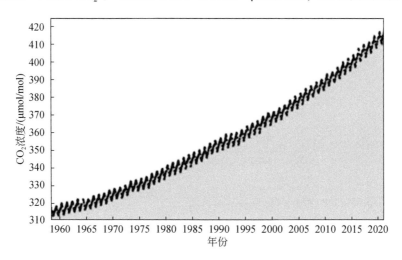

图 5-1　全球大气 CO_2 浓度变化

地表温度增长，海平面上升，极端天气频发等问题。人类每年向大气中释放大约 400 亿 t CO_2，地球大气层已经不堪重负。

根据 NOAA 的温室气体指数分析结果：2020 年由大气长寿命温室气体引起的辐射强迫相比 1990 年上升了约 47%，而这其中 CO_2 的贡献超过 80%。联合国世界气象组织发布的报告称，2021 年地球大气 CO_2 浓度创下新高，全球温室效应已经并不可逆转。大气 CO_2 浓度的持续升高正在给全球农业生产及粮食安全带来前所未有的挑战。

IPCC AR5 对 1750~2011 年的全球碳收支给出了新的评估结论，即在此期间化石燃料燃烧和水泥生产释放到大气中的 CO_2 排放量为 375Gt C（10 亿 tC=1Gt C，相当于 3.67Gt CO_2），毁林和其他土地利用变化估计已释放了 180Gt C，二者之和为 555Gt C，即为人为活动的 CO_2 排放累积量。这部分人为排放的 CO_2 在大气中累积了 240Gt C，被海洋吸收了 155Gt C，被自然陆地生态系统吸收了 160Gt C（图 5-2）。在 2002~2011 年，因化石燃料燃烧和水泥生产造成的 CO_2 年均排放量为每年 8.3Gt C，其中 2011 年高达 9.5Gt C，比 1990 年高出 54%；因人为土地利用变化产生的 CO_2 净排放量为每年 0.9Gt C。

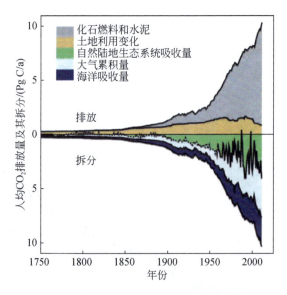

图 5-2　1750~2011 年全球人为 CO_2 排放量及其在大气、自然陆地生态系统和海洋中的分配

海洋吸收了近 30% 的人为 CO_2 排放，缓解了气候变化，但却导致了海洋酸化。自 1750 年以来，海表水的 pH 已下降 0.1，相当于氢离子浓度增加了 26%。如果 pH 继续下降，将会影响海洋生态系统。

21世纪末期及以后时期的全球平均地表变暖主要取决于累积CO_2排放量。要控制全球气候变暖，必须大幅度减少温室气体排放。如果将1861～1880年以来的人为CO_2累积排放量控制在1000Gt C（约合3670Gt CO_2），那么人类有>66%的可能性把未来升温幅度控制在2℃以内（相对于1861～1880年）；如果把人为CO_2累积排放量限额放宽到1570Gt C（约合5760Gt CO_2），那么只有>33%的可能性实现温控目标。在高排放情景下，人类可能无法实现"升温不超过2℃"的预期目标（图5-3）。到2011年，人类已经累积排放了515（445～585）Gt C〔约合1890Gt CO_2〕，未来留给人类的碳排放空间极其有限。因此，未来要实现"升温不超过2℃"的目标，需要全世界共同努力，大幅度减少温室气体排放。

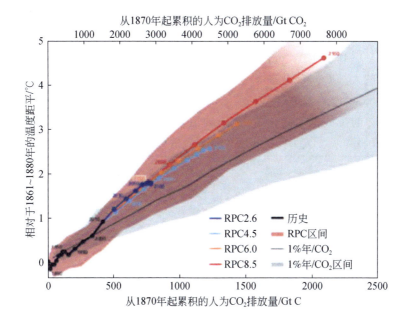

图5-3 不同情景下全球CO_2累积排放总量

（相对于1861～1880年）

计算得出的全球平均表面升温图（用一系列气候–碳循环模式模拟的到2100年不同RCP情景下的多模式结果以彩色线条和十年均值（点）表示。为清楚起见，标出了一些十年均值（如2050年表示2040～2049年）。粗黑线表示历史时期（1860～2010年）的模式结果；彩色羽状表示4个RCP情景的多模式离散，并随着RCP8.5中可用模式的减少而渐淡；细黑线和灰色区域是用CMIP5模式模拟的以每年1%的CO_2增量强迫的多模式平均和范围。针对一定量的累积CO_2排放，每年1%的CO_2模拟显示的升温比RCP驱动的升温低，这些RCP中还包括其他非CO_2驱动因子。所有给出的数值均与1861～1880年基准期对比，十年平均值用直线连接

5.1.2 气候变暖渐进思维

改变地球能量收支的自然和人为强迫是气候变化的驱动因子，而辐射强迫可以定量描述自然因素和人为因素对气候变化的作用。正辐射值表示该因素导致地球表面和近地面大气变暖，负辐射值则表示变冷。AR5 采用辐射强迫来量化不同驱动因子对气候变化的贡献，与 AR4 不同的是，AR5 引入了有效辐射强迫的概念，这是 AR5 的一大亮点（秦大河和 Stocker，2014）。

1750 年以来，总辐射强迫为正值，是气候系统变暖的主要原因。1750~2011 年人为总辐射强迫为 2.29（1.13~3.33）W/m，该值比 AR4 时计算的 2005 年的人为辐射强迫（1.6W/m）高出 43%，比自然因素太阳辐照度变化产生的辐射强迫 0.05（0.00~0.10）W/m［AR4 为 0.12（0.06~0.30）W/m］高出 40 多倍。工业化以来的大气 CO_2 浓度的增加对总辐射强迫的贡献最大，CO_2 排放产生的辐射强迫为 1.68（1.33~2.03）W/m［AR4 为 1.66（1.49~1.83）W/m］，如果将其他含碳气体的排放也包括在内，CO_2 的辐射强迫将为 1.82（1.46~2.18）W/m（图 5-4）。由此可见，人为排放温室气体导致气候变暖的结论显而易见。

图 5-4   2011 年辐射强迫估算值及其范围（相对于 1750 年）

自 AR4 以来气候系统模式得到很大发展，模拟性能得到提高。模式能够再现观测到的大陆尺度地表温度形态和多年代际趋势，包括 20 世纪中叶以来的快速增温和大规模火山爆发后立即出现的降温。随着模式模拟能力的提高以及检测归因方法学的不断发展，AR5 对近 60 年来的气温变化进行了定量化归因。1951～2010 年，温室气体造成的全球平均地表增温在 0.5～1.3℃，包括气溶胶降温效应在内的其他人为强迫的贡献在–0.6～0.1℃（图 5-5）。自然强迫的贡献在–0.1～0.1℃，气候系统内部变率的贡献在–0.1～0.1℃。综合起来，所评估的这些贡献与这个时期所观测到的 0.6～0.7℃ 的气候变暖相一致。由此表明，人类活动导致了 20 世纪 50 年代以来一半以上的全球气候变化（概率大于 95%）。

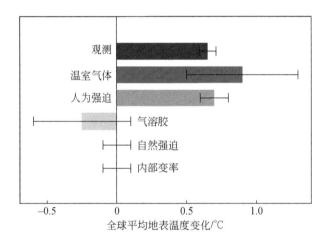

图 5-5　不同因子对 1951～2010 年气候变暖趋势贡献的可能范围（须状图）和中间值（柱状图）

AR5 指出，1998～2012 年全球地表平均温度的升温速率（0.05℃/10a）小于 1951 年以来的升温速率（0.12℃/10a）。在 AR5 发布之后引发了部分质疑全球气候变暖之声，认为气候变暖趋势趋缓或停滞。事实上，1998～2012 年全球平均温度的变化趋势反映了气候系统自然变率所造成的年代际和年际波动。从 2013 年以后的监测数据来看，之后年份连续创下 1850 年以来最暖年份纪录。AR6 基于多源证据再次揭示，全球气候变暖的大趋势并没有改变。

基于多套更高质量的观测资料和向后延长的时间序列，AR6 揭示 2011～2020 年的全球地表平均温度比 1850～1900 年高出 1.09（0.95～1.20）℃，比 2003～2012 年（AR5 评估的时间段）高出 0.19（0.16～0.22）℃，且 4 个年代连续为 19 世纪 50 年代以来的最暖 10 年。在 AR5 中，2003～2012 年相对于 1850～

1900 年增温 0.78（0.72~0.85）℃，采用 AR6 资料和方法后更新为 0.90（0.74~1.00）℃（表5-1）。这些数据说明全球温度仍处于上升趋势，全球气候变暖并未停滞。随着资料和方法的更新，对近代气候变暖在气候历史中所处地位的认知也不断提升。AR5 认为 1983~2012 年可能是过去 1400 年中最暖的 30 年。AR6 揭示近 50 年（20 世纪 70 年代以来）的全球气候增温速率比近 2000 年来任何一个 50 年都要大。

表5-1 AR5 与 AR6 的全球平均温度过去变化及归因和预估结果的比较

观测		归因		预估（到21世纪末）	
AR5	AR6	AR5	AR6	AR5	AR6
	1850~1900 年到 2011~2020 年增温：1.09（0.95~1.20）℃	人为影响是20世纪中叶以来全球气候变暖的主要原因（极有可能）	人为影响已经使得大气、海洋、陆地增暖（毋庸置疑）		SSP1-1.9 相对 1850~1900 年增温：1.4（1.0~1.8）℃ 相对 1995~2014 年增温：0.6（0.2~1.0）℃
1850~1900 年到 2003~2012 年：0.78（0.72~0.85）℃	1850~1900 年到 2003~2012 年增温：0.90（0.74~1.00）℃	20 世纪中叶以来观测到的全球气候变暖有一半以上是由人类活动导致的（极有可能）	1850~1900 年到 2010~2019 年，人为影响造成的全球增温幅度为 1.07（0.8~1.3）℃，与观测的增温幅度（1.06℃）相当	RCP2.6 相对 1850~1900 年：1.6（0.9~2.3）℃	SSP1-2.6 相对 1850~1900 年增温：1.8（1.3~2.4）℃ 相对 1995~2014 年增温：0.9（0.5~1.5）℃
过去 3 个年代连续为 1850 年以来的最暖 10 年	4 个年代连续为 1850 年以来的最暖 10 年			RCP4.5 相对 1850~1900 年增温：2.4（1.7~3.2）℃	SSP2-4.5 相对 1850~1900 年增温：2.7（2.1~3.5）℃ 相对 1995~2014 年增温：1.8（1.2~2.6）℃
1983~2012 年可能是过去 1400 年中最暖的 30 年	20 世纪 70 年代以来的 50 年全球气候增温速率比 2000 年来任何一个 50 年的增温速率都要大			RCP6.0 相对 1850~1900 年增温：2.8（2.0~3.7）℃	SSP3-7.0 相对 1850~1900 年增温：3.6（2.8-4.6）℃ 相对 1995~2014 年增温：2.8（2.0~3.7）℃

观测		归因		预估（到 21 世纪末）	
AR5	AR6	AR5	AR6	AR5	AR6
				RCP8.5 相 对 1850 ~ 1900 年增温：4.3（3.2 ~ 5.4）℃	SSP5-8.5 相对 1850 ~ 1900 年增温：4.4（3.3 ~ 5.7）℃ 相对 1995 ~ 2014 年增温：3.5（2.4 ~ 4.8）℃

在全球气候变暖背景下，中国气温同样呈现显著的上升趋势。1901 ~ 2020 年，中国年平均气温以每 10 年约 0.15℃ 的速率上升，1951 ~ 2020 年的升温趋势更为明显，为 0.26℃/10a，近 20 年为 20 世纪初以来最暖的时期。

中国地形复杂，多高山、高原，具有水平变化和垂直变化不均一的特点，特别是受到青藏高原的影响，气候变化情况显得更为复杂。另外，中国地域广大，受多种气流影响，又是全球最为典型的季风气候区之一，人口、经济发展速度不均衡，因此各地的气候变化特征必然存在一定的区域差别（卢爱刚等，2009）。

1961 ~ 2004 年以来，中国年均温在整体上呈增加趋势（0.027℃/a；$P < 0.01$）。但气温序列具有明显的分段特征，转折点出现在 1984 年（图 5-6）。这与以往研究通过滑动平均得到的转折时间是一致的。1984 年以前，温度变化不明显，线性斜率为 0.001℃/a（$P = 0.87$）；1984 年以后增温趋势非常显著，20 年间年均温增加了 1.2℃，增温速率高达 0.058℃/a（$P < 0.001$），是整体增温速

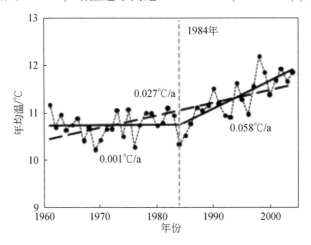

图 5-6　1961 ~ 2004 年全国年均温的变化

率（0.027℃/a）的 2 倍。因此，整体增温速率显著低估了 20 世纪 80 年代中期之后的实际增温速率，掩盖了中国近 20 年来的快速增温。虚线表示整体拟合趋势（0.027℃/a），折线表示分段拟合趋势（0.001℃/a 和 0.058℃/a），灰色竖线表示转折点发生的时间（1984 年）。

5.1.3 降水量变化的区域特征

中国是一个多暴雨的国家，强降雨或持续性降雨引发的洪涝和地质灾害可造成国民经济和人民生命财产的巨大损失。对于气温升高，降雨格局也发生显著变化。西北中西部和华南地区降水量呈增多趋势，而东北、华北、西南、西北东部降水量明显减少，华北地区最为明显。半个世纪以来，中国北方地区日降水量大于 25mm 以上的日数以 0.2d/10a 的速率呈显著减少趋势，东北西部降水量增加，北部到华北大部极端降水量减少，冬夏两季尤为明显。西北地区降水量变率大，是中国气候变化的敏感区和生态脆弱区。西北地区 20 世纪 90 年代极端降水量比早期增加了 1 倍，21 世纪降水量增加趋于减缓，但夏秋季降水量明显增加，且内部存在明显的区域差异（陈亚宁等，2014）。长江中下游地区春季降水量减少，秋季降水量趋于增多。旱灾发生频率高、持续时间长、影响范围广，是最常见、破坏性最强的自然灾害（张强等，2015）。21 世纪，中国持续性干旱中心由华北逐渐转移至西南地区，极端干旱频率以 0.0023 次/a 的速率缓慢增加，夏秋两季最为明显（周长艳等，2011）。西南地区春秋两季降水量明显减少，干旱面积扩大，严重制约区域农业可持续发展。

5.1.3.1 西北地区降水量变化特征

中国西北地区是最大的欧亚干旱区，也是气候环境最为敏感的地区之一。其降水量变化对全球变化的响应和对干旱环境及青藏高原气候变化都具有特殊的指示意义。施雅风根据当地气温、降水量、冰川消融量等指标，提出中国西北地区正在经历着一次由暖干向暖湿的转变，并推断西北东部在 21 世纪上半期也会向暖湿转变。

（1）季节降水量及其变化趋势

根据 1961～2018 年近 60 年西北地区逐日降水量、气温资料，分析了在气候变暖的背景下，西北地区年、季降水量的时空变化特征以及周期特征，并探讨降水量变化的一些原因（王澄海等，2021）。结果显示，近 60 年来，中国西北大部分地区的降水量出现了增加趋势，有 92% 站点的年降水量呈现增加趋势，只有西北东南部不到 10% 的站点呈下降趋势，反映出夏季风影响的边缘、邻近高原、内陆河流域等干旱区气候变化的特征。进入21世纪以来，西北地区降水量持续增加，但增加的量是有限的，另外降水量自身的周期变化对目前发生的降水量增加的贡献不大，大部分地区的降水量变化特征基本稳定（图5-7）。西北地区的降水量的确出现了增加的情况，但是，大部分地区的降水量特征基本稳定，因此，其干旱半干旱的气候特征也不会改变。

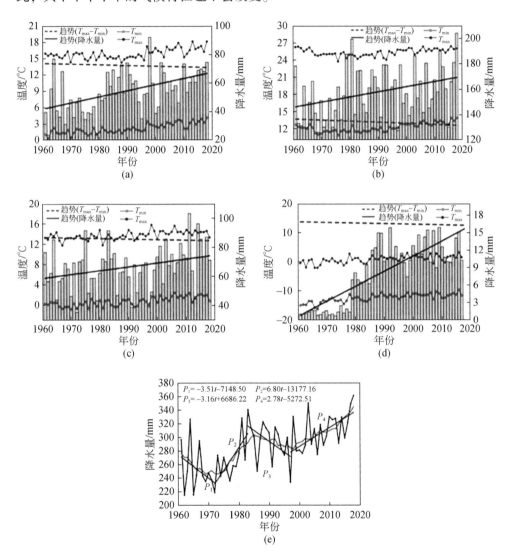

图5-7 1961～2018年西北地区春季（a）、夏季（b）、秋季（c）、冬季（d）降水量变化（柱状）与趋势（实线），季节平均最高（T_{max}）、最低气温（T_{min}），季节平均最高气温与最低气温差值的趋势（虚线），以及年降水量（e）

1961～2018 年，西北地区 92% 的站点年降水量呈现增加的趋势，集中在西北内陆河流域，只有少数呈下降趋势的站点集中在受季风影响较大的西北地区东南部（王澄海等，2021）。各季节中，西北地区春、夏、秋季降水量变化特征：西北西部增加，减少的站点集中在西北地区东部。冬季几乎所有观测站的降水量都为增加的趋势，增加较少（2.53mm/10a），春季降水量增加较多（4.29mm/10a）。夏、秋季降水量呈减少趋势的站点出现在夏季风西北部的边缘地带，而降水量增加的地区出现在受夏季风影响较小的乌鞘岭以西的广大西北地区。年平均气温呈现出增加趋势，尤其是气温的日较差和年较差减小；但各季节增温存在差异性。

（2）降水量的空间分布变化

空间分布上，西北地区春、秋季以及年降水量的年际变化特征较为一致（图5-8）。局地特征上，内陆河流域和黄河流域的年和春、秋两季降水量差别表现分明，夏季降水量的变率最大的仍然是夏季风西北边缘地带。冬季降水量受冬季风和地形的共同影响。一般地，西北地区的降水（雪）量由西北路冷空气南侵引起，降水量在空间上受西北地区的天山、星星峡、乌鞘岭等地形影响，具有较明显的区域特点，尤其是青藏高原等高海拔的地形阻滞了西北气流，降水量呈现出与山系走向有关的分布形态。

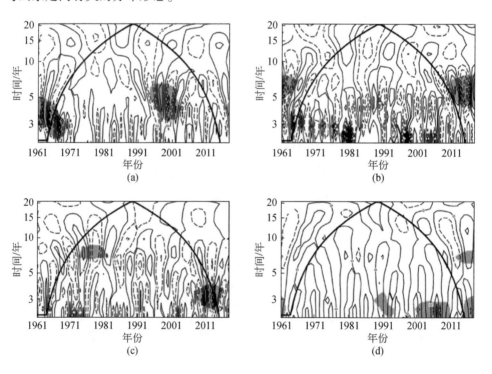

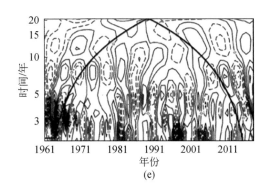

图5-8 1961~2017年西北地区春季（a）、夏季（b）、秋季（c）、冬季（d）、
年降水量（e）的小波系数
实（虚）线代表正（负）值，阴影区域表示周期通过90%置信度的显著性检验

1961~2018年，西北地区年降水量经历了3次转折，并在20世纪90年代后
期开始持续增多。年降水量仍具有准3年周期；季节尺度上，春、秋季的周期具
有阶段性，冬季降水量的在周期上相对稳定。夏季和年降水量的准3年周期基本
特征仍然存在且相对稳定。因此，降水量的自然周期对近期西北地区降水量增加
的贡献较小，但不排除目前处于30年以上周期的降水量较多的位相上。各个季
节降水量、平均最高气温、平均最低气温呈现出一致的增加趋势，而且平均最低
气温的增速快于平均最高气温。

5.1.3.2　东南沿海地区降水量变化特征

（1）降水量变化速率及年降水量

在全球气候变暖的背景下，1980~2019年中国沿海气温呈波动上升趋势，
上升速率为0.38℃/10a，暴雨及以上级别降水（日降水量≥50mm）日数呈增多
趋势。中国沿海总体平均年降水量约为1040mm，并呈现北少南多的分布，渤海
沿海的平均年降水量为500mm左右；黄海沿海为500~1100mm；大约以江苏北
部沿海为界，向北平均年降水量小于1000mm，向南平均年降水量大于1000mm
（图5-9）。个别站点因为地形因素存在明显的局地特征（范菲芸和江涛，2015），
如广东阳江站年降水量明显偏多；海南省沿海东西差异显著，东部沿海平均年降
水量为2000mm左右，西部沿海的东方站仅为1000mm左右。

（2）降水量变化速率及年变化

1966~2020年，中国沿海总体降水量呈增加趋势，平均每十年增加
10.52mm（未通过95%置信度的显著性检验），超过1961~2020年中国总体降水
量的增加速率（平均每十年增加5.1mm）（国家海洋信息中心，2021）。对于中

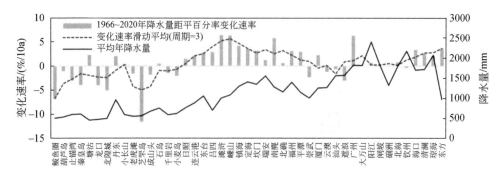

图 5-9 1966~2020 年中国沿海降水量距平百分率变化速率及平均年降水量

国沿海降水量的长期变化趋势，8 月为降水量增加趋势贡献最大的月份，其次是 11 月，2~4 月降水量则呈减少趋势（图 5-10）。

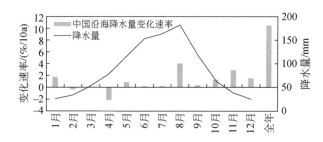

图 5-10 1966~2020 年中国沿海降水量变化速率及降水量年变化

中国沿海总体上 5~9 月降水量偏多，平均月降水量均超过 100mm，合计降水量约占全年的 70%（骆敬新等，2023）（图 5-11）。降水量的季节分布空间差异明显，渤海和黄海沿海在 7~8 月，东海沿海在 3~9 月，南海沿海在 4~10 月，平均月降水量均超过 100mm，东海沿海和南海沿海降水量呈现双峰分布的年变化特征，峰值均出现在 6 月和 8 月，主要原因是 6 月为东海沿海的梅雨高峰期，5~6 月为南海沿海的华南前汛期盛期，8 月为台风活动盛期。

（3）降水量的空间分布变化

1966~2020 年，不同区域的降水量长期变化趋势不同，山东及以北沿海和广东东部沿海呈减少趋势，江苏至福建沿海、广东中部至广西沿海及海南沿海呈增加趋势（图 5-12），与《中国气候变化蓝皮书 2021》中的结论基本一致。渤海沿海降水量平均每十年减少 15.54mm（未通过 95% 置信度的显著性检验），主要贡献月份在雨季的 7 月；黄海沿海降水量平均每十年增加 0.63mm（未通过 95% 置信度的显著性检验），5 月（增加）和 9 月（减少）贡献较大；东海沿海降水量增加趋势最大，平均每十年增加 39.31mm（通过 95% 置信度的显著性检验），除 4 月和 5 月呈减少趋势外，其他各月均呈增加趋势，最大贡献月份为 8 月；南海沿海总体降水量呈增加趋势，平均每十年增加 17.66mm（未通过 95% 置信度的显著性检验），除 2 ~ 4 月和 6 月为减少趋势外，其他各月均呈增加趋势，7 ~ 10 月贡献较大，最大贡献月份为 10 月（图 5-11）。

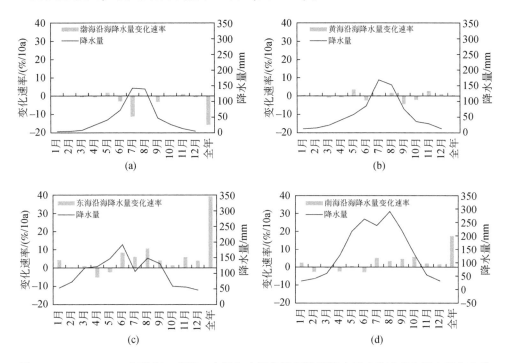

图 5-11　1966 ~ 2020 年渤海、黄海、东海和南海各海区沿海降水量变化速率和降水量年变化

4 月降水量减少的趋势在中国沿海虽然强度不大，但普遍存在；11 月降水量增加的趋势在中国沿海普遍存在；东海和南海沿海 7 月 ~ 翌年 1 月降水量均为增加趋势（骆敬新等，2023）。以 4 月为代表的春季，降水量变化对农业以及咸潮入侵灾害的发生有着重要的意义（徐青竹，2015；李文善和王慧，2020）。根据降水形成的原因机制，7 ~ 10 月东海和南海沿海降水量的增加可能与热带气旋发生导致的降水量增加有关，与 IPCC 第六次评估报告第一工作组报告"人为导致的气候变化增加了与热带气旋相关的强降水量"的结论一致。

如果人类活动影响下对流层温度升高，而地面相对湿度不变，那么湿润的热带地区将会更湿润，干燥的热带地区将会更干燥，亚热带地区也将趋于干燥。Greve 等（2014）则认为全球陆地干旱变化并非简单的一致趋势。根据中国沿海降水量和降水量距平百分率的统计结果，1966 ~ 2020 年中国沿海的降水量距平百分率总体呈增加趋势，相对较干的北方沿海区域正在变得更干，东海沿海较湿的区域变湿情况非常明显，而降水量最多的南海沿海大部分区域变湿情况并不明显，甚至在局部（广东东部）呈现变干的趋势（骆敬新等，2023）。

5.2 遵循模拟实验的科学性

科学规律与自然规律是不同的，它是我们在实验的"现象制造"基础上，经由科学理论建构出来的，用以解释实验事实（又称科学事实或人工事实）。如果没有实验建构和理论建构，即如果没有科学家在实验室里运用一定的科学仪器，渗透相应的理论，进行特定的操作，相应的科学对象乃至科学现象就不存在，对该对象所获得的认识结果即相应的科学规律就不会存在，我们也就不会发现这样的规律。科学知识社会学的代表人物谢廷娜将此称为"实验室的事实建构"或者"知识的制造"；科学实践哲学的代表人物劳斯（Rouse）将此称为"实验室的规训"，即实验者把实验室看作自己实施权力的场所，在严格封闭和隔离实验室空间的前提下，运用一定的实验仪器，精心地、规则化地干涉和操作实验对象并产生实验现象，然后严密监控和追踪实验对象和现象。

"实验室的事实建构"和"实验室的规训"，一方面为人们有效地或高效地认识对象创造了条件，另一方面由此产生了严重的环境问题。根据"实验室的事实建构"，实验室科学是在事实建构、现象制造中完成对自然的认识的，由此获得的不是对自然规律的认识，而是对实验室中人工自然规律的认识；这样的人工自然规律被用于改造自然，势必与自然界中存在的自然规律相矛盾，而且所生产出来的人工物也势必与自然物相冲突，由此造成环境破坏；根据"实验室的规训"，所获得的科学知识只能是实验室中的"地方性知识"，只具有特定的实验室背景下的普遍性，不具有"放之四海而皆准"的普遍性，因此，当将这样的科学知识应用于具体实验时，就要规训地方环境，使之尽量与实验室环境相一致，由此造成环境破坏。

由于大自然自身是具体的、地方性的、异质的，因此回归及顺应自然的科学理应把重点放在对地方环境的认识上，以获得各种各样的"地方性知识"。这样的"地方性知识"，不是基于"实验室实践"背景下的"地方性知识"，而是直接面对自然的"地方性知识"，是"真正的自然科学"。它所获得的认识，更多的是"回归自然"及"顺应自然"的认识或"地方性认识"，可以将其称为"地方性科学"。"地方性科学"既经济又环保，能够实现人类与自然的和谐发展和可持续发展，是科学发展的必由之路。生态学也是一种"地方性科学"，它直接面对的是自然生态环境，研究的是自然界中存在的生态现象。也正因为这样，生态学实验就与传统科学实验具有本质的不同，是顺应自然而非规训自然。这是由生态学实验认识的对象和目的决定的，是生态学实验必须遵循的原则，也是生态学实验之本。试想，一个走向"人工建构"和"规训"的生态学实验如何能够保证其获得生态环境的认识，又如何保证将这样的认识应用于生态保护具有恰当性？

5.2.1 遵循辩证思维

实验方法从简单到复杂、从低级到高级。气候变化影响农田生态系统模拟实验的科学性，还体现在实验方法从简单到复杂、从低级到高级的自然辩证法。人类对自然规律的认识是随着自然科学的发展而发展的。在古代，对这种认识带有直观性；在近代，具有机械论。在现代，这种认识不仅克服了古代和近代的片面性、孤立性，而且得到了扩展和深化。自然规律是物质运动固有的、本质的、稳定的联系，表现为只要对应客观条件具备这一规律即起作用且具有不变性，反之这一规律即会失效，各类规律互不干扰，且不以人的意志为转移，社会规律亦如此。自然规律是指不经人为干预，客观事物自身运动、变化和发展的内在必然联系，也称为自然法则。

现代自然科学所揭示的规律大体上可以分为两类：①机械决定论规律。按照这种规律，物质系统在每一时刻的状态都是由系统的初始状态和边界条件单值性决定的。由可积的微分方程式表达的动力学规律是这种规律的典型表现，它的解单值性取决于系统的初始条件和边界条件。②统计学规律。这种规律是由大量要素组成的系统的整体性特征，而系统中的任一单个要素仍然服从机械论的规律。统计物理学方程是这种规律性的典型表现，它的解取决于初始时刻系统各要素的相应动力学量的统计平均值。对量子力学的统计特征有两种不同的理解。一种理解认为量子力学的统计性是量子系统的行为，单个微观粒子并不具有随机行为。但大多数物理学家却持另一种理解，认为尽管量子力学微观系统的量子态提供了客观上可观测量的总和，但原则上还不可能对每个微观客体的行为做出单值的预言，只能说出每种可能行为出现的概率。因此，量子力学的统计性是单个粒子在同一仪器的相互作用中表现出来的。研究发现，复杂的力学体系的微分方程大部分是不可积的，因为这些方程本身就具有"内在随机性"，即它所描述的系统的行为不能由初始条件单值性决定。于是，有人认为这是一种不同于机械决定论规律和统计学规律的内在随机性规律。

自然规律本身具有不以人的意志为转移的客观性，人不能任意改变、创造或消灭自然规律。但是，人可以使用自己的躯体和物质工具作用于客观世界，引起自然界的某些变化，并能有目的地引发、调节和控制自然界中的实物、能量和信息过程，使各种客观规律共同作用的结果发生有利于人的变化或保持有利于人的稳定性，这就是以客观规律为基础的主观能动性。人类运用自然规律改造客观世界的过程还要受人的社会实践状况与水平的制约，并同社会规律发生一定的联系。因此，在解决实际问题时，往往要求运用自然科学、技术科学和社会科学的知识，进行系统地、综合地研究。

自然规律和社会规律之间既有联系，又有区别。自然规律可以离开人的实践活动而发生作用，如日食、地震等；社会规律的作用则是通过人有目的、有意识的活动表现出来的。自然规律起作用的有效时间比较长，社会规律起作用的有效时间一般要短得多。自然规律不直接涉及阶级的利益，不同的阶级、集团都可以利用自然规律为自己服务，只是在利用的目的和方向上具有一定的阶级性；社会规律则不同，因为在阶级社会中，社会规律大多直接涉及不同阶级的利益，而且对它们的发现和利用也往往是在阶级斗争中实现的。由于自然规律不具有阶级性，不直接涉及人们的阶级利益，因此反映这种规律的自然科学知识不具有阶级性，也不具有民族性、政治性。

5.2.2 遵循科学性原则

所谓科学性，是指实验目的要明确，实验原理要正确，实验材料和实验手段的选择要恰当，整个设计思路和实验方法的确定都不能偏离生物学基本知识和基本原理以及其他学科领域的基本原则。选题必须有依据，要符合客观规律，科研设计必须科学，符合逻辑性。

在实验设计时，要根据原理或者理论来假定结果，从实验实施到实验结果的产生，都实际可行。要考虑到实验材料容易获得、实验装置简单、实验药品较便宜、实验操作较简便、实验步骤较少、实验时间较短。

5.2.2.1 对照与均衡性原则

实验中的无关变量很多，必须严格控制，要平衡和消除无关变量对实验结果的影响，对照实验的设计是消除无关变量影响的有效方法。由于同一种实验结果可能是由多种不同的处理因素引起的，因此如果没有严格的对照实验，即使出现了某种预想的实验结果，也很难保证该实验结果是由某因素引起的，这样就使所设计的实验缺乏应有的说服力。可见只有设置对照实验，才能鉴别处理因素与非处理因素之间的差异。处理因素效应的大小，重要的不是其本身，而是通过对比后得出的结论。消除和减少实验误差，才能有效地排除其他因素干扰结果的可能性，才能使设计显得比较严密，所以大多数实验尤其是生理类实验往往都要设置相应的对照实验。

5.2.2.2 随机性原则

随机是指分配于实验各组对象（样本）是从实验对象的总体中任意抽取的，即在将实验对象分配至各实验组或对照组时，它们的机会是均等的。如果在同一实验中存在数个处理因素（如先后观察数种药物的作用），则各处理因素施加顺序的机会也是均等的。通过随机化，一是尽量使抽取的样本能够代表总体，减少抽样误差；二是使各组样本的条件尽量一致，消除或减少组间人为误差，从而使处理因素产生的效应更加客观，便于得出正确的实验结果。

5.2.2.3 可重复性原则

科学实验具有可重复的性质。在自然条件下发生的现象，往往是一去不复返的，因此无法对其反复观察。在科学实验中，人们可以通过一定的实验手段使被观察对象重复出现，这样，既有利于人们长期进行观察研究，又有利于人们进行反复比较观察，对以往的实验结果加以核对。正是由于科学实验具有这些特点，科学实验越来越广泛地被应用，并且在现代科学中占有越来越重要的地位。在现代科学中，人们需要解决的研究课题日益复杂、日益多样，使得科学实验的形式也不断丰富和多样。

同一处理在实验中出现的次数称为重复。重复的作用有二：一是降低实验误差，扩大实验的代表性；二是估计实验误差的大小，判断实验可靠程度。重复、对照、随机是保证实验结果准确的三大原则。任何实验都必须有足够的实验次数才能判断结果的可靠性，设计实验只能进行一次而无法重复就得出"正式结论"是草率的。

在实验的"可重复"上，要区分"可重现"、"可再现"和"可复现"。对于传统的科学实验的"可重复"要求一般来说是比较高的，对于生态学实验，"可重复"存在诸多困难。在本体论上，主要有自然的变异性以及大尺度的限制等原因，对此采取的对策是：或者使用易处理的生物或生态系统来阐明相关过程，或者选择那些同质性的或平衡的系统进行研究，或者模拟自然进行微宇宙实验。在认识论上，生态学实验对象的复杂性、有机整体性、历史性决定了对它的相关认识的正确性受到限制，这直接影响到实验的"可重复"，为此，准确确定实验场所，清楚界定相关概念等，就成为必需，由此能够达到生态学实验的"正确性"（"实在性"）与"可重复"的双赢。在方法论上，不完整的实验报告以及缺乏相关的方法细节，是造成生态学实验"可重复"困难的重要原因，因此，完善实验报告和评审体制，提供实验细节原始记录，执行严格的论文评审标准，就成为必需。在价值论上，学术不端行为如篡改、择优选择、结果已知之后假设等，成为实验"可重复"困难的重要方面之一，必须杜绝。

不仅如此，在贯彻生态学实验"可重复原则"的过程中，应该具体情况具体分析，采取相应的应用策略：对于"不可重复的"生态学实验，不可强求其"重复"，以贯彻"可重复原则"，可以分析其原因，有条件地加以改善。如果代价太大，可以按照不同于原来的生态学实验进行"可再现"实验；如果代价不大，可以按照"可重复原则"进行"重复"实验，否则，可以另辟新径，进行"对照实验"或"自然重现"；在贯彻"可重复原则"的过程中，不能偏爱生态学实验的"可重复性"，降低乃至牺牲生态学实验的"真实性"，也不能偏爱生态学实验的"真实性"及其论证，损害其"可重复性"；不能偏爱生态学实验的"正面"结果，而嫌弃其"负面"结果，弃"负面"结果于不顾，进而不采取"可重复原则"对此进行"重复"实验。这种生态学实验"可重复原则"的应用策略与传统科学是不一样的。

5.2.2.4 纯化条件

科学实验具有纯化观察对象的条件的作用。自然界的对象和现象是处在错综复杂的普遍联系中的，其内部又包含着各种各样的因素。因此，任何一个具体的对象，都是多样性的统一。这种情况带来了认识上的困难，因为对象的某些特性或是被掩盖起来，或者受到其他因素的干扰，以致对象的某些特性，或是人们不容易认识清楚，或是通常情况下根本就不能察觉到。而在科学实验中，人们则可以利用各种实验手段，对研究对象进行各种人工变革和控制，使其摆脱各种偶然因素的干扰，这样研究对象的特性就能以纯粹的本来面目表现出来。人们就能获得研究对象在自然状态下难以被观察到的特性。

5.2.2.5 强化条件

科学实验具有强化观察对象的条件的作用。在科学实验中，人们可以利用各种实验手段，创造出在地球表面的自然状态下无法出现的或几乎无法出现的特殊条件，如超高温、超高压、超低温、超真空等。在这种强化了的特殊条件下，人们遇到了许多前所未知的在自然状态中不能或不易遇到的新现象，使人们发现了许多具有重大意义的新事实。

5.2.3 遵循开放性原则

为了自然，为了人类的未来，进行回归自然及顺应自然的生态学实验，是生态学工作者应该遵循的基本原则。气候变化影响农田生态系统的模拟实验属于生态学实验范畴，遵循自然生态科学性。同时体现开放性，即实验历程表现为从室内到室外、从封闭到开放的过程。

在实验的分类上，传统科学实验基本上是实验室实验，分为定性实验、定量实验、析因实验、模拟实验、理想实验等，而生态学实验大多是野外实验，按照实验自身的时空特征、对象特征、作用特征等，分为测量实验、操纵实验、宇宙实验、自然实验等。这与传统科学实验分类是不同的。不过，进一步根据分类学的一般原则以及文献研读，发现现有文献中对生态学实验的分类存在一定的欠缺：标准不统一、划分不全、多出子项、越级划分、概念混淆等。对此欠缺，应该改善。

在实验的特征上，传统科学实验是"实验室的事实建构""实验室的规训"，是在干涉对象（包括自然对象和人工对象）的基础上获得对对象的认识的；而对于生态学实验，更多地直接面向大自然进行实验。其中，"测量实验"观测自然，"操纵实验"处理自然，"宇宙实验"模拟自然，"自然实验"追随自然。如此，生态学实验的目标就是面向、观察、模拟、追随自然界中自在状态的生物（包括人类）与环境之间的关系，以最终达到认识这种关系的目的。这是实在论而非建构论，更多的是在逼近"自然发生"的条件下进行的，"追寻"并且"发现"自然，属于自然的"回归"，具有"自然性"的本质特征。这种特征与传统科学实验的本质特征"建构性"有着根本性的差别。

在实验仪器的选择和使用上，生态学实验的"自然性"特征对其施加了原则性的限制。在传统的科学实验中，仪器的一个最主要作用是现象的"制造"。而在生态学实验中，仪器的最主要作用是展现并且测定自然，由此使得生态学实验仪器或者属于哈雷所称的"作为世界系统模式的仪器"，或者属于"因果地关联世界的工具"，而不属于其所称的"仪器-世界复合体"。出于生态学实验的目的，生态学实验仪器主要不是在"干涉"自然的过程中获得对自然的认识，而是在"追随"自然的过程中尽量去获得对自然的自在状态的认识。这体现了生态学实验仪器"回推自然"以及与自然相一致的特性，也决定了生态学实验仪器由"室内"走向"室外"，由"理想"走向"在线""现场"，由"标准"走向"自制"。

5.3 重视模拟实验分级的合理性

科学的实验设计往往比做实验的过程更为重要。"凡事预则立，不预则废"，在研究生教育中，首先应该让学生设计一个实验，即使不做本身对他来说也是一个重要的思维锻炼，应该是科研的入门教育。据说美国的学生设计实验和动手能力比较高，而我国则不少考试分数高，但是真正的动手能力呢？这不得不让我们深思。根据模拟实验的科学规律、气候变化的渐进过程和思维，科学设计模拟实验的分级。

5.3.1 模拟 CO_2 浓度升高的分级设计

工业革命后，由于人类燃烧化石燃料和大量砍伐森林成为人类向大气层排放的主要来源，CO_2 浓度不断升高，而且一直持续到现在。已经从 1750 年工业时代开始的大约 278μmol/mol（Gulev et al.，2021）增加到 2021 年的 414.7μmol/mol±0.1μmol/mol（Dlugokencky and Tans，2022）。19 世纪工业革命以来，大气 CO_2 浓度迅速增加。1860～1900 年，年增长 0.15μmol/mol；1900～1940 年，年增长 0.5μmol/mol；1940～1950 年，年增长 1.0μmol/mol，根据到 1991 年已由工业革命前的 265μmol/mol 增至 355μmol/mol，到 2030 年大气中 CO_2 浓度将达到 550μmol/mol（蔡晓明，2000）。如果不停止这种对环境的破坏，大气 CO_2 浓度将持续上升，预计到 21 世纪末可达 800μmol/mol，也有人认为至 21 世纪中叶将达到 700μmol/mol，即 CO_2 浓度倍增。基于此，目前对大气 CO_2 浓度升高的模拟实验设计多数是 360～720μmol/mol，分级设置为 60～120～180～240～360μmol/mol。

5.3.2 模拟气候变暖的分级设计

1900 年以来中国气温升高趋势为 1.3～1.7℃/100a（严中伟等，2020）。这个已用于新近的中国国家气候变化评估报告的结果，远高于早期的评估结果（0.5～0.8℃/100a）。IPCC 第 5 次评估报告指出，工业革命以来全球气候显著变暖（Hartmann et al.，2013）。根据最新的全球表面温度观测数据集（Yun et al.，2019），1900～2017 年全球陆地平均气温升高趋势为 （1.00±0.06）℃/100a；全球平均表面温度升高趋势为 （0.86±0.06）℃/100a。全球气候变暖更稳定地体现在海洋：1958～2018 年全球海洋上层 2000m 热含量显著增长，并于 20 世纪 90 年代后加速。同期很多区域如中国旱涝和热浪等极端天气趋频（宋连春等，2019）；全球冰川、积雪和海冰总体减少，春夏两季物候普遍提前，多角度反映了近代全球气候变暖的事实（WMO，2019）。

各地变暖速率不尽相同。一般说来，大陆变暖甚于海洋，中高纬度陆地区域变暖甚于低纬度地区。如西伯利亚—蒙古国一带的北亚大陆就是近百年气候变暖最剧烈的区域之一, 升温超 2℃/100a (Wang et al., 2018; Yan et al., 2019) 不同区域生态系统对气候变暖的响应敏感性有所不同, 因而区域气候变化的大小、快慢会影响当地的应对决策。定量评估区域气候变化是有益且必要的 (严中伟, 2020)。基于此, 目前模拟气候变暖实验分级设计 0℃、0.5℃、1.0℃、1.5℃、2.0℃ (或 1.0℃、2.0℃、3.0℃)。

5.3.3 模拟降水量变化的分级设计

根据水利部提供的 1997~2021 年中国年平均降水量数据, 进行数据可视化分析, 使用平滑插值算法, 得到 1997~2021 年中国年平均降水量变化曲线图 (图 5-12)。

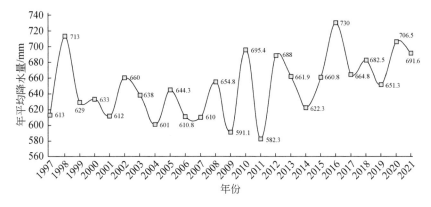

图 5-12 1997~2021 年中国年平均降水量变化曲线

气象观测大数据的长期积累, 首次定量刻画了中国大气降水量的变化趋势, 中国年平均降水量总体上在增加, 变化幅度也加大, 旱涝波动程度加强, 洪涝灾害会越来越多, 气象平衡的波动性在增大。中国年平均降水量呈增加趋势, 年平均降水量变化区域间差异明显。1961~2021 年, 中国年平均降水量呈增加趋势, 平均每 10 年增加 5.5mm; 2012 年以来年平均降水量持续偏多。2021 年, 中国年平均降水量较常年值偏多 6.7%, 其中, 华北地区年平均降水量为 1961 年以来最多, 而华南地区年平均降水量为近十年最少。中国高温、强降水等极端天气气候事件趋多、趋强。另外, 1961~2021 年, 中国极端强降水事件呈增多趋势。依据近半个世纪以来中国降水量区域变化的不确定性, 模拟降水量变化的分级为−50%、−25%、0%、25%、50%, 这也是国内外学者对降水量模拟实验一贯的实验设计。

参 考 文 献

陈亚宁，李稚，范煜婷，等．2014．西北干旱区气候变化对水文水资源影响研究进展．地理学报，4（9）：1295-1304.

蔡晓明．2000．生态系统生态学．北京：科学出版社．

范菲芸，江涛．2015．广东省 1956—2010 年旱期降水特征．生态环境学报，24（8）：1316-1321.

国家海洋信息中心．2021．中国气候变化海洋蓝皮书 2020．北京：科学出版社．

国家气候中心．2021．中国气候变化蓝皮书 2021．北京：科学出版社．

李文善，王慧．2020．长江口咸潮入侵变化特征及成因分析．海洋学报，42（7）：32-40.

卢爱刚，康世昌，庞德谦，等．2009．全球升温下中国各地气温变化不同步性研究．干旱区地理，32（4）：506-511.

骆敬新，王慧，王爱梅，等．2023．气候变暖背景下中国沿海降水变化特征．海洋通报，42（2）：151-158.

秦大河，Stocker T. 2014. IPCC 第五次评估报告第一工作组报告的亮点结论．气候变化研究进展，10（1）：1-6.

宋连春，巢清尘，朱晓金，等．2019. 2019 年中国气候变化蓝皮书．北京：中国气象局气候变化中心．

王澄海，张晟宁，李课臣，等．2021. 1961—2018 年西北地区降水的变化特征．大气科学，45（4）：713-724.

徐青竹．2015．中国东部春季降水的演变特征及其与大气环流和海温的关系．南京：南京信息工程大学．

严中伟，丁一汇，翟盘茂，等．2020．近百年中国气候变暖趋势之再评估．气象学报，78（3）：370-378.

张强，姚玉璧，李耀辉，等．2015．中国西北地区干旱气象灾害监测预警与减灾技术研究进展及其展望．地球科学进展，30（2）：196-213.

周长艳，岑思弦，李跃清，等．2011．四川省近 50 年降水的变化特征及影响．地理学报，66（5）：619-630.

Dlugokencky E, Tans P. 2022. Trends in Atmospheric Carbon Dioxide. Washington D. C.：National Oceanic and Atmospheric Administration, Global Monitoring Laboratory（NOAA/ GML）.

Grene P, Orlowsky B, Meller B, et al. 2014. Global assessment of trends in wetting and drying over land. Nature Geoscience, 7（10）：716-721.

Gulev S K, Thorne P W, Ahn J, et al. 2021. Changing state of the climate system//Masson-Delnotte V, Zhai P, Pirani A, et al. Climate Change 2021：The Physical Science Basis. Contribution of Working Group Ⅰ to the Sixth Assessment Report of the Intergovernmental Panel on Climate Change. Cambridge：Cambridge University Press：287-422.

Hartmann D L, Tank A M G K, Rusticucci M, et al. 2013. Observations：atmosphere and surface// IPCC. Climate Change 2013：The Physical Science Basis. Contribution of Working Group Ⅰ to the

Fifth Assessment Report of the Intergovernmental Panel on Climate Change. Cambridge：Cambridge University Press.

Wang J F, Xu C D, Hu M G, et al. 2018. Global land surface air temperature dynamics since 1880. International Journal of Climatology, 38 (S1)：e466-e474.

WMO. 2019. WMO Statement on the State of the Global Climate in 2018. WMO-No. 1233. Geneva：WMO.

Yan Z W, Qian C, Luo Y, et al. 2019. Climate characteristics and trends // Liu W D. Joint Construction of Green Silk Roads. Beijing：The Commercial Press：334-407.

Yun X, Huang B Y, Cheng J Y, et al. 2019. A new merge of global surface temperature datasets since the start of the 20th century. Eeath System Science Date, 11：1629-1643.

第 6 章 ┃ 气候变化模拟实验精准记录及局限性

6.1　高精确性记录实验手段

在实验的"真实性"上，传统科学实验着眼于实验对象或实验现象的客观存在，而不考虑实验对象或实验现象是自在存在还是人工存在的，而且传统科学实验的人工建构性和标准化，也使其"准确性"、"精确性"和"真实性"呈现一致性。但是，对于生态学实验，所面对的"真实性"，不是以实验呈现出来的对象或现象的客观存在为标准的，而是以自然界中是否存在如实验所展现的对象或现象为标准的。由于自然界中存在的生态学对象或现象具有复杂性、整体性和历史性，因此，关于对此对象或现象所进行的生态学实验认识具有复杂性，不能同时获得"有效性"、"准确性"、"精确性"和"真实性"，如此，就要在这几个认识要素之间寻找某种平衡，测量真实事物以确立"有效性"，降低系统误差以提高"准确性"，增加"精确性"以实现其与"真实性"的双赢。

6.1.1　数字化记录手段

数字化技术的应用大幅度提高了模拟实验的精确性以及现代农业水平。数字化是现代科技背景下的重要产物，通过将其融入模拟实验和农业生产，可以降低实验的误差，提高实验的精确性。

数字技术正广泛应用于模拟实验和现代农业领域。中国气象局在世界气象组织框架下，协调中国区域的温室气体及相关微量成分高精度观测，所用数据处理方法、标准、流程均与国际接轨，自 20 世纪 90 年代开始温室气体本底浓度观测。从 2016 年起，中国发射 3 颗二氧化碳在轨卫星，2018 年开始开展机载温室气体在线观测和平流层温室气体原位观测实验。2021 年，中国气象局组建了包含 44 个国家级气象观测台站和 16 个省级气象观测站在内的国家温室气体观测网。截至目前，已经初步形成天、空、地一体化的温室气体立体观测能力。

目前中国气象局有7个国家大气本底站开展温室气体业务观测，分别为青海瓦里关、北京上甸子、浙江临安、黑龙江龙凤山、湖北金沙、云南香格里拉和新疆阿克达拉。在中国陆地区域形成了多方位科学合理的本底站点，对数字化记录和应用起到积极的促进作用。

WMO（2020）称，截至目前，中国已经初步形成天、空、地一体化的温室气体立体观测能力。未来，中国气象局将进一步提升观测能力，形成覆盖中国16个气候关键区并辐射全球主要纬度带的全要素温室气体本底观测骨干网，增强全球大气二氧化碳和甲烷宽覆盖、高精度、高时空分辨率的业务化观测能力，基于中国自主卫星，联合多种星载探测手段，提高全球温室气体监测水平。

6.1.2　传感器应用

农业信息技术已经在农业中得到广泛应用，信息技术促使中国农业快速发展。信息化首先要确保农业生产过程中各种信息数据采集的完整性与充足性，在这个过程中传感器是必不可少的部分，通过传感器采集农业生产数据，再对采集到的数据进行后期处理与分析，指导农业生产实践，有利于促进中国农业现代化、信息化与智能化发展（张阿梅，2018）。

传感器是一种过程检测装置，能够在过程中感受到被测量信息，并且能够将采集到的信息按照一定规律变换为电信号或其他需要的方式进行信息输出，满足信息采集的需要，在信息的传输、采集、存储、显示与控制等方面都有应用。土壤湿度、温度、含水量、降水量和风速等关乎农业生产的各种数据的采集都由传感器来完成。在农业生产过程中，传感器要面对的环境更加复杂且敏感，因此对传感器的要求更加苛刻。随着传感器技术的不断发展创新，未来将会有更加精密且目标性更强的传感器被运用到农业生产中，为推动农业现代化建设发挥更大的作用（安士婧，2016）。

6.1.3　数学模拟应用

全球气候变化已经对农田生态系统造成了一定的影响。当前已有相关研究基于统计模型、作物生长模型和全球气候模型。作物生长模型不仅能够进行单点尺度上作物生长发育的动态模拟，而且能够从系统角度评价作物生长状态与环境要素的关系。田间观测可以获取农田生态系统一定的数据，但同时需要耗费大量的人力和财力，并且在观测时间和区域上也受到较大的限制。近年来，数学模型的不断发展为气候变化与农田生态系统的研究提供了一个新的方法。这些数学模型在基于实测数据验证的基础上，评估不同气象要素、土壤环境、田间管理对农田生态系统的影响及其对气候变化的响应。

作物生长模型在国内外的研究与应用广泛而深入，在气候变化背景下，应用作物生长模型进行历史时期气候条件和农业气象灾害对作物生产状况和产量的影响研究已相当广泛且相对成熟。利用全球气候模型或区域气候模型构建未来气候变化情景，再与作物生长模型耦合已发展成为评估未来气候变化对农业生产影响的重要手段。通过集成与整合多作物生长模型、多气候模型集合模拟、优化气候模拟数据订正方法可有效降低气候变化对农业生产影响评估的不确定性。

作物生长模型是从系统科学的角度，基于作物生理过程机制，将气候、土壤、作物品种和管理措施等对作物生长的影响因素作为一个整体系统的数值模拟系统。能够以特定时间步长对作物在单点尺度上生长发育的生物学参数以及作物产量进行动态模拟，定量化研究环境因子以及田间管理措施对作物生长发育的影响。作物生长模型因具有通用性，不受地区、时间、品种和栽培技术差异的限制，近年来在诸多领域如区域化模拟、农业预测与风险分析、气候变化影响评估、宏观农业决策制定、优化栽培措施等得到应用，成为农业生产定量评价的重要手段之一。

在气候变化背景下，农业是受气候变化影响最直接的脆弱行业。全球气候变化带来的温度升高、大气 CO_2 浓度增加等现象对作物产量的影响需要在长时间尺度上进行评价，同时，田间实验、统计分析等研究方法在进行多种作物品种的长期实验中不具有可行性，尤其是在模拟气象灾害的影响以及温度、降水量、大气 CO_2 浓度增加和辐射等环境条件发生变化的情况下，而这正是作物生长模型的优势所在。因此，利用作物生长模型进行数值模拟和预测研究是目前定量化研究气候变化对农业生产影响的主要手段。由于目前绝大多数作物生长模型是基于田间尺度的土壤-作物-大气系统的一维模型，如何将这些单点尺度模型扩展到区域，并在此基础上评价环境因素对农业生产和农业生态的影响是目前亟待解决的重点问题。

20 世纪 90 年代以后，随着社会需求的增多，模型的发展方向也趋于多元化，更侧重于对现有模型的完善，主要针对模型的普适性、准确性和易操作性等方面进行优化。此外，还将作物生长模型与其他学科模型进行嵌套，从而扩展其应用范围。例如，将作物生长模型与大气环流模型结合，评价气候变化对全球范围作物生产的影响；将作物生长模型与土壤侵蚀预报模型嵌套，建立侵蚀-生产力影响评估（EPIC）模型，应用于水土资源管理和生产力评价。随着 EPIC 模型不断升级，应用范围从单点扩展至区域尺度，已在全球多个地区得到应用，为农业生产管理提供决策依据。借助遥感观测参数调整模型参数，可有效提高作物生长模型模拟的精度，此外，将作物生长模型与 GIS 技术结合可以扩大作物生长模型的应用范围。中国国家气候中心于 2013 年嵌入了 WOFOST、ORYZA2000、Wheat SM、China Agroy 四个模型，构建了基于作物生长模型的中国作物生长模拟监测系统（crop growth simulating and monitoring system in China，CGMS-China）（侯英雨等，2018），该系统通过同化遥感信息，可应用于作物长势监测与评估、作物产量预报、农业气象灾害影响评估等农业气象业务。

6.2　模拟实验的科学针对性

以往的传统科学实验仅仅考虑了人们传统认知的科学问题，而在模拟实验对新科学认识的"针对性"上认识不足。研究表明，在太阳系的行星中，火星与地球最为相似。活性的现状和演化历程被认为可能代表着"地球的未来"。因此，近年来关于火星气候演化的探测研究备受关注。最新研究表明，风沙作用作为火星晚亚马孙纪以来最主要的地质营力，塑造了火星表面广泛分布的风沙地貌。沉积记录了火星演化晚期与近代气候环境特征和气候变化过程。由于缺乏就位、近距离详细系统的科学观测，人们对关于火星风沙活动过程和记录的古气候知之甚少。此外，气候变化的八个行星边界问题等一些最新并影响人类长远发展的重要科学认识和问题，也是未来需要在模拟实验中加强的。

6.2.1　行星边界

行星边界（planet boundaries，PB）的定义即在稳定的星球上为人类提供安全的操作空间，而如果逾越保持地球稳定生态状况的边界，极有可能发生不可逆转的变化，进而对人类的福祉产生不利影响。行星边界是一个设计地球系统过程的概念，2009 年，由瑞典斯德哥尔大学复原研究中心 Johan Rockstrm 和澳大利亚国立大学的 Will Steffen 领导的一组科学家首次引入。希望以此划定一个界限，为国际社会确定一个"人类安全的行动空间"，将其作为可持续发展的先决条件。

行星边界框架聚焦地球的九项关键生物物理系统过程，定义了九个关键的行星边界，分别是气候变化、生物圈完整性、生物地球化学循环（氮磷循环）、平流层臭氧消耗、海水酸化、淡水利用、土地利用变化、大气气溶胶负载和新实体引入。其中的"气候变化"和"生物圈完整性"是"核心边界"。

需要强调的是：行星边界≠全球系统阈值或临界点。如果把地球看作一个生态系统，系统水平阈值（突变的临界点）是可能存在的。"一旦跨越阈值的风险将引发非大陆-行星尺度系统内的非线性，突变的不可逆的环境变化，引发不可预知的灾难"。因此，行星边界的界定必须达到阈值之前，可以理解为报警临界状态，警示我们需要行动起来，努力恢复我们的星球。然而，也有研究表明，四个甚至更多行星边界已经被逾越（图6-1），它们分别是气候变化、生物圈完整性、土地利用变化、生物地球化学循环（氮磷循环）。更糟糕的是，"气候变化"和"生物圈完整性"是"核心边界"，任何一个显著的改变都将"推动地球系统进入一个新状态"。

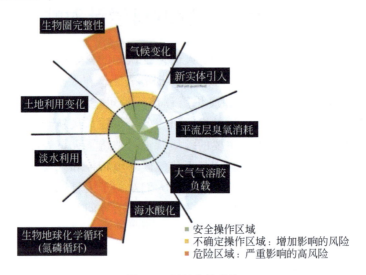

图 6-1 行星边界现状

现实观察，地球也确实开始"发烧"了，大气中温室气体浓度的上升导致全球气温升高，全球热浪的强度、频率和持续时间增加，并且世界许多地区的强降雨事件数量正在增加；大气环流模型的变化加剧了世界某些地区的干旱；格陵兰和南极冰盖的综合质量损失率正在增加等。不断上升的大气二氧化碳浓度正在增加世界海洋的酸度，对海洋生物多样性构成严重威胁。

然而，也有研究表明，气候变化、生物圈完整性、生物地球化学循环（氮磷循环）、淡水利用、土地利用变化及新实体的引入（化学污染）6项已经被突破。

6.2.2 安全和公正的地球系统边界

地球系统的稳定性和人性与人类复制密不可分，然而其之间的相互依存往往被低估，常被单独对待。为此，行星边界提出者 Rockström 等（2023）使用建模和文献评估的方法，在全球和次全球尺度上量化了气候、生物圈、水和养分循环及气溶胶的安全和公正（safe and just）的地球系统边界（Earth system boundarie，ESB）。Rockström 等（2023）提出了维持地球系统韧性和稳定性的安全 ESB（safe ESB），以及减少人类在地球系统变化中遭受重大伤害的暴露（这是必要但不充分条件）（just ESB）。安全和公正边界中更为严格的边界确定了整体的安全和公正 ESB。研究结果显示，对于气候和大气气溶胶负荷，公正地考量比安全地考量更加限制整体的 ESB。全球范围内，八个量化的安全和公正 ESB 中有七个已经被逾越，至少在全球陆地面积超过一半的区域也已逾越两个安全和公正 ESB。Rockström 等（2023）认为，该评估为现在和将来所有人保护全球共同资产提供了量化的基础。

Rockström 等（2023）定义并量化了用于维护全球共同资源的安全和公正 ESB，这些资源调节了地球的状态，保护其他物种，产生自然资本积累，减少对人类的重大伤害，并支持包容性人类发展（图 6-2）。因为超出安全边界会导致广泛的重大伤害，作者提出的公正和安全 ESB 在地表水、地下水、功能完整性、自然生态系统面积、磷和氮等方面是一致的。然而，不进行转型就达到这些边界可能会给当前世代造成重大伤害。在气溶胶和气候两方面，公正边界比安全边界更为严格，这表明人们在地球系统领域不稳定之前就会经历重大伤害。

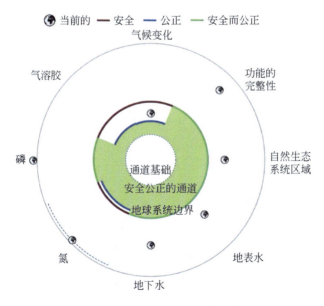

图 6-2　提出的安全和公正地球系统边界

Rockström 等（2023）确定了次全球 ESBs，在许多领域中，这是行动的相关尺度，以避免地球系统稳定性的损失和最小化对重大伤害的暴露，并且全球 ESB 是监测地球系统规模上人类影响的参考点。国家、城市、企业和其他关键行动者需要根据安全和公正 ESB 的转化，为减少其环境影响设定和实现基于科学的目标。气候是唯一具有相对成熟和实施的方法论，而其他领域的方法论正在发展中。作者强调，其提出的 ESB 是对特定本地环境限制的补充，而不是取代。例如，对于碳密集型的生态系统生物圈边界更为严格，或者对保护濒危或象征性物种的有针对性保护工作。Rockström 等（2023）还承认，其他行动者可能选择基于作者所强调的其他可能性级别来实施目标（图6-2），例如，对于与1.5℃安全边界相关的越过临界点的高风险，其风险承受能力可能更低。

Rockström 等（2023）提供的 ESB 作为社会和自然科学的整合，以进行进一步完善，就像十多年前提出行星边界一样。全球范围内有八个 ESB 中的七个已被逾越，至少有两个局域 ESB 在世界上大部分地区已被逾越，这使得当前和未来世代的人类生计面临风险。为了确保人类福祉，需要对所有 ESB 进行公正的全球转型。这种转型必须系统性地涵盖能源、食品、城市和其他领域，解决地球系统变化的经济、技术、政治和其他驱动因素，并通过减少和重新分配资源使用，确保贫困人口的准入（图6-3）。所有证据表明，这不会是一条线性的旅程；它需要我们对正义、经济、技术和全球合作如何为实现安全和公正的未来提供进一步支持的理解的飞跃。

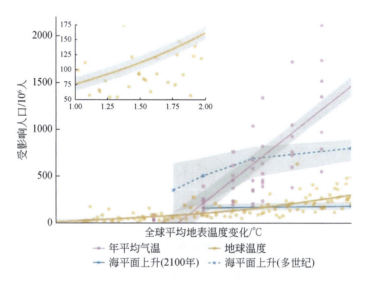

图6-3　不同升温水平下暴露于气候变化带来的重大伤害

量化的八个全球尺度安全和公正的 ESB 中的七个已经被逾越。ESB 的越界在空间上很普遍，世界上 52% 的陆地表面有两个或两个以上的安全和公正 ESB 被侵占，影响了全球 86% 的人口。一些地区经历了许多 ESB 违规行为，全球 28% 的人口中有 5 个或更多 ESB 违规，但全球陆地表面只有 3%。因此，空间热点违法行为集中在人口密度较高的地区，引发了主要的代内正义问题。

次全球气候（两个局部暴露边界）、功能完整性、地表水、地下水、氮、磷和气溶胶安全的 ESB 数量，以及目前按位置违反的 ESB 的数量。由于气候变化是全球定义的 ESB，我们每年至少使用超过 35℃ 的地球温度 1 天，以及暴露于海平面上升的低海拔（<5m）沿海地区作为当地气候违规的代理，同时承认气候变化的影响要多得多。此外，值得注意的是暴露一个地点并不一定意味着对造成或解决这些环境影响负责。

6.2.3 火星轨道参数对全球气候变暖的影响

火星的轨道和自旋轴参数（倾角、偏心率、前退位）在全球气候变化中发挥着重要作用（Liu et al.，2023）。这些变化对近期冰期的潜在影响导致人们根据轨道数据提出了一个建议，即发生了地质学上的近期冰期（大约从 2.1Ma 前到 0.4Ma 前），大约 0.4Ma 之后，火星进入了间冰期 1（图 6-4）。这些结果有力地证明了倾角的变化驱动全球气候事件。此外，这种全球气候转变被预测在我们独立发现地层和初步陨石坑计数数据与乌托邦平原祝融地区明亮的新月形沙丘固定化同时发生。如果这两个事件是时间相关的，那么我们可以通过在北极帽中寻找确凿的证据来进一步检验这种解释。

长期以来，人们一直认为形成北极帽的明暗交替层是由轨道参数变化引起的气候变化造成的。分析分层地形亮度剖面、轨道参数和夏分点（Ls = 90°）北极夏季日晒［Ls，太阳经度（从北半球春分开始测量的火星–太阳角，Ls = 0）］。高亮度值与下面的低亮度部分形成鲜明对比，亮度的突然增加大约发生在 0.4Ma 前。因此，我们找到了第二个独立的证据，证明气候制度的变化似乎与乌托邦平原南部明亮的新月形沙丘的固定同步。祝融乌托邦结果、冰期—间冰期过渡的全球地形学证据和最近的北极帽地层都表明，从火星极地到中低纬度地区，发生了一次全球气候变化事件。未来，我们将探讨祝融着陆区的研究结果如何有助于进一步评估和理解这种全球气候转变的本质。

今后的研究中，加强针对最新的并影响人类长远发展的重要科学观点开展实验，检验其真实性或可能性。然而，不是以实验呈现出来的对象或现象的客观存在为标准的，而是以自然界中是否存在如实验所展现的对象或现象为标准的。由

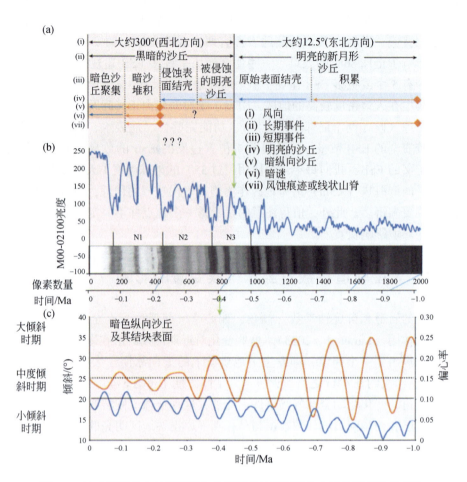

图6-4 沙丘推断的古气候事件与北极层状地层灰度和火星轨道参数的对比

(a) 由沙丘推断出的古气候事件序列（橙色线和标签分别代表沙丘堆积事件，深蓝色线和标签分别代表沙丘表面结壳或聚集，带问号的虚线表示不清楚）。(b) 1999年4月13日，火星轨道相机拍摄的M00-02100图像，在86.48°N处，亮度曲线与像素数的关系（Ls大约等于123°）。像素100~1000有三个类似的循环（N1、N2、N3）。时间轴是通过轨道调谐确定的。(c) 过去1万年的火星的倾角和离心率曲线。橙线表示倾角曲线，蓝线表示偏心率曲线

于自然界中存在的生态学对象或现象具有复杂性、整体性和历史性，因此关于对此对象或现象所进行的生态学实验认识具有复杂性，不能同时获得"有效性"、"准确性"、"精确性"和"真实性"，如此，就要在这几个认识要素之间寻找某种平衡，测量真实事物以确立"有效性"，降低系统误差以提高"准确性"，增加"精确性"以实现其与"真实性"的双赢。

6.3　影响气候变化模拟实验的主要因素

6.3.1　FACE 模拟实验的运营问题

普遍认为，FACE（包括 Mini FACE）是当前研究 CO_2 肥效作用及其与环境关系最为完善的模拟实验设施，在全球范围内被广泛使用并为实现研究目标做出了重要贡献（Ziska and Bunce，2007）。然而，FACE 系统在实验运营方面仍然存在一些问题，仍然有改进的潜力和必要，有些实验如果与其他设施配合使用，将会更为精确地反映事实和结果，在此进行初步讨论，并将在以后的研究中逐步加以改进和提高。

第一，在 FACE 条件下，CO_2 浓度是人为增施的，通常比目前自然状态下增加 $200\mu mol/mol$ 或增加到 $550\mu mol/mol$（甚至更高）。根据不同排放情景预测，2050 年大气 CO_2 浓度可能增加到 $550\mu mol/mol$（IPCC，2007），但在自然界是一个渐进过程，在此期间作物个体、群体、品种以及世代之间都会有一个缓慢的适应过程。FACE 条件下的作物实验研究是直接在一年生作物生育期内增施 CO_2，于是适应产生的效果在 FACE 实验中无法反映出来。

第二，在 FACE 条件下，除了 CO_2 浓度以外，其他环境因子都是目前自然状态，而不是大气 CO_2 浓度达到 $550\mu mol/mol$ 时的综合环境状态。CO_2 作为主要的温室气体，CO_2 浓度的增加必然同时引起温度增高等一系列其他环境因素的变化。但在当前实验条件下，FACE 不能表现 CO_2 浓度增加与温度等其他气候因子的综合效应。

第三，事实上，自然大气 CO_2 浓度在昼夜之间、季节之间、不同天气条件下，总有一个变动的幅度，而在 FACE 条件下，CO_2 浓度精度控制还没有达到 100% 的实验期望，更没有做到准确、定量调节。作物生育是一个复杂的生理过程，也是一个系统工程，参照 "最小养分律" 原理，某个环节发生变化都可能引起全局的改变。这样看来，所有的 FACE 实验，不论 CO_2 目标浓度设定为 $550\mu mol/mol$，还是总体增加 $200\mu mol/mol$，都没有充分考虑这个可能存在的误差。

第四，一些实验把 CO_2 浓度处理仅限于白天，即日出至日落对实验对象增施 CO_2，而夜间停止释放。有研究表明，夜温变化对水稻产量产生重大影响（Peng et al.，2004）。那么同样道理，虽然夜间作物没有光合作用，但呼吸作用成为主要的生理活动。夜间停止释放 CO_2 是否会产生新的难以预料的误差，也是值得关注的问题（刘建栋等，2002）。

FACE 实验可以使作物生长环境（温度、光照、辐射、湿度和风等）与自然状态最为接近，可以避免温室和开顶式气室所带来的不利影响。红外线辐射器田间增温实验从冠层上面加热能够在植被层保持自然的温度梯度，而且不改变微环境，是比较理想的田间模拟实验。

FACE 系统主要由 CO_2 供应装置和控制系统两部分组成，向完全开放的自然农田环境中输送供应 CO_2 气体，并在作物冠层进行 CO_2 浓度的实时监控，通过增设红外增温系统设置升温处理（Okada et al.，2010）。FACE 系统的优点在于能够完全处于开放的自然环境条件，自动控制 CO_2 浓度，能很好地模拟出其他条件更接近自然的高 CO_2 浓度环境。但 FACE 系统硬件成本高，CO_2 消耗量大，CO_2 浓度的均匀性受外界环境如风速等的影响（Kimball，2010）。

整体来讲。封闭式气室和开顶式气室装置主要用于研究少数叶片或个别植株水平上的代谢和生理机制，可以反映作物对高 CO_2 浓度的生理潜力，但大多忽视了对地下过程的研究。FACE 系统能够在最接近自然状态的环境中研究植物或生态系统对长期高 CO_2 浓度的响应。此外，1980 年以来，随着人们对作物生理机制认识的深化和计算机技术的发展，作物生长模型也成为分析 CO_2 和作物响应关系的有效工具（孟凡超等，2014）。

几乎所有的开顶式气室、封闭式气室和 FACE 系统实验都是在全天持续升高 CO_2 浓度的情况下进行的，基本上没有考虑实际农田 CO_2 浓度白天与夜间不同的情况，即只在白天增加 CO_2 浓度，对 CO_2 浓度的夜间控制常常被忽视（表 6-1）（Hasegawa et al.，2013）。然而夜间植物根系和土壤呼吸产生的 CO_2 会累积到高达 $700\mu mol/mol$（Tausz-Posch et al.，2012）。研究表明，夜间 CO_2 浓度可能会影响植物生长。开顶式气室中的研究结果表明，白天持续增加 CO_2 浓度处理的大豆产量比仅白天增加 CO_2 浓度时增加 25%（Bunce，2014）。例如，仅在夜间增加 CO_2 浓度，大豆叶面积增幅与白天持续增加 CO_2 相同，而仅在白天升高 CO_2 浓度，大豆的叶面积无明显变化，表明夜间 CO_2 浓度升高下叶面积的增加是产量增加的原因，仅白天增加 CO_2 浓度不能准确反映作物对 CO_2 浓度升高的响应。因此，为获得 CO_2 浓度升高与施肥水平互作对增加作物生物量与产量的准确估计，应重视对 CO_2 浓度的夜间控制。

表 6-1　研究高 CO_2 浓度对植物-土壤系统影响方法的优缺点

方法	优点	缺点
封闭式气室	可以设置较高 CO_2 梯度；便于 ^{13}C 标记；可组合多种环境因素	规模小；无生态系统过程；以短期研究为主；病虫害增加/减少；空气温度湿度较高；无风湍流

方法	优点	缺点
开顶式气室	成本低；光、温度、降水量等环境条件接近自然状态	规模小；无生态系统过程；可原位进行长期观测；病虫害增加/减少；空气温度湿度较高；低风湍流
FACE系统	可用于生态系统的研究；以长期研究为主；自然降水、温度和气体交换	无法实现高 CO_2 梯度；土壤湿度较高；费用高

资料来源：Kuzyakov et al.，2019。

6.3.2　气候变化模拟实验应用的局限性

6.3.2.1　开顶式气室控制实验的局限性

开顶式气室实验装置外部覆盖的透明玻璃会导致气室内部光照强度要比室外低约20%左右；气室内部的风速相对静止且空气流通不畅，导致温度较外界环境略有升高，温度通常仍然比外界高出约3℃。温度升高直接影响了作物的蒸腾作用。此外，由于气室内的作物与大田隔离，病虫害的发生与田间的实际状况也会存在一定的差异。

控制气室可以对植物实验条件进行精确控制，但这种控制是稳定的、可重复的，而这些在自然野外实验中很难做到。开顶式气室可以控制植物所接触的大气成分，同时保持田间环境的自然气候条件。尽管开顶式气室是对控制气室或温室的一种改进，但它们仍无法避免室内效应的影响。开顶式气室内的光照被削弱，风速较低，环境更暖和、更潮湿，室内小气候的改变会使植物和水与周围环境之间的关系变得更为复杂。土壤、大气成分也可能被改变，昆虫种群也可能发生改变。很多研究表明与田间实验相比，开顶式气室内植物的生长存在质量和数量上的差异。

室壁限制植物种植的大小，并引起边缘效应。植物的根系也会受到空间的限制，进而影响光合产物的转运。这在评估由二氧化碳富集引起的光合作用增加的影响的实验中特别重要。

6.3.2.2　人工降雨模拟实验的局限性

目前人工降雨设备的研发在国内外已经取得了很大的成就，在农田水文相关实验中的应用也较为广泛。但目前的人工降雨设备仍存在一些局限性，例如仅能针对某些实验的特定要求进行降雨，还不能满足所有类型实验的任何需求；且降雨设备在农田水文学中的应用会受到很多因素影响，存在受人为控制不精确而造成较大误差的情况，具有雨滴直径、强度等特性难以精准控制的问题；除此之外，实验设备的高成本与不便携性也会加大农田水文相关实验的操作难度。在今后的科学研究以及生产实践中，人工降雨设备在以下几方面具有广阔的改进与发展前景：降低降雨强度下限，扩大降雨强度范围，以满足高精度降雨或入渗实验需求；可开发拥有多块组、多结构、多部分组合的人工降雨设备，使其便于移动和携带，且可通过切换不同降雨模式以适用不同类型的降雨实验研究；在人工降雨设备中可嵌入自动化智能控制装置，增加智能操控功能，减少人为操作带来的实验误差，实现降雨参数的精准化控制。

人工降雨设备除在农田水文实验中的具有重要的实用价值，其在水文学、水力学实验、植物保护、生态修复等方面也具有广阔的应用前景。随着信息技术、生物技术、新材料技术、资源环境技术、人工智能等先进技术在多学科上的融合应用，人工降雨设备今后还有会进一步向广泛化、自动化、智能化、精准化和便携化发展。

6.3.2.3 气候变暖模拟实验的电力供给问题

农村电网改造后，农村基础设施迈上了一个新台阶，电网状况得到了极大改善，城乡用电同网同价。然而，农村变电设备大多属于村集体所有，尽管在实验场地都围有护栏，但仍然存在着容易失窃的风险，电力部门也不愿意接管，由此产生的变电损耗、设备的维修费用以及失窃带来的损失都增加到实验用电的费用中。

增温模拟实验一般在野外开展，被盗现象经常发生，由于田间增温模拟实验一般都离村庄较远，在实验平台建设阶段往往需要付出高昂的前期实验设备的投入，然而在非实验季节无人使用时无人看管，这就使得增温模拟实验所使用的变压器、电缆、计量装置及其他资产皆存在着非常大的失窃隐患。虽然目前已经采取了一些积极措施，如将变压器焊在台架上等，但都无法从根本上解决问题，盗窃现象依然严重存在。

6.3.2.4 模拟实验的改进与室内效应问题

一些研究为了创造出不同于外界条件的控制气室，需要对实验装置建立外部框架。当太阳辐射穿透外部框架结构后，大部分被叶片和/或土壤吸收（减去一些反射损失）。而一小部分在光合作用的过程中转化为化学能，将 CO_2 和水固定为碳水化合物。其余部分成为外框上的能量负荷，并将加热内部空气。一般来说，需要强制对流来清除此类外框中的加热空气，对于野外实验来说，自然风和自然对流就能清除此影响。通过外框后空气温度的上升可以计算出来，一个容纳 2m 高植物生长的外框的通风率为每分钟换气 4 次。环境较为干燥时空气温度约上升 6.5℃，对于浇水良好的作物，湿度随之上升，而空气温度仅上升约 3.2℃。

6.3.3　气候变化模拟实验的运营成本问题

关于作物对 CO_2 浓度升高的响应的研究装置中日光控制气室（土壤、植物大气研究装置）和开顶式气室的应用较为广泛。由于这些气室作物与大田隔离，实验环境与野外差异较大，甚至多数实验范围是在几平方米内，因此实验的植物样本较少，只能供少数科学家进行研究。而 FACE 方法的优势在于它是在真实的田间进行，植物生长在野外的自然环境中，实验规模大，可以满足许多合作实验者的需求。

为了获得生态系统对 CO_2 浓度升高响应的更广阔时空范围的数据，需要进行大规模的综合实验。FACE 实验空间尺度较大，可模拟几百平方米的样地，是一种在露天大尺度样地中能够较好地控制 CO_2 富集的方法。这就意味着更多的研究人员可以测量同一样地，进而获得更多关于植物系统的信息。因此该方法非常适用于大规模、合作性的综合田间实验。只要不影响整个地块的完整性，便能在植物的整个生长期内进行更广泛的取样。国际地圈-生物圈计划规划文件要求进行持续 10~15 年或更长时间的长期 FACE 实验，作为量化陆地生物对物理气候系统的反馈控制的首要手段。表 6-2 列出了用 FACE、开顶式气室和日光控制室设备进行实验的成本比较。在此分析中，用日光控制室、开顶式气室和 FACE 设备模拟一单位植物材料的成本分别为 19∶4∶1。

表6-2　日光控制气室、开顶式气室和 FACE 的成本比较

项目	日光控制室	开顶式气室	FACE
富集区总面积/m^2	16	72	874
设置成本/美元	350000	200000	300000
年度运营成本/美元	149000	128000	438000
CO_2 成本/（美元/t）	200	185	80
CO_2/（t/a）	0.6	134	3600
单位面积成本/［美元/（$m^2 \cdot a$）］	9300	1800	500

参 考 文 献

安士婧. 2016. 现代农业技术推广及农业发展趋势研究. 黑龙江科技信息，23：281.

侯英雨, 何亮, 靳宁, 等. 2018. 中国作物生长模拟监测系统构建及应用. 农业工程学报, 34 (21): 165-175.

刘建栋, 王吉顺, 于强, 等. 2002. 作物夜间呼吸作用与温度二氧化碳浓度的关系. 中国农业气象, 23 (1): 1-3.

孟凡超, 张佳华, 姚凤梅. 2014. CO_2 浓度升高和降水增加协同作用对玉米产量及生长发育的影响. 植物生态学报, 38 (10): 1064-1073.

张阿梅. 2018. 传感器技术在农业领域中的应用. 农业工程, 8 (12): 32-34.

Bunce J A. 2014. CO_2 enrichment at night affects the growth and yield of common beans. Crop Science, 54 (4): 1744-1747.

Hasegawa T, Sakai H, Tokida T, et al. 2013. Rice cultivar responses to elevated CO_2 at two free-air CO_2 enrichment (FACE) sites in Japan. Functional Plant Biology, 40 (2): 148-159.

IPCC. 2007. Climate Change 2007: The Physical Science Basis. Contribution of Working Group I to the Fourth Assessment Report of the Intergovernmental Panel on Climate Change. Cambridge: Cambridge University Press.

Kimball B A. 2010. Theory and performance of an infrared heater for ecosystem warming. Global Change Biology, 11 (11): 2041-2056.

Kuzyakov Y, Horwath W R, Dorodnikov M, et al. 2019. Review and synthesis of the effects of elevated atmospheric CO_2 on soil processes: no changes in pools, but increased fluxes and accelerated cycles. Soil Biology Biochemistry, 128: 66-78.

Liu J, Qin X, Ren X, et al. 2023. Martian dunes are indicative of wind regime shifts in line with the end of the ice age. Nature, 620: 303-309.

Okada M, Lieffering M, Nakamura H, et al. 2010. Free-air CO_2 enrichment (FACE) using pure CO_2 injection: system description. New Phytologist, 150 (2): 251-260.

Peng S, Huang J, Sheehy J E, et al. 2004. Rice yields decline with higher night temperatures from global warming. Proceedings of the National Academy of Sciences of the United States of America, 10 (27): 9971-9975.

Rockström J, Gupta J, Qin D, et al. 2023. Safe and just earth system boundaries. Nature, 619: 102-111.

Tausz-Posch S, Seneweera S, Norton R M, et al. 2012. Can a wheat cultivar with high transpiration efficiency maintain its yield advantage over a near-isogenic cultivar under elevated CO_2? Field Crops Research, 133: 160-166.

WMO. 2020. WMO Statement on the state of the global climate in 2018. WMO-No. 1233. Geneva: WMO.

Ziska L H, Bunce J A. 2007. Predicting the impact of changing CO_2 on crop yields: some thoughts on food. New Phytologist, 175: 607-618.

后　记

在这本书正式出版之时，本书第二作者肖国举研究员已经与世长辞，永远离开了我们。为了表达对肖国举研究员英年早逝的惋惜和怀念，及对肖国举研究员为本书所做重要贡献的尊重，本书第一作者张强研究员特意安排我为这本书写一篇后记。我猜想，可能是张强老师觉得，我既是他的博士生，又曾是肖国举研究员的硕士生，比较了解他对肖国举研究员的欣赏及他们合作出版这本书的真实想法，也有对肖国举研究员真挚的感情欲表达。

接到张强研究员交给的这个任务，我内心是比较复杂的。一方面觉得自己的文字水平与专著后记的要求还相差甚远，深怕写不好；另一方面，又有几分欣喜，终于可以找一个方式来寄托我对肖国举老师的怀念，也可借此机会对本书的合作者表示诚挚的感谢。

张强研究员和肖国举研究员认识到，鉴于自然界气候变化的不可重复性，模拟实验方法已逐渐成为研究气候变化规律及其影响的主要手段之一。尤其是近些年，由于气候变暖对农田生态系统的影响日益突出，有关气候变化对农田生态系统影响模拟实验的工作也正在逐渐兴起，而且已发展为认识气候对农田影响的重要途径。所以如何开展模拟实验研究已变成关注重点。张强研究员和肖国举研究员牵头，与团队成员一起，在以往该领域研究工作的基础上，系统总结和梳理了团队近 20 年来在西北地区开展的气候变暖对农田生态系统影响的模拟实验研究工作，形成了《气候变化影响农田生态系统模拟实验研究》书稿。全书围绕我国西北干旱半干旱地区农田生态系统，全面介绍了大气 CO_2 浓度升高模拟实验、气候变暖及高温胁迫影响的模拟实验、降水量变化及干旱胁迫模拟实验、气候变化多要素协同变化影响模拟实验及一些科学认知等。

在书稿编写过程中，我亲眼目睹两位老师为出版此书字斟句酌，付出了很多辛勤的汗水。去年 9 月，张强研究员还趁应邀去宁夏大学做建校 65 周年特约报告的机会，带我在宁夏大学与肖国举研究员一起认真商讨本书的一些细节，对书稿精益求精。很荣幸，作为两位老师的学生，我能够参与到这个十分有意义的工作中，在与他们一起编写书稿期间得到了悉心指导，不仅学到了知识，也深受他们守正创新科学精神所熏陶，这一难得的经历将会成为我人生宝贵的财富，终身受益无穷。

然而，世事难料，人生无常。2024 年 1 月 28 日，忽闻肖老师于甘肃通渭病逝的消息，我瞬间心悲如秋风萧萧，泪涌似江水滔滔。

肖国举老师生于 1972 年 8 月，为宁夏大学生态环境学院知名研究员，学术业绩斐然，系教育部新世纪优秀人才、宁夏青年拔尖人才、宁夏科技创新领军人才、科学中国人 2011 年度人物及 Air, Soil & Water Research 等国际期刊编委。曾承担国家重点研发计划、国家重大科学研究计划、国家科技支撑计划、国家自然科学基金项目、科技部科研院所公益行业专项、国家公益性行业科研专项等科研项目 20 余项，发表高水平学术论文 60 多篇（其中被 SCI 收录 20 余篇），曾获国家科技进步奖二等奖 1 项、省部级科技进步奖二等奖 3 项及中华优秀出版图书提名奖、全国优秀气象科普作品图书类奖三等奖和甘肃省高等学校科技进步奖二等奖等多项奖励。

肖国举老师曾于 2004 年进入中国气象科学研究院博士后工作站，作为张强研究员的博士后与之合作研究三年，由此与张强研究员结缘，也深得其欣赏。他为人淳朴、学风务实、勇于创新、成果颇丰，博士后期间与张强研究员合作发表 SCI 论文 7 篇，获国家博士后重点基金和国家博士后科学基金一等奖。多年来，他作为张强研究员团队的重要骨干，一直与张老师保持深度科研合作，他们合作完成的"中国西北干旱气象灾害监测预警及减灾技术"成果获国家科技进步二等奖，合作出版的专著《气候变化地球会改变什么?》获中华优秀出版图书提名奖。2023 年 9 月张老师还去银川找肖老师讨论《气候变化影响农田生态系统模拟实验研究》书稿事宜，不料此行一聚成为他们之间的诀别。

从左至右依次为本书作者
胡延斌、张强、肖国举

作为肖国举老师的硕士生，我是幸运的，是他把我带上学术之路，让我有机会为实现自己的人生理想而不断前进。读硕士以来的七年间，他在生活上与学习上都给了我太多的帮助、鼓励和支持。即便是在病重期间，他还依然想着尽自己所能来帮助我。作为晚辈，作为学生，对他的感激之情无以言表，他永远是我前进路上的动力！我的人生导师！他对我的影响很深远，亦师亦友亦父！

我想，我尽自己所能协助张强老师把这本书保质保量出版出来就是对肖老师最好的怀念，肖老师能够看到这本书最终按照他最满意的样子面世也会在九泉之下感到安慰。

胡延斌

2024 年 4 月于兰州